用兵思想史入門

Tamura Naoya

田村尚也

作品社

はじめに

本書では「用兵思想」という言葉を「兵の用い方に関する思想」、すなわち戦争のやり方や軍隊の使い方に関するさまざまな概念の総称として使っている。

その用兵思想の実例をいくつか挙げてみよう。

おおざっぱに言うと、現代の用兵思想では、戦争全体を、マクロな「戦略次元」、ミクロな「戦術次元」、それらの中間の「作戦次元」という三つの階層（レベル）に分けて捉えるのが一般的になっている。これが「戦争の階層構造（英語でレベルズ・オブ・ウォー）」という概念だ。

そして、この三つの階層のうち、「戦略次元」における術策を「戦略」、「戦術次元」における術策を「戦術」、それらの中間の「作戦次元」における術策を「作戦術」と呼ぶ（細かいことをいうと、ミクロな「戦術」とマクロな「戦略」を結びつける役割を果たすのが「作戦術」であり、その意味で「戦略次元」や「戦術次元」を、中間の「作戦次元」と一部重ね合わせて表現することもある）（図1参照）。

また、現代の用兵思想では、ある軍隊の装備や編制、教育や訓練、指揮官の思考や意思決定の枠組み、指揮のあり方などの土台となる、軍の中央で認可されて軍内で広く共有化された、軍事行動の指針となる根本的な原則を、一般に「ドクトリン」と呼ぶ。ここでいう「ドクトリン」と

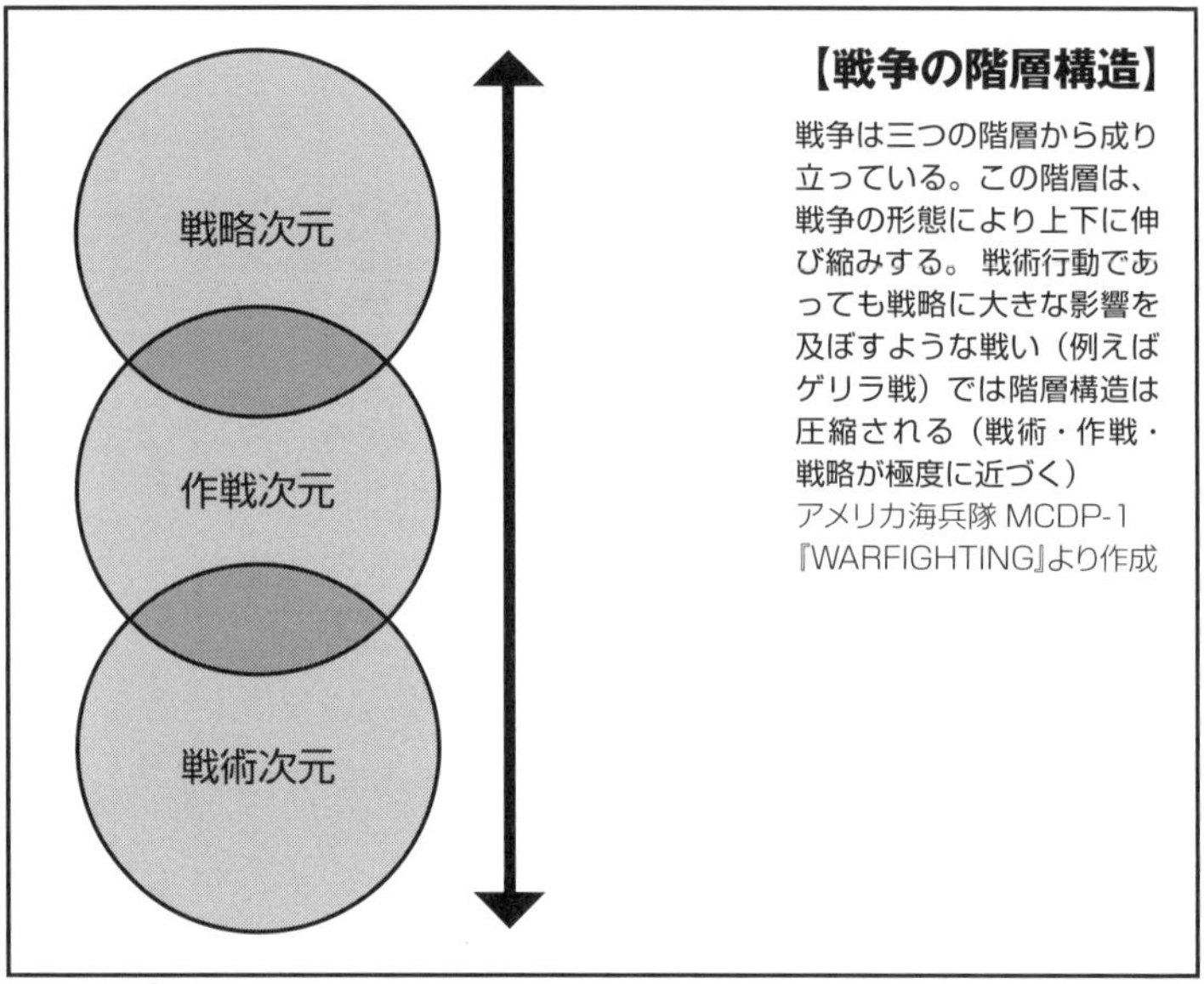

戦争は三つの階層から成り立っている。この階層は、戦争の形態により上下に伸び縮みする。戦術行動であっても戦略に大きな影響を及ぼすような戦い（例えばゲリラ戦）では階層構造は圧縮される（戦術・作戦・戦略が極度に近づく）
アメリカ海兵隊 MCDP-1『WARFIGHTING』より作成

図 1

は、いわゆる「吉田ドクトリン」や「トルーマン・ドクトリン」のような政治や外交に関するドクトリンではなく、軍事や戦闘に関するドクトリンのことであり、あえて言えば「ミリタリー・ドクトリン」や「バトル・ドクトリン」を指している。例えば、一九八〇年代にアメリカ陸軍が導入した「エアランド・バトル」は、現在の日本でもっとも知られているドクトリンの一つであろう。

さらに大きな話をすれば、もっとも著名な用兵思想家であるカール・フォン・クラウゼヴィッツは、戦争の構成要素として、憎悪や敵意などの激情をともなう暴力行為という面、蓋然性と偶然が交錯する自由な精神活動という面、政治に従属する一手段という面の三つを挙げている。このようにクラウゼヴィッツは「戦争とは何か」について根源的な考察を行っており、現代の用兵思想にも驚くほど大きな影響を与えている。

当たり前の話だが、こうした用兵思想は、社会の変化や技術の進歩などとともに発展してきたものであり、その過程を知らずに個々の用兵思想の意味を深く理解することはむずかしい。例えば、十九世紀にプロイセン軍で本格的に導入された「委任戦術」や、第二次世界大戦の緒戦でドイツ軍が展開した「電撃戦」、それに第二次大戦前のソ連軍で初めて明確に定義された「作戦術」などの用兵思想を理解すること無しに、「エアランド・バトル」というドクトリンを深く理解することはできないし、「エアランド・バトル」への理解無しに、一九九一年に湾岸戦争でアメリカ軍を中心とする多国籍軍が実施した「デザート・ストーム」作戦をきちんと分析することはできないのだ。さらに言えば、今後になにか新しい用兵思想やドクトリンが出現した時、過去の用兵思想やドクトリンを知らなければ、どこがどう新しいのかを認識することができないし、その価値を推し量ることもできないだろう。

そこで本書では、現代の用兵思想を理解するために、この程度は知っておく必要があるだろう、と思われる基礎的な事柄を中心に述べていくことにした。そのため、現在の主流といえる欧米の用兵思想とのつながりが比較的薄いと思われる中国などの用兵思想にはあまり触れないが、ご了承いただきたい。

具体的には、各章でおおむね次のような事柄を述べている。

第1章、古代オリエント世界やギリシア世界における戦闘隊形の発展について。

第2章、ローマやビザンツ帝国における兵制の変化や用兵思想の発展について。

第3章、中世の西欧における兵制の変化や用兵思想の発展について。

第4章、ナポレオン戦争の頃を中心とする用兵思想の発展について。

第5章、ドイツ統一戦争の頃のプロイセン参謀本部を中心とする用兵思想の発展について。

第6章、大航海時代の頃からの海洋に関する用兵思想の発展について。

第7章、おもに第一次世界大戦の地上戦に関する比較的マクロな用兵思想の変遷について。

第8章、おもに第一次世界大戦の地上戦に関する比較的ミクロな用兵思想の発展について。

第9章、第一次世界大戦前から第二次世界大戦頃までの航空用兵思想の発展について。

第10章、第一次世界大戦中から第二次世界大戦頃までの機甲用兵思想の発展について。

第11章、日露戦争からソ連崩壊までのロシア軍およびソ連軍（赤軍）の用兵思想の発展について。

第12章、第二次世界大戦後から現代までのアメリカ陸軍やアメリカ海兵隊の用兵思想の発展について。

なお、文中では、最近の研究では異なる見方が出てきているような事柄でも、あえて当時の受け取られ方を記している部分がある。なぜなら、その後の用兵思想はそうした見方に基づいて発展しており、当時の見方を踏まえずに、その後の用兵思想の発展を理解することはむずかしいからだ。

言い方を換えると、本書は過去の事実の検証を目的としたものではなく、どのような見方に基づいて用兵思想が発展していったかを見ていくものである。したがって、過去の事実そのものについては、その事実の検証をテーマとする研究書や学術論文などを参照していただきたい。

また、本書では、ビギナー向けに、まずは大まかな全体像や押さえておくべき定説を端的に伝えることが重要と考えて、わかりやすさを優先して説明を端折ったり、異説や新説の紹介を省いたりしていることもご了解いただきたい。デジタル画像に喩えると、ファイルサイズを抑えるために解像度を落とした全体画像のようなもので、他の専門書などを読んで細部の理解の解像度を上げていくと、もっと複雑なディテールが見えてくることだろう。

であるから、本書一冊でなにかをわかったような気になってしまうのではなく、これを全体の見取り図としておおよその位置を確かめたうえで、個々の用兵思想に関する専門書を読むなどして、より理解を深めていただければ幸いである。もし、本書の個々の用兵思想についての記述に異論を持たれた読者諸兄がいらしたら、もはやビギナーではなく、本書のような入門書は不要であろう。

目次

はじめに　001

第1章　用兵思想の夜明け　015
戦闘隊形の起源と諸兵科の協同　016
ギリシアのファランクス　019
エパミノンダスの斜線陣と重点の形成　024
マケドニアの新しいファランクス　028
海戦術の夜明け　033
諸兵科連合の進化と重点の形成　036

第2章　ローマの遺産　039
ローマのマニプルス戦術　040
ポエニ戦争とハンニバルのアルプス越え　043
カンネーの戦いと包囲殲滅　045
マリウスの軍制改革　050
軍団の縮小と野戦機動軍の編成　054
ローマ時代の海戦　057
ビザンツ帝国のテマ制と兵書　058
包囲殲滅と兵書の起源　062

【コラム】孫子の兵法 064

第3章 封建制と絶対王政が生み出したもの 065

騎士と封建軍 066
大砲の発達と砲兵の台頭 069
小銃の普及と歩兵の復権 071
テルシオの登場 073
傭兵軍から常備軍へ 075
教練・教範と三兵戦術 078
【コラム】火縄銃、歯輪銃、燧石銃 084
軍事に科学を導入 086
倉庫補給と運動戦 088
騎士から常備軍の諸兵科連合部隊へ 091
【コラム】海上での戦い 093

第4章 ナポレオンと国民軍の衝撃 095

民兵、軽歩兵とライフル 096
砲兵改革と師団編制 098
国民軍の成立 101
アマルガムと混合隊形 104
軍団編制と野戦による決戦 105

ジョミニの『戦争術概論』 110
【コラム1】「戦いの原則」の例 111
【コラム2】外線作戦と内線作戦 113
クラウゼヴィッツの『戦争論』 114
精神的な要素と戦場の霧 116
摩擦と重心 117
ドイツ参謀本部の誕生 120
国民軍とクラウゼヴィッツの登場 121
第5章 産業革命とドイツ参謀本部 125
産業革命と戦争の変化 126
前装式ライフルの普及 127
後装式ライフルの登場 131
鋼製後装式施条砲の登場 134
鉄道輸送と戦争計画 137
鉄道輸送を活用した外線作戦 141
委任戦術とドクトリン 144
分権指揮による摩擦への対処 146
官房戦争と国民戦争 148
動員計画と委任戦術 150

第6章　海洋用兵思想の発展　153

海洋国家の伸長と通商破壊戦　154
制海権を目指す艦隊戦　156
大艦巨砲主義と艦隊決戦主義　159
魚雷と駆逐艦、潜水艦　162
【コラム1】装甲巡洋艦と防護巡洋艦　165
マハンのシーパワー論　166
コーベットの統合運用思想　169
マカロフの海軍戦術論　172
ジューヌ・エコールとダリユ　173
【コラム2】海洋用兵思想家のおもな著作　175
私掠から艦隊決戦、両用作戦へ　176

第7章　国家総力戦の現出　181

ドイツと二正面戦争　182
シュリーフェン・プラン　184
短期決戦の失敗　188
シュリーフェン・プランの改悪伝説　190
二十世紀のカンネー　192
ファルケンハインの消耗戦　194

国家間の連合作戦の実施　196
ペタンの戦略構想　197
国家総力戦の現出　199
短期決戦から消耗戦、国家総力戦へ　202
第8章　諸兵科協同戦術の発展　205
銃砲の火力の向上　206
散開隊形の普及　208
精神主義の台頭　210
反斜面陣地と陣地帯での遊動防御　213
地域制圧射撃と移動弾幕射撃　215
手榴弾と小銃擲弾の運用法　220
迫撃砲や歩兵砲による機関銃の制圧　222
軽機関銃と戦闘群戦法　223
滲透戦術とその限界　226
攻撃戦術や防御戦術の大きな発達　228
第9章　航空用兵思想の発展　231
航空機の軍事利用の始まり　232
飛行船や飛行機の軍事利用　234
捜索、偵察、砲兵協力への活用　238

爆撃への活用 241
戦闘機の登場と集中運用 243
近接航空支援の一般化 246
戦略爆撃から独立空軍へ 248
ドゥーエとミッチェル、セヴァスキー 249
地上戦への協力から独立空軍と戦略爆撃へ 253
第10章 機甲用兵思想の発展 255
戦車の登場 256
戦車の実戦投入 257
対戦車手段の発展 260
戦車の集中投入と歩戦協同戦術 262
画期的なルノーFTの登場 267
中戦車や装甲車による戦果拡張 270
電撃戦への道 273
カンブレーから電撃戦へ 280
第11章 ロシア・赤軍の用兵思想の発展 283
決勝会戦と軍の連携の困難性 284
縦深戦闘と連続作戦の端緒 286
ドクトリン制定への動き 289

機械化への動き 292
連続作戦理論や縦深作戦理論の発展 293
全縦深同時打撃と梯団攻撃 296
作戦術の言語化 297
作戦術とは何か 300
作戦術の発展と適用 303
核戦争に対応したＯＭＧ 305
連続作戦や縦深作戦から作戦術へ 308
第12章 アメリカ軍の現代用兵思想の発展 311
ドイツの用兵思想の影響 312
定量化の過度の重視 313
中央集権化の進展 315
アクティブ・ディフェンスの導入 318
米軍の刊行物史上最大の論争 320
セントラル・バトルの着想 322
エアランド・バトルの導入 324
マニューバー・ウォーフェアとは？ 325
オペレーショナル・アートの導入 327
ウォーファイティングの導入 328

火力／消耗戦から運動戦と作戦術へ　333
戦争を理解するために　334
あとがき　337
主要参考文献　340
索引　347

第１章　用兵思想の夜明け

「イッソスの戦い」を描いたポンペイの壁画。左側の人物がアレクサンドロス大王、右側の人物がダレイオスⅢ世とされている

戦闘隊形の起源と諸兵科の協同

この章では、人類が用兵思想と呼びうるものを初めて生み出したオリエント世界や、現代の用兵思想にも影響を与えているギリシア世界の用兵思想について見ていこう。

遅くとも紀元前二十六〜二十五世紀頃から、メソポタミアのウルやラガシュなどの都市国家では、発掘された粘土板に描かれた絵から、多数の歩兵が密集した方陣（四角い隊形のこと）を組んで戦っていたと考えられている。この密集方陣こそ、人類史上もっとも古い戦闘隊形の一つであり、のちのギリシア世界に受け継がれて「ファランクス」（古代ギリシア語で「束ねた木の棒」「ローラー」などを意味している）と呼ばれることになる。

この時期のメソポタミアの密集方陣を構成していた歩兵は、兜をかぶり、槍（投げ槍ではなく突き槍）や大きな盾などを持っていたことが、前述の粘土板の絵などからわかっている。それらの兵士が持っていた武器の多くは青銅（錫を含む銅合金）製で、メソポタミアは錫があまり採れないために錫の含有量が少なく、硬度が低かった。

この頃のメソポタミアでは、まだ馬の存在が知られておらず、ロバなどに曳かれる戦車（英語ではチャリオット）が使われていた。しかし、馭者と投げ槍兵の二人乗りの鈍重な四輪戦車は敗走する敵歩兵の追撃など、それよりやや軽快な一人乗りの二輪戦車は指揮官の移動や連絡などに使われたと推測されている。要するに戦いの主役ではなかったのだ。

これに対して、紀元前十七世紀初頭にシリア方面から侵入してエジプトを支配したヒクソスは、高品質の青銅製の武器や、木材を動物の角や腱などで補強した複合弓（英語でコンポジット・ボウ）に加えて、馬に曳かれる軽量で高速の戦車を活用した。

これらはエジプト地域にも広まり、なかでも弓の改良による威力の向上とともに、とくに弓兵部隊の働きが戦いの帰趨に大きな影響を与えるようになった。その理由としては、大威力の複合弓から放たれた矢を防げる甲冑が存在していなかったことが大きい。

紀元前十六世紀には、エジプトの新王国がヒクソスを打ち払ってエジプトを統一。この新王国の軍隊は、職業として戦って戦利品を得る軍人階級を中核として、攻撃的な軍事行動を展開したことが伝えられている。

紀元前十四世紀になると、小アジアのアナトリア高原付近から勢力を広げたヒッタイトが、馬や戦車に加えて、製法を独占していた鉄製の武器による強大な軍事力を背景として最盛期を迎えた。そして紀元前十三世紀には、シリアの覇権をめぐってエジプトの新王国と争い、**「カデシュの戦い」**（前一二八六？年）が生起した。この会戦では、ヒッタイトは戦車部隊の機動力をよく活用したが、全体ではエジプトとの痛み分けに終わり、のちに講和条約を締結。これが対等な国家間で締結された最古の国際条約とされており、それを記した粘土板の複製が今もニューヨークの国連本部に展示されている。

最古の国際条約を記した粘土板

そのヒッタイトも、紀元前十二世紀初めに始まった東地中海全域におよぶ民族大移動の中、バルカン方面から侵入してきた異民族により滅亡。代わってメソポタミア北部に起源を持つアッシリアが、鉄製武器を幅広く活用して強大な軍事国家として台頭してきた。そして七世紀前半までにシリアやメソポタミアからエジプトまでを支配下に置き、オリエント世界における最初の世界帝国となった。

アッシリア軍の歩兵部隊では、前方に突き槍を持つ槍兵、その後方に複合弓を持つ弓兵、最後方に礫を投げる投石兵が展開し、協同して戦った。また、アッシリア軍には、戦車部隊やそれに代わる騎兵部隊、さらには敵城の城壁を突き破る破城槌などを用いる工兵部隊なども存在していた。異なる兵器や異なる機能を持つ部隊がそれぞれの特徴を生かして協同して戦う、現代でいうところの「諸兵科連合部隊」（諸兵種連合部隊ともいう。英語ではコンバインド・アームズ）のはしりといえよう。

だが、アッシリアの支配地域では苛烈な支配により各地で反乱が相次ぎ、紀元前七世紀中頃にはエジプトが独立を回復。続いてイラン高原でメディア王国が、小アジアでリディア王国が成立し、世界帝国は崩壊した。さらに紀元前六一二年には、カルデア人が樹立した新バビロニア王国（カルデア王国。「目には目を」のハンムラビ法典で知られる古バビロニア王国とは別物）とメディアの同盟軍がアッシリアの首都ニネヴェを攻略し、ほどなくして滅亡した。

そしてオリエント世界では、このアッシリアの衰亡とともに馬に曳かれる戦車は廃れ、代わって馬に直接乗る騎兵が馬具の改良とともに台頭してくる。ただし、その後も戦車は、後述するペルシアで発明された車輪に鎌を取り付けた鎌戦車や、歩兵の輸送車両として長く命脈を保った。例えばケルト人は、のちの紀元前一世紀中頃にブリタニアに進攻してきたローマ軍の歩兵部隊に対し、戦車を投入して大きな恐怖を与えることになる。

ギリシアのファランクス

一方、ギリシア・エーゲ世界では、紀元前八世紀にはギリシア本土や小アジアの西部沿岸にポリス（都市国家）が成立。紀元前七世紀には、それまでの貴族の騎兵による一騎打ちに代わって、兜をかぶり大きな楯と突き槍を持つ重装歩兵で構成されるファランクスが戦闘の主力となった、というのが現在の定説となっている（いくつかの異論もあるのだが、「はじめに」に書いたとおり、ここではあえて言及しない）。

その重装歩兵のおもな供給源は、武装を自弁できる裕福な市民であった。そして、商業や手工業で富を得る市民の増加や、工業技術の発達による武器の価格低下とともに、軍隊への参加者が増えて政治的な発言力も大きくなり、やがてアテネでの民主政やスパルタでの市民の平等（ただしスパルタ人の市民以外に参政権の無い劣格市民や隷属農民も存在していた）などにつながっていく。

これに対してオリエント世界では、紀元前六世紀半ばにメディナを倒したアケメネス朝ペルシアが、弓や投げ槍を持つ騎兵部隊と、弓や突き槍を持つ歩兵部隊を組み合わせて戦う「諸兵科連合戦術」で勝利を重ね、その版図を大きく広げていった。具体的には、リディア、新バビロニア、エジプトを征服し、紀元前五世紀初めにはエジプトからインド北部におよぶ大帝国となったのである。

さらにペルシアは、巨大な兵力で小アジアやギリシアにも進攻し、ギリシアの諸ポリスとの間で**ペルシア戦争**（前四九九〜前四四九年）が始まった。

ところが、オリエント世界では最強だったはずのペルシア軍は、ギリシアの諸ポリスの連合軍を相手に苦戦を重ねた。実例を挙げると、**「マラトンの戦い」**（前四九〇年）ではアテネとプラタイアの連合軍に、**「プラタイアの戦い」**（前四七九年）ではアテネやスパルタなどの連合軍に、いずれも兵力で勝っていながら敗北を喫している。また**「テルモピレーの戦い」**（前四八〇年）では、スパルタ王**レオニダス一世**（在位前四八九〜前四八〇年）率いる少数のスパルタ軍を全滅させたが大損害を出している。

その理由としては、山地が多く移動経路が限定されるギリシアでは、ペルシア軍の騎兵部隊が機動力を十分に生かすことができなかったこと、ペルシア騎兵が持っていた弓や投げ槍などの投擲兵器では、矢尻や槍の穂先を防げる楯（古代ギリシア語でホプロン）を持ち甲冑を身につけたギリシア軍の重装歩兵（ホプリタイ）を正面から攻撃しても、大きな打撃を与えることができなかったことが挙げられる。

また、ギリシアの狭い平地や山あいの隘路では戦闘正面の幅が限定されるため、ペルシア軍は兵力の優位を十分に生かすことができなかった。さらに、ペルシアの属州から駆り出された兵士を主力とする戦意も練度も低いペルシア軍の歩兵部隊は、小規模でも市民としての連帯感があり戦意が高く統率のとれたギリシア軍重装歩兵のファランクスを押し切ることがむずかしかったのである。

そして海上でも、ペルシアの支配下となったフェニキア人を中核とするペルシア軍の艦隊は、ギリシア南部沿岸で生起した**「サラミスの海戦」**（前四八〇年）でアテネを主力とするギリシア軍の艦隊に大敗。ペルシア本土からギリシアに兵士や食糧などを送り届ける輸送船を護ることができなくなった（海戦に関しては別項で詳述する）。

こうしてギリシアの諸ポリスの連合軍は、ペルシア軍の大軍を撃退。それらのポリスの中でも強大な海軍力を誇るアテネは、エーゲ海の覇権を握って海上通商で大きな利益を得ることになる。また、アテネでは、重装歩兵としての武装を自弁できずに軍船の漕ぎ手として勝利に貢献した貧しい下層市民の発言力が大きくなり、民主政の隆盛につながっていく。

壺絵に描かれた古代ギリシアの重装歩兵部隊

付け加えると、現代の戦争や紛争でしばしば叫ばれる「自由のための戦い」の起源は、このペルシア戦争中にギリシア世界で意識されたもの、と指摘する研究者もいる。つまり、このペルシア戦争は、現代の「戦争観」にも直接影響を与えていることになる。

その後、対ペルシアの防衛同盟として成立したデロス同盟の盟主となったアテネと、スパルタやコリントスなどが加盟していた旧来のペロポネソス同盟との間で**ペロポネソス戦争**（前四三一～前四〇四年）が始まった。

この戦争でも、戦いの主役は重装歩兵のファランクスであった。山地が多く平地が狭いギリシアでは、騎兵の伝統がなかなか育たず、騎兵部隊よりも鈍重で追撃にも不向きな重装歩兵のファランクスが使い続けられたのだ。

ギリシアのファランクスの一般的な戦い方は、戦場となった狭い平地でひたすら前進し、ファランクス同士がぶつかったら楯で押し合いながら槍で突き合う、というものであった。ファランクスを構成する重装歩兵は、右手に槍、左手に盾を持つので、無防備になる右半身を、戦列の右隣の兵士が持つ楯の影に隠そうとして本能的に右側に身を寄せる。そのため、ファランクスの戦列は、右へ右へと伸びて右肩上がりになる癖があった。

もし、ファランクスの最前列の兵士が倒れたら、後列の兵士が進み出て戦列の穴を埋めるが、最後の一列の兵士が倒れるとそれを埋める兵士はもういないので戦列に穴があき、そこから隊形が崩れることになる。したがってファランクス同士の戦闘では、戦列を維持して前進を続けようとする兵士の気力や体力に加えて、戦列の縦方向の深さが重要だった。この頃のギリシアのファランクスは戦列を縦方向に八列程度並べることが多かったようだが、例えばスパルタ軍のファランクスでは縦に一二列並ぶこともあれば六列並ぶこともあったと伝えられている。

このようなファランクスとは別に、重装歩兵よりも小さくて軽い盾（ペルテ）を持ち甲冑を身につけない軽装歩兵（ペルタスタイ）も、投げ槍や弓、あるいは礫や投石紐（英語でスリング）などの投擲兵器を使ってしばしば活躍を見せている。

この種の軽装歩兵の戦闘法としては、味方のファランクスの前方に、戦列を組まない「散兵」として横長に展開し、敵のファランクスに向かって槍を投げつける、というものがあった。これを追うファランクスの重装歩兵は、甲冑をつけない身軽な軽装歩兵を捕捉できずに消耗していく、というわけだ。

ペロポネソス戦争中の戦例を挙げると、アテネ軍のシチリア遠征（前四一五～前四一三年）では、シラクサ軍の軽装歩兵が、ファランクスを使いにくい起伏の多い地形を利用して活躍。紀元前四一三年には、アテネ軍の重装歩兵六〇〇〇人を投擲兵器で一昼夜にわたって攻撃し、最後は降伏に追い込んでいる。そして、このアテネ軍のシチリア遠征の失敗が大きな転機となり、最終的にはスパルタを中心とするペロポネソス同盟側がこの戦争で勝利を得た。

しかし、この戦勝によってスパルタの勢力が大きく伸びることを警戒したペルシアは、スパルタと対立するアテネの復興を援助。やがて力を取り戻したアテネにコリントスやテーベ（テーバイ）などが加わった反スパルタ同盟と、スパルタを中心とするペロポネソス同盟との間で**コリントス戦争**（前三九五〜前三八七年）が勃発した。

このようにギリシア世界では、諸勢力を統一できるだけの強大な勢力がなかなか育たず、ほとんど絶え間なく戦争が続いた。その一方でポリス社会では、貨幣経済の浸透もあって貧富の差が拡大し、土地所有農民による市民軍を維持できなくなって、無産化した市民や異民族からなる傭兵を使うようになっていく。そして、この土地所有農民の没落による市民兵の減少と傭兵の増大は、その後の歴史で何度も繰り返されることになる。

エパミノンダスの斜線陣と重点の形成

スパルタは、かつての敵であるペルシアとの関係修復を図り、紀元前三八七年に「大王の和約」（「アンタルキダスの和約」ともいわれる）を結んでコリントス戦争を終結させると、ギリシア世界での主導権を握ろうとした。

しかし、これに反発するテーベを中心とするボイオティア同盟と、スパルタを中心とするペロポネソス同盟との間で**ボイオティア戦争**（前三七八〜前三七一年）が勃発。この戦争の末期に生起した**「レウクトラの戦い」**（前三七一年）では、ボイオティア同盟軍が、記録に残っている中では歴史上初めて、明確な戦力の「重点」を形成して戦った。

この会戦でボイオティア同盟軍を率いたテーベの将軍**エパミノンダス**（？〜前三六二年）は、没落した貧乏貴族の出身だったが、コリントス戦争の時にはペルシアからの高額での買収の申し入れを断固拒否するなど、高潔な人格の持ち主であった。また、ピタゴラス派の哲学を学ぶなど学問にも通じており、豊富な軍事知識を持っていたと伝えられている。

話を「レウクトラの戦い」に戻すと、ペロポネソス同盟軍の兵力は歩兵約一万と騎兵約一〇〇〇、対するボイオティア同盟軍は歩兵約六〇〇〇と騎兵約六〇〇（異説あり）で、スパルタ軍を主力とするペロポネソス同盟軍が優位に立っていた。しかも、そのスパルタ軍の市民兵は、文字通りスパルタ式の徹底した訓練を施された熟練兵であり、彼らが組むファランクスの移動能力は他国軍のファランクスを凌駕していた。

兵力で優位に立つペロポネソス同盟軍の陣形は、縦一二列程度の重装歩兵で構成されるファランクスを横一線に並べた、これといった重点の無い平板なものであった。ただし、右翼には精強なスパルタ軍のファランクスを配置し、移動能力の優位を生かしてボイオティア同盟軍の左側面に回り込むことを狙っていた。そして移動中のファランクスを掩護するため、その前面に騎兵部

歴史上初めて、明確な戦力の「重点」を形成して戦ったエパミノンダスの像

隊を展開させていた。

対するボイオティア同盟軍は、スパルタ軍の熟練兵と対峙する左翼に明確な重点を形成した。具体的には、主力であるテーベ軍の重装歩兵を、縦におよそ五〇列（！）も並べたファランクスを組んだのだ。加えて、テーベ軍の精鋭中の精鋭である神聖隊も左翼に配置し、さらにその前面に掩護の騎兵部隊を展開させた。神聖隊とは男同士のカップルで編成された部隊で、驚異的な戦闘力を発揮したといわれている。当時としては、このように明確な「重点」を形成した陣形自体が画期的なものだったのである（図2参照）。

戦いが始まると、まずペロポネソス同盟軍右翼のスパルタ軍のファランクスが、ボイオティア同盟軍の左翼側面に回り込もうと移動を開始した。

対するボイオティア同盟軍は、そのスパルタ軍のファランクスの移動を掩護している騎兵部隊に対抗して騎兵部隊を突撃させた、すると、その騎兵部隊は、後方のスパルタ軍のファランクスまで押し込んで移動中の戦列を乱した。次いでボイオティア同盟軍は、テーベの勇猛な神聖隊を突撃させてスパルタ軍のファランクスの移動を阻止。続いて左翼のテーベ軍のファランクスを前進させると、スパルタ軍のファランクスに対して斜めに突っ込むかたちになった。

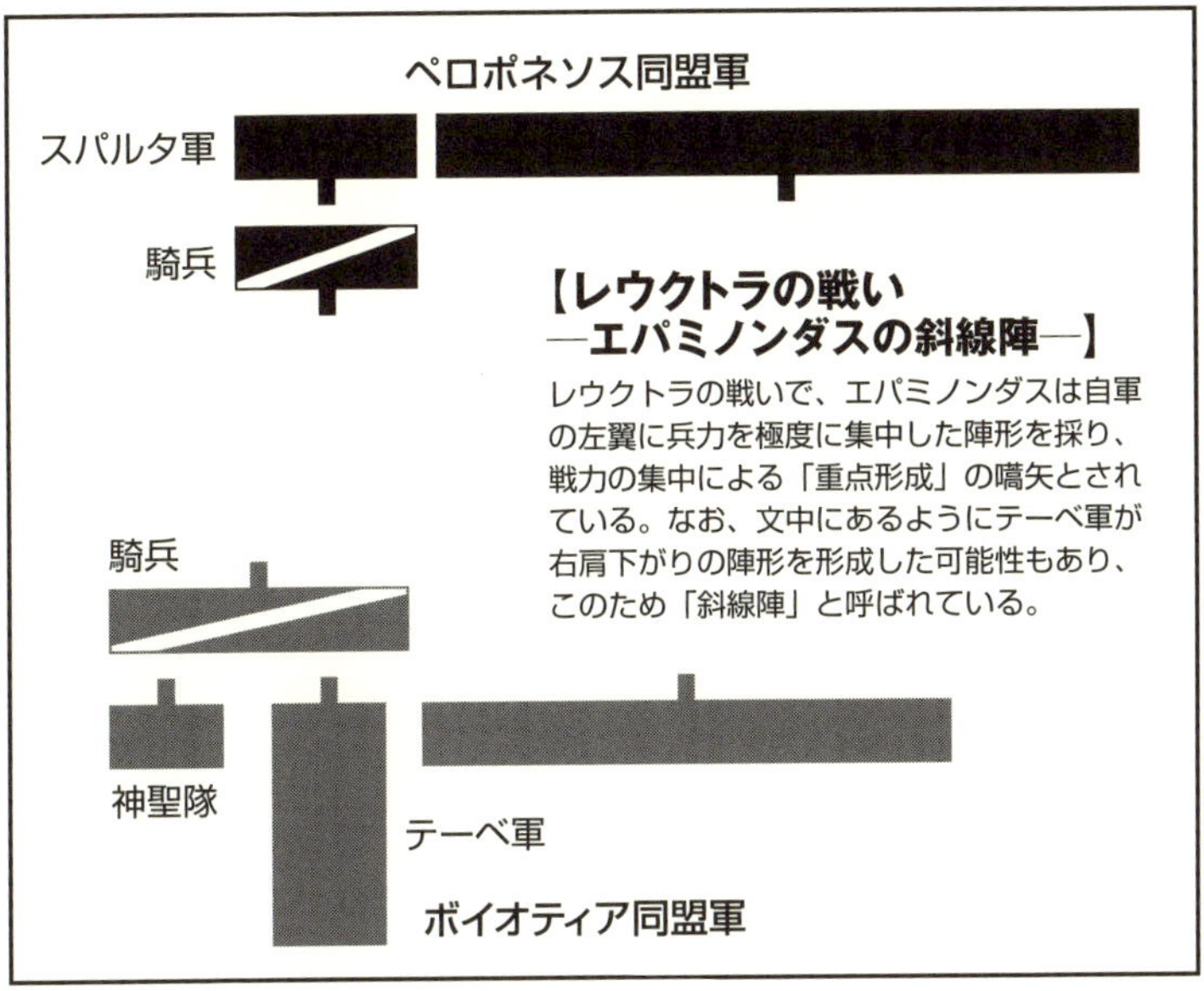

図2

しばらくの間、両軍のファランクス同士の押し合いが続いたが、やがてテーベ軍の分厚いファランクスにスパルタ軍のファランクスが押され始め、スパルタ王のクレオンブロトス一世が倒れた。ほどなくしてペロポネソス同盟軍は全軍が崩壊状態となり、ボイオティア同盟軍の勝利が決まったのである。

この会戦におけるボイオティア同盟軍のもっとも大きな勝因は、言うまでもなく陣形の左翼に明確な「重点」を形成したことにある。そして、もう一つの勝因としてよく挙げられるのが、テーベの「斜線陣」（梯陣ともいう。英語でエシュロン）と呼ばれる攻撃戦術だ。

この戦術は、複数のファランクスを右下がりの斜線状に並べて前進させ、重点である左翼の分厚いファランクスの突撃に続いて、その右斜め後方の残りのファランクスが敵部隊の左側面に巻きつくように前進して攻撃するもの、と伝えられている。

もっとも「レウクトラの戦い」では、側面に回り込もうとしたスパルタ軍のファランクスに対して、これを追いかけるようにテーベ軍のファランクスが移動したため、結果的に斜線陣のかたちになったという説もある。また、両軍の主力部隊以外がどのように戦ったかも史料によって食い違いがあり、斜線陣が初めから意図されたものだったのか、それが実際に効果を発揮したのか、ハッキリと断言することはむずかしい。

それでも、少なくとも「重点の形成」という概念自体は、現代の用兵思想においてもそのまま生き続けているのだ。

マケドニアの新しいファランクス

一方、ギリシア北方のマケドニアは、国王**フィリッポス二世**（在位前三五九〜前三三六年）の時代に軍制改革を実施。平時から一定の給与を受け取って軍事訓練を重ねる職業軍人を育成するとともに、従来の重装歩兵（ホプリタイ）よりも軽装で、従来の一般的な突き槍よりもはるかに長い六〜七メートルにも達する長槍（サリッサ）を両手で持ち、青銅製の楯を身に着けた重装歩兵

（ペゼタイロイ）で構成される、新しいファランクスを導入した。

ちなみにフィリッポス二世は、紀元前三六八年から前三六五年までテーベで人質生活を送っており、エパミノンダスの戦術を学び取ったと推測されている（エパミノンダスが「レウクトラの戦い」でサリッサと同様の長槍を使った可能性も指摘されている）。

このファランクスは、ギリシアのファランクスが前述したように縦八～一二列程度だったのに対して、その一・五倍から二倍にあたる縦一六列で構成されるのが理想とされた。前から六列目以降の兵士は、一つ前の列の兵士の体が邪魔になって長槍を敵兵に向けて構えることができず、その肩越しに長槍を斜め上に向けて構えることになる。この斜めの長槍を密にすることで、敵の投擲兵器による頭上からの攻撃を防ぐのだ。

マケドニアは、この長槍を使うファランクスの威力を活用して南に勢力を伸ばし、**「カイロネイアの戦い」**（前三三八年）ではアテネとテーベの連合軍に大打撃を与えて勝利した。ちなみに、この会戦でテーベの神聖隊は、マケドニアの王子（のちのアレクサンドロス大王）が率いる騎兵部隊との戦闘でほとんど全滅。フィリッポス二世は涙を流して彼らの奮闘を讃えたという。そしてマケドニアは、コリントス同盟（ヘラス同盟）を成立させて盟主となり、ギリシアの諸ポリスを支配下に置いた。

次いでフィリッポス二世はペルシア遠征の準備に着手したが、出発の直前に貴族に暗殺され、若干二十歳の息子**アレクサンドロス三世**（在位前三三六～前三二三年）、いわゆるアレクサンドロス大王がその遺志を継いだ。

アレクサンドロス三世率いるマケドニア軍（コリントス同盟軍を含む）は、まずペルシア支配下の小アジアに進攻。続いてシリア北部での「イッソスの戦い」（前三三三年）でペルシア王ダレイオス三世（在位前三三六～前三三〇年）率いるペルシア軍を破り、シリアやエジプトを征服した。さらにチグリス河東方での「ガウガメラの戦い」（前三三一年。「アルベラ・ガウガメラ間の戦い」ともいう）でもペルシア軍を破り、アケメネス朝ペルシアは滅亡。アレクサンドロス三世はさらに東方に遠征し、西はギリシアやエジプトから東はインド西部のインダス河におよぶ大帝国を築いた。

この頃のマケドニア軍の戦術は、弓兵や投げ槍兵を含む軽装歩兵部隊や騎兵部隊に側面を掩護された重装歩兵のファランクスが敵陣の中央を攻撃し、貴族の騎兵部隊が敵の側面や後方を突く、といったものだった。マケドニア軍流の「諸兵科連合戦術」といえよう。ただし、のちになるほど騎兵は重用されなくなり、重装歩兵のファランクスの働きが勝敗を決するようになっていく。

例えば、小アジア西部でペルシア軍と戦った「グラニコス川の戦い」（前三三四年）では、ペルシア軍は歩兵部隊の前面に騎兵部隊を展開させていた。これに対してマケドニア軍は、騎兵部隊を先頭に攻撃を開始し、まずペルシア軍の騎兵部隊を撃破。続いてマケドニア軍の騎兵部隊は味方の歩兵部隊を先導し、ペルシア軍の歩兵部隊を壊滅させている。要するに、この会戦ではマケドニア軍の騎兵部隊が戦いの帰趨を決したのである。

一方、インド北西部を支配していたポロス王の軍勢と戦った**「ヒュダスペス川の戦い」**（前三二六年）では、まずマケドニア軍右翼の騎兵部隊が、インド軍左翼の騎兵部隊を攻撃。両軍の増援を含む騎兵部隊同士の戦いに続いて、マケドニア軍中央前面の投げ槍を持つ軽装歩兵部隊が、インド軍中央の歩兵部隊の前面に展開していた戦象（戦闘用の象）を攻撃。次いでマケドニア軍のファランクスが前進を開始した。マケドニア歩兵の攻撃に混乱したインド軍の戦象が暴れて味方のインド軍歩兵の戦列に突っ込んだこともあり、インド軍の陣形が崩れ始めると、マケドニア軍のファランクスは隊形をさらに密集させて突進。これが決定打となり、マケドニア軍の騎兵部隊によるインド軍側面への攻撃と相まって、インド軍を壊滅させている**（図3参照）**。

付け加えると、アレクサンドロス大王は、この会戦の前にインド軍の裏をかいて本営からおよそ二七キロも上流でヒュダスペス川を無事渡河している。この移動は、戦闘が繰り広げられる場所（会戦の戦場）における移動の範疇を超えているという意味で、ミクロな「戦術次元」の移動ではなく、その一階層上の「作戦次元」での機動を行った、と主張する者もいる（こうした「戦争の階層構造」については第11章と第12章で詳述する）。

その後、アレクサンドロス大王が三三歳で急死すると、マケドニアは分裂して後継者の将軍らによる**「ディアドコイ（後継者）戦争」**（前三二二〜前二七五年）が始まった。そして紀元前三世紀前半には、これらヘレニズム諸国の中でも、アンティゴノス朝マケドニア、セレウコス朝シリア、プトレマイオス朝エジプトの三国がおおむね並び立ったが、のちにイタリア半島から勃興し

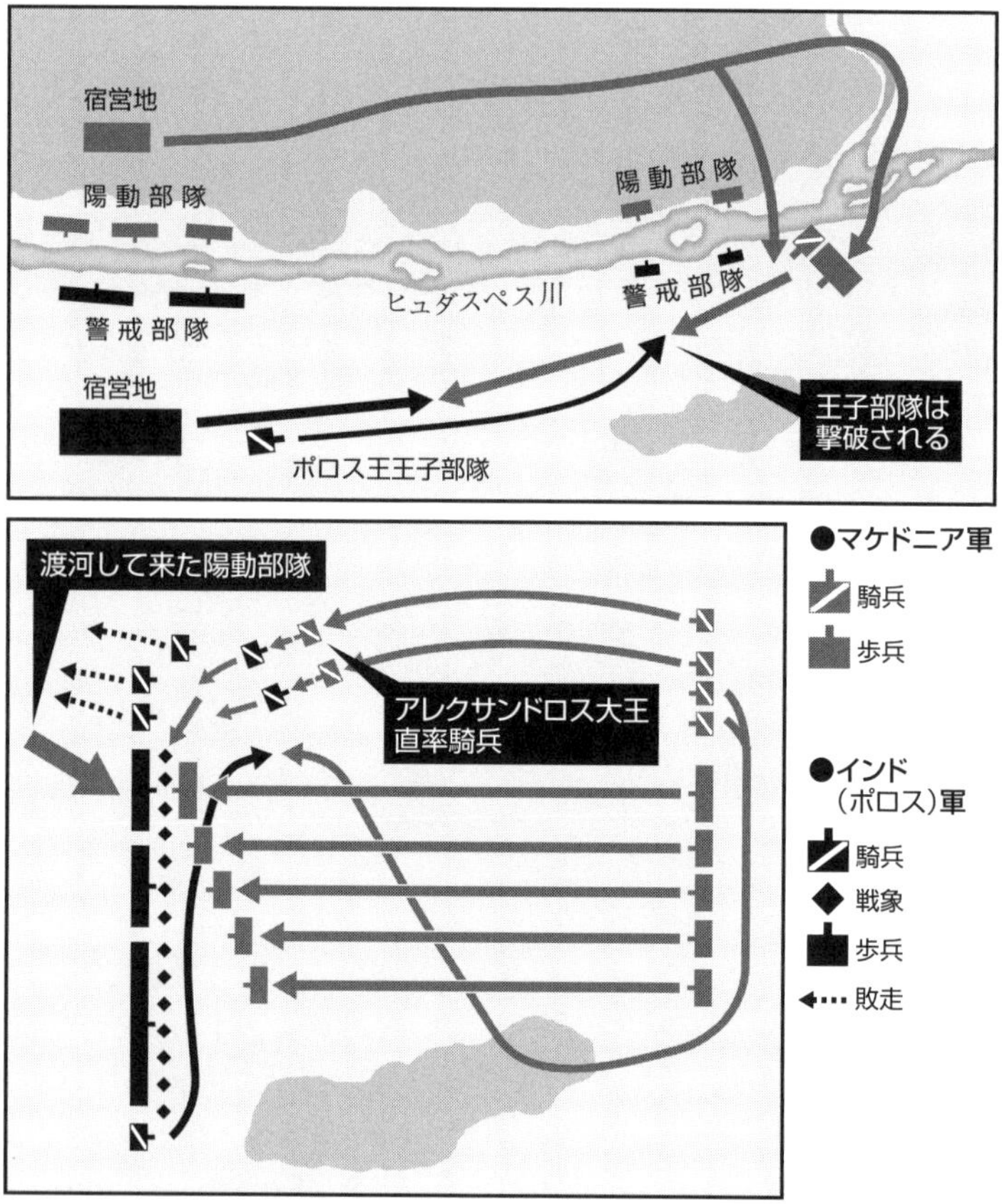

【ヒュダスペス川の戦い】

アレクサンドル大王が率いるマケドニア軍は、宿営地南側のヒュダスペス川渡河点に陽動部隊を配置し、主力の渡河は27㎞上流で行った。これは現在の目から見れば「作戦次元の機動」といえるかもしれない。会戦においては、歩兵と騎兵を巧みに運用して勝利を収めた。

図３

たローマによって、いずれも滅亡を迎えることになる。

海戦術の夜明け

ここで、この時代の海戦についても述べておこう。

船舶が戦争に使われたもっとも古い事例は、紀元前二十五世紀にエジプトの古王国が兵士を船でパレスチナに輸送したこと、とされている。

紀元前十二世紀には、エジプトの新王国が（後世の歴史家に）「海の民」と呼ばれる異民族の攻撃を撃退したことが、残されたレリーフにより判明している。この時のエジプト軍の戦術は、ナイル河口に停泊していた敵船に接近する前に帆を絞り、櫂を漕いで敵船に接近して甲板上の兵士が弓や投げ槍で攻撃。敵船に横付けしたら、剣と楯を持った兵士が敵船に乗り込んで白兵戦を挑む、というものだった。もっとも、当時のエジプトの船舶はもっぱらナイル河で使われるものであり、海上の悪天候に耐えられるようなものではなかった。

一方、地中海世界では、もっと早くから海で使える船舶が実用化されており、紀元前十四世紀には国家ぐるみの組織的な海賊行為も行われるようになっていた。例えば、紀元前十二世紀から地中海の海上通商をほぼ独占していたフェニキア人のシドンやティルスといった裕福な港湾都市国家は、それぞれ有力な艦隊を整備して、海賊や他国の艦船との戦闘に用いている。

当時の軍船は、取り外し可能な帆と櫂の両方を備えていたが、大量の水や食糧を積むスペースは無かった。そのため、何日も連続して航行することはなく、もっぱら沿岸を航行して、夜は浜に引き上げられた。戦闘が予期される場合には、敵の放火に備えて檣（マスト）や帆を外して陸に残し、櫂による航行で敵船に接近した。

艦隊の陣形は、より多くの兵士を乗せて速力を上げるために大勢の漕ぎ手を乗せたガレー船の時代には、多数の櫂が突き出す脆弱な舷側を、味方の隣り合う船同士が互いに護り合うため、おもに横広に展開する「横陣」（中央が敵方にせり出した「弓形陣」、逆に凹んだ「三日月陣」を含む）が用いられた。

初期の軍船は、船そのものには固有の戦闘力が無く、乗船させた兵士が弓などの投擲兵器で攻撃したり接舷して斬り込み戦を挑んだりするための、いわばプラットフォームにすぎなかった。しかし、遅くとも紀元前九世紀中頃には、船首の喫水線下に体当たり用の頑丈な衝角（英語でラム）が取り付けられるようになった。これによって軍船は、単なる戦闘用プラットフォームとしてだけでなく、船そのものを武器として使えるようになったのである。

衝角導入後の艦隊戦術は、一般的な「横陣」を組む敵艦隊に対して、横広に展開して翼側の一部の軍船を敵艦隊の側面に回り込ませたり、縦一線の戦列を組んで敵艦隊の正面から突破し背後に回り込んだりして、衝角で敵船に体当たりする、といったものになった（図4参照）。

紀元前八世紀末頃には、それまで延々と使われていた五〇人の漕ぎ手が一列に並ぶ五十櫂船

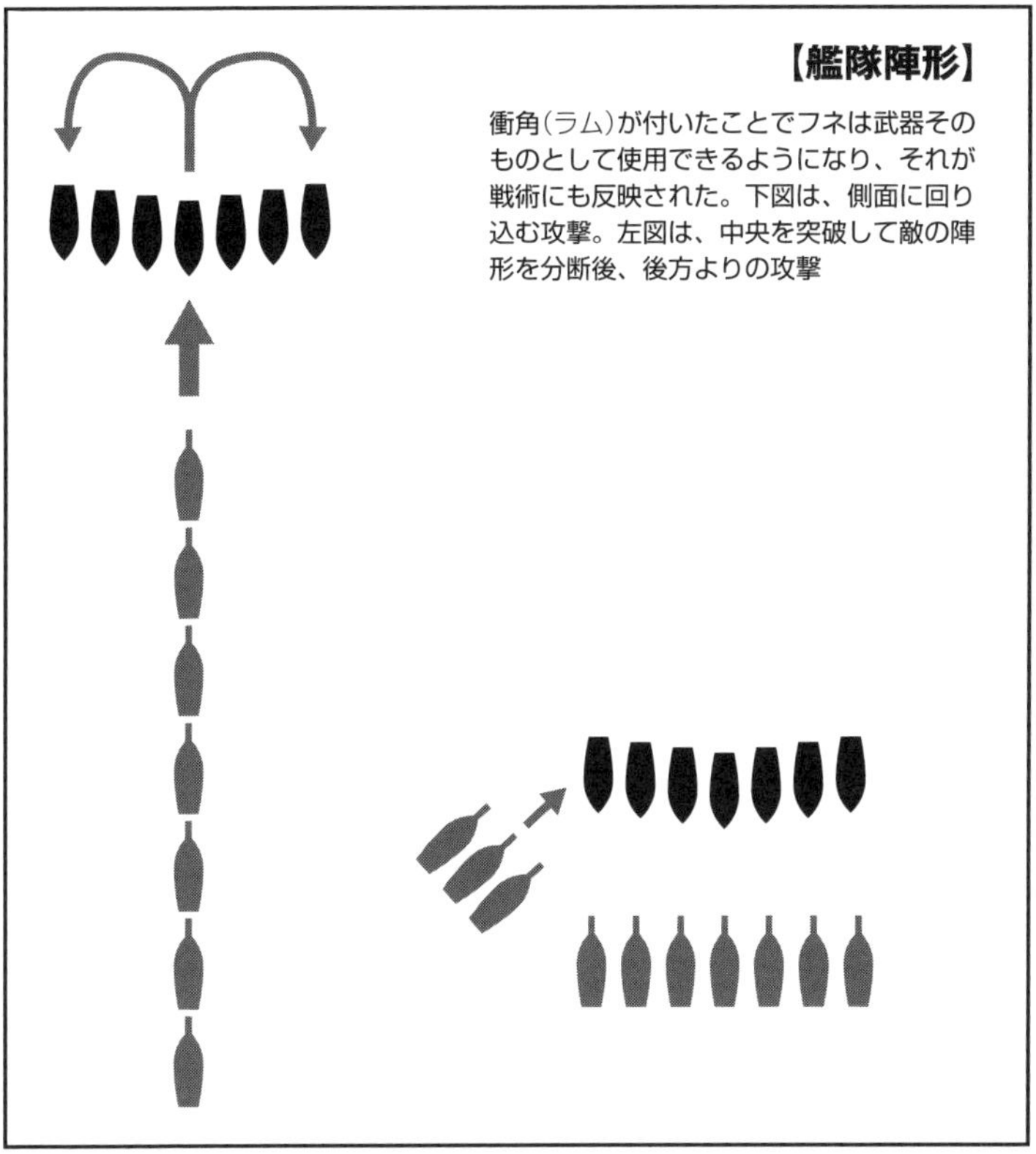
【艦隊陣形】
衝角（ラム）が付いたことでフネは武器そのものとして使用できるようになり、それが戦術にも反映された。下図は、側面に回り込む攻撃。左図は、中央を突破して敵の陣形を分断後、後方よりの攻撃

図4

（ペンテコントロス）に代わって、漕ぎ手が上下二段に並んで座る二段櫂船や、上下三段に座る三段櫂船が登場した。これらの軍船は、漕ぎ手の数すなわち速力を維持しつつ船体を短くすることができたので、体当たりに必要な運動性が大幅に向上したのである。

ペルシア戦争では、アテネがテミストクレス（前五二八頃～前四六二年）の主導で二〇〇隻もの三段櫂船を建造。**「サラミスの海戦」**（前四八〇年）では、アテネを中核とするギリシア艦隊が、前述のように戦闘時には使わない帆を広げて逃走するように見せかけて、ペルシア艦隊の主力を狭いサラミス水道内におびき出した。そして、近くの湾内に隠していた分遣艦隊でペルシア艦隊の後方を遮断するとともに、主力艦隊が反転してペルシア艦隊を挟撃。これを壊滅させて大勝した。当時のアテネを中核とするギリシア艦隊は、これだけの複雑な作戦を実行できる高度な操船術を持っていたのである。

諸兵科連合の進化と重点の形成

最後に、この章の内容をざっとまとめておこう。

紀元前二十六～二十五世紀頃にはメソポタミアの都市国家で歩兵の密集方陣が使われており、のちのギリシアの諸ポリスで長く使われた重装歩兵によるファランクスを経て、マケドニアの長槍を使う新型ファランクスへと進化していく。

これに先立って紀元前七世紀にはアッシリアで「諸兵科連合部隊」のはしりといえるものが成立しており、戦車やそれに代わる騎兵、あるいは弓や投げ槍などを使う軽装歩兵と、突き槍などを持つ重装歩兵を組み合わせて戦う戦術が、ペルシアやマケドニアからヘレニズム諸国へと受け継がれていく。

そして、紀元前四世紀のギリシアでは、早くもエパミノンダスによって「重点の形成」が行われており、この概念は現代の用兵思想にも生き続けているのだ。

第２章　ローマの遺産

ビザンツ帝国皇帝マウリキウスを象ったコイン（Emperor_Maurice）

ローマのマニプルス戦術

この章では、現代の用兵思想にも少なからず影響を与えているローマや、その分裂後も長く続いた東ローマすなわちビザンツ帝国の用兵思想について見ていこう。

イタリア半島中部のティベル川流域をルーツとする部族国家から勃興したローマは、紀元前五〇九年にエトルリア人による専制的な王政が打倒されて貴族共和政となり、戦争を続けて支配地域を拡大していった。

ローマ軍では、王政時代からファランクス（歩兵の密集方陣）を使っており、共和政になっても相変わらずファランクスを使い続けていた。しかし、規模が大きく鈍重なファランクスは開けた土地以外では使いにくく、山地などの錯雑地形で不意打ちをかけてくる軽快な軽装歩兵の相手は苦手だった。事実、アペニン山脈の周辺でサムニテス人と戦った**サムニテス戦争**（前三四三～前二九〇年）では、**「カウディウム渓谷の戦い」**（前三二一年）で投げ槍などを持つサムニテス人の軽装歩兵に山中の隘路で包囲されて孤立し、やむなく降伏するという屈辱を味わっている。

おそらくこのような経験を踏まえて、ローマ軍は「ケントゥリア」（百人隊とも訳される。実際の兵数は時期にもよるが六〇～一〇〇人程度。意訳すれば小隊）二個からなる、それまでのファランクスよりも小ぶりで軽快な「マニプルス」（中隊）を戦闘の基本単位とするようになった。

ローマのイタリア半島統一までの戦争でもっとも知られているのは、マケドニアと隣接する小国エピロスの王だった**ピュロス**（前三一九〜前二七二年。一時はマケドニア王も兼ねる）の軍勢と、おもにイタリア半島の南部で戦った**ピュロス戦争**（前二八〇〜前二七五年）だろう。ピュロスの軍勢は、ローマ軍を相手に勝利を重ねたものの多くの損害を出し、ピュロスが「このような勝利がもう一度あれば我が軍は破滅だ」と言ったことが伝えられている。このエピソードから、割に合わない勝利のことを「ピュロスの勝利」と言うようになり、現在の欧米の戦史書などでもよく見かける表現となっている。

共和政の初期から中頃までのローマでは、ギリシアの諸ポリスと同様に、市民が自弁で武装することが原則であった。ローマ軍の主力である重装歩兵は、兜や甲冑を身に着けて大きな盾を持ち、長槍（ハスタ）か突き槍としても使える投げ槍（小型のピラと大型のピルム）と両刃の剣（グラディウス）で戦った。この重装歩兵のうち、若者は「ハスタティ」、壮年の者は「プリンキペス」、もっとも年長の者は「トリアリィ」と呼ばれた。古参兵のトリアリィは、前述の二本の投げ槍は持たず、ファランクス時代から受け継いだ伝統的な長槍を持っていた。

こうした重装歩兵の武装を揃えられない貧しい市民は、甲冑を身に着けず、兜と小型の盾、軽い投げ槍と剣を持つ軽装歩兵（ウェリテス）になった。逆に裕福な市民は、騎兵ないし騎士身分（エクイティス）として、兜のみで甲冑を着けない軽装の槍騎兵になった。

これらの歩兵や騎兵を編合した諸兵科連合部隊は「レギオ」（軍団）と呼ばれた。各レギオに

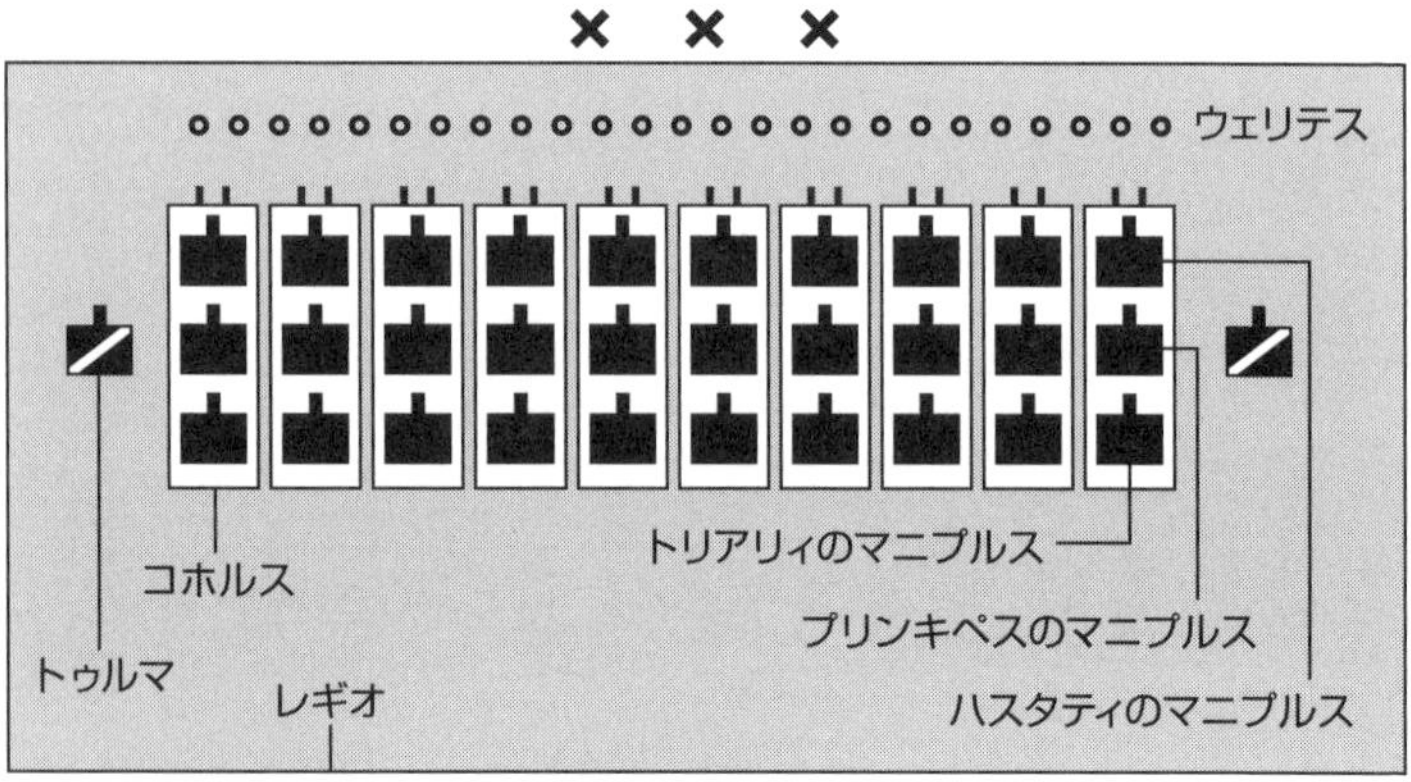

【ローマ軍の陣形 ―マニプルス戦術―】

性格の違う三つのマニプルスを持つコホルスを基本単位とした
ローマ軍は、陣形レベルでの柔軟さを発揮した。

図5

は一〇個の「コホルス」(大隊)が所属し、各コホルスはハスタティ、プリンキペス、トリアリィのマニプルスが一個ずつ計三個所属していた。このマニプルスを基本単位とするローマ軍団の戦術を「マニプルス戦術」と呼ぶこともある。ただし、軍団所属騎兵部隊は、三〇騎からなる「トゥルマ」(騎兵中隊)を基本単位としていた。

この頃のローマ軍団の陣形は、最前列に軽装歩兵部隊を「散兵」として横広に展開させる。その後ろに重装歩兵の方陣を配置し、前からハスタティ、プリンキペス、トリアリィの順にそれぞれ隙間をあけて市松模様に並べて展開させる。さらに歩兵部隊の左右側面に援護の騎兵部隊を配置する、というものだった(図5参照)。

戦闘時には、まずハスタティが戦い、それで敵を撃退できなければ後方のプリンキペスの戦列の隙間を通って後方に下がり、次いでプリンキペスが戦う。プリンキペスでも敵を撃退できなかったら、ハスタティもプリンキペスも最後方のトリアリィの戦列の隙間を通って後方に下がる。そして、それまでひざまずいて待機していた精鋭のトリアリィが立ち上がり、戦列を密集させて隙間を塞いだうえで敵と戦うのだ。

このようにローマ軍団のマニプルスは、より大規模なファランクスに比べると突撃時の衝撃力こそ劣っていたが、戦列の交代や密集度の変更をより柔軟に行うことができた。ただし、陣形レベルでの柔軟性は高かったものの、もう少しマクロな会戦レベルにおける基本戦術は、これから述べるポエニ戦争でカルタゴの名将ハンニバルに手痛い敗北を喫するまで、敵軍の中央部に向かって前進するというシンプルなものであった。

ポエニ戦争とハンニバルのアルプス越え

紀元前三世紀前半にイタリア半島をほぼ統一して広大な領土と多くの人口を手に入れたローマは、北アフリカを本拠地として地中海での海上通商や沿岸の植民都市の支配などで栄えるフェニキア人の商業国家カルタゴと衝突し、断続的に三度にわたる**ポエニ戦争**（前二六四～前一四六年。「ポエニ」とはラテン語でファニキアの意）を繰り広げた。

両国の衝突の発端となったシチリア島での陸戦では、市民軍を主力とするローマ軍が、傭兵を主力とするカルタゴ軍に対して優位に立った。しかし、ローマ軍は、カルタゴ軍の強力な艦隊に後方を脅かされたうえ、カルタゴ軍の司令官となった**ハミルカル・バルカ**（前二七五？～前二二

古代ローマを追い詰めた名将ハンニバル・バルカの像

八年）の奮闘もあって、なかなか決定的な勝利を得ることができなかった。

それでもローマは、どんどん消耗していく軍艦を建造し続けて、ついにシチリア島西方での**「アエガテス諸島沖の海戦」**（前二四一年）でカルタゴ艦隊に大打撃を与えることに成功（この頃の海戦については別項で詳述する）。カルタゴがシチリアの支配権や賠償金等をローマに引き渡すことで講和が成立し、カルタゴは精強な艦隊とともにイタリア半島への足がかりを失った。

この**第一次ポエニ戦争**（前二六四～前二四一年）の後、前述のハミルカルのバルカ家は、政界で頭角をあらわしてイベリア半島のヒスパニアへの進出に力を注ぎ、多くの原住民部族を服属させていった（例えばスペイン北東部の港町バルキノは「バルカ家の都市」の意で、現在のバルセロナ）。そしてハミルカルは、息子のハンニバルにローマを一生の敵とすることを誓わせた、という。

第一次ポエニ戦争の終結から二十三年後、カルタゴとローマは、イベリア半島東岸の都市サグントゥムをめぐって再び衝突し、**第二次ポエニ戦争**（前二一八～前二〇一年）が勃発した。この戦争で伝説的な活躍を見せたのが、ハミルカルの息子**ハンニバル・バルカ**（前二四七～前一八三年または一八二年）であった。

当時のカルタゴは、ローマに対して陸上兵力でもともと劣っていたうえに、かつてのような海上兵力の優位も失っており、海路からの進攻も困難であった。そこでハンニバルは、子飼いのアフリカ傭兵やヒスパニア人などからなる軍勢を率いてイベリア半島を北上し、アルプス山脈を越えてローマを背後から突く、という奇策をとった。ハンニバルは、雪の残るアルプス越えで多くの兵士を失ったが、敵国の背後に回り込んだ効果は大きかった。現代の軍事用語で言えば「戦略的奇襲」である。

カルタゴ進攻の準備を進めていたローマ軍は、背後にあらわれたカルタゴ軍に動揺し**「ティキヌスの戦い」「トレビアの戦い」**（いずれも前二一八年）で敗北を重ねた。ローマ軍は兵士を補充して立て直しを図ったが、イタリア半島中部での**「トラシメヌス湖畔の戦い」**（前二一七年）で行軍中にカルタゴ軍の奇襲を受け、またも大損害を出してしまう。

それでも、動員余力の大きいローマは、翌年までに軍を再建して攻勢に転じ、イタリア半島南部のカンネーでハンニバル率いるカルタゴ軍に会戦を挑んだ。これが**「カンネー（カンナエ）の戦い」**（前二一六年）である。

カンネーの戦いと包囲殲滅

この「カンネーの戦い」におけるローマ軍の兵力は、歩兵八万と騎兵六〇〇〇以上、あわせて九万弱。これに対してカルタゴ軍の兵力は、歩兵約四万と騎兵約一万、あわせて五万余りにすぎなかった（兵数は異説あり）。

ローマ軍の陣形は、中央に主力の歩兵部隊を配置し、その側面に掩護の騎兵部隊（ただし左翼はイタリア半島の諸都市の同盟軍）を配置する常識的なものだった。中央の歩兵部隊は、最前方に軽装歩兵部隊がファランクスのような戦列を組まない「散兵」として展開し、その後方に主力の重装歩兵部隊が縦に深い密集隊形を組んで展開した。ローマ軍の狙いは、投げ槍による「散兵戦」で敵の戦列を乱したうえで重装歩兵部隊が突撃し、カルタゴ軍の陣形を中央で分断して撃破することにあった。

対するカルタゴ軍は、最前方にローマ軍と同様に軽装歩兵部隊が「散兵」として横長に展開。その後方の中央には弱体な同盟軍であるケルト人（ここではイベリア半島やイタリア北部出身のケルト人）とヒスパニア人の重装歩兵部隊を配置し、それを挟み込むように左右に精強なアフリカ傭兵の重装歩兵部隊を配置した。また、歩兵部隊の右翼には馬術に長けたヌミディア人の騎兵部隊を、反対の左翼にはヒスパニア人やケルト人の騎兵部隊を、それぞれ配置。さらに、戦闘が始まる直前にケルト人とヒスパニア人の重装歩兵部隊を少し前進させたので、カルタゴ軍の陣形はローマ軍に向かって中央がせり出した弓形となった（図6参照）。

戦闘が始まると、両軍の投擲兵器による応酬の後、ローマ軍右翼の騎兵部隊とカルタゴ軍左翼のケルト・ヒスパニア人の騎兵部隊が激突。馬が足踏み状態になると両軍の騎兵が相手に飛びか

【カンネーの戦い】

カルタゴ軍は、主力の歩兵部隊が弓形の陣形をとって、ローマ軍の攻撃衝力を吸収。さらにアフリカ傭兵部隊に側面を、騎兵に背面を攻撃させて、ローマ軍を包囲殲滅した。この戦いは、完璧な包囲殲滅の戦例として後の軍人や用兵思想家たちに多くの影響を与えることになる。

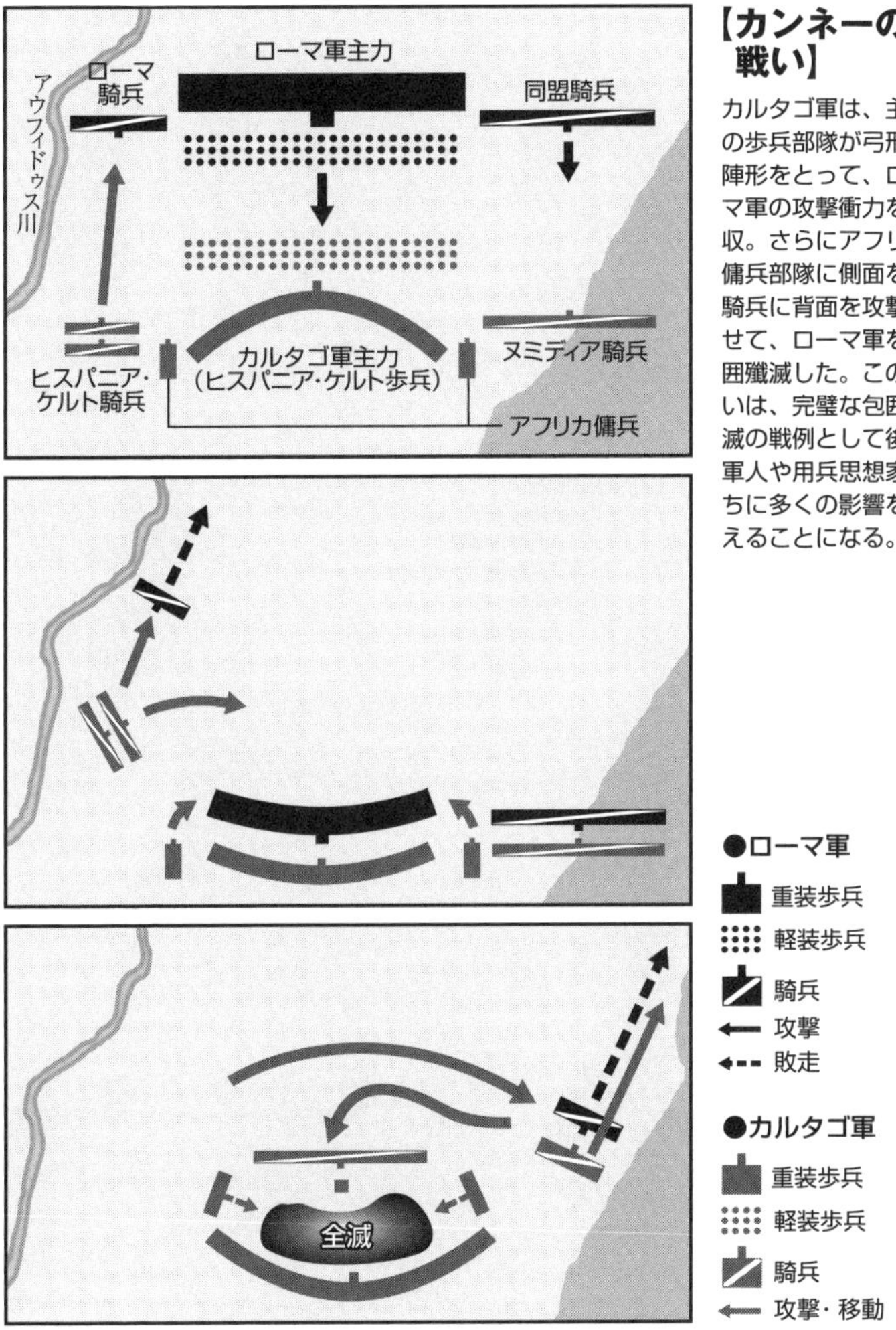

図6

かって馬から引きずり降ろし白兵戦となったが、下馬戦闘に適した武装を持ち数でも優っていたケルト・ヒスパニア人の騎兵部隊がローマ軍の騎兵部隊を押し潰していった。

これとほぼ同時に、ローマ軍中央の重装歩兵部隊と、カルタゴ軍中央のケルト・ヒスパニア重装歩兵部隊との間で戦闘が始まった。また、ローマ軍左翼のイタリア同盟軍の騎兵部隊は、カルタゴ軍右翼のヌミディア人の騎兵部隊と戦ったが、反対側のような下馬しての白兵戦にはならなかった。イタリア同盟軍の騎兵部隊が押せばヌミディア騎兵部隊は分散して一旦下がり、すぐに反転したヌミディア騎兵が周囲から一斉に反撃を始めるとイタリア同盟軍の騎兵部隊が下がる、といった比較的損害の少ない戦闘が続いたのである。

これに対して両軍の中央部では、密集したローマ軍の重装歩兵部隊が、ケルト・ヒスパニア重装歩兵部隊を徐々に押し込んで当初の弓形の陣形を平らに押し潰していった。ローマ軍の重装歩兵部隊がさらに押し込むと、ケルト・ヒスパニア重装歩兵部隊の陣形が逆方向にしなり中央部で分断されるかに見えた。

ところが、ケルト・ヒスパニア重装歩兵部隊が分断される前に、その左右に配置された精強なアフリカ傭兵の重装歩兵部隊が前進を開始し、続いてローマ軍歩兵部隊の左右両側面から攻撃を始めた。また、ケルト・ヒスパニア重装歩兵部隊も態勢を立て直して踏みとどまったので、ローマ軍の重装歩兵部隊はカルタゴ軍の重装歩兵部隊に三方を囲まれることになった。

さらにカルタゴ軍の左翼でローマ軍の騎兵部隊を撃破したケルト・ヒスパニア騎兵部隊は、再び馬に乗って戦場を横切ると、反対側でカルタゴ軍のヌミディア騎兵部隊と戦っていたイタリア同盟軍の騎兵部隊を背後から攻撃。これを敗走させると、追撃はヌミディア騎兵部隊にまかせて、ローマ軍歩兵部隊の背後に回り込んだ。こうして四方を囲まれたローマ軍の歩兵部隊は、側面や背後からのカルタゴ軍の攻撃に混乱状態となり、満足に抵抗できないまま戦列の外側の兵士から次々と殺されていった。

結局、ローマ軍の損害は、戦死者約五万、捕虜七〇〇〇以上にのぼったが、カルタゴ軍の損害はその十分の一ほどにすぎなかった。カルタゴ軍は、兵力上は劣勢だったにもかかわらず、ローマ軍の包囲に成功して圧勝したのである。

だが、これだけの大勝利をもってしても巨大な人口を持つローマの致命傷にはならず、カルタゴは戦争全体の勝利を得ることができなかった。その後も、ハンニバルはイタリア各地で戦いを続けたが、紀元前二〇四年にプブリウス・コルネリウス・**スキピオ**（前二三六～前一八四年または一八三年。のちのスキピオ・アフリカヌス。いわゆる大スキピオ）率いるローマ軍が北アフリカに上陸したため、カルタゴ元老院の命を受けて本国に帰還した。

そしてハンニバル率いるカルタゴ軍は、大スキピオ率いるローマ軍に**「ザマの戦い」**（前二〇二年）で大敗を喫してしまう。この会戦では、数で勝るローマ軍の騎兵部隊がカルタゴ軍の騎兵部隊を蹴散らしたのち、追撃を早期に打ち切って反転。ローマ軍の歩兵部隊と押し合いを続けていたカルタゴ軍の歩兵部隊を背後から攻撃して勝利を得たのだ。

戦場を脱出したハンニバルはローマとの講和を主張し、翌年にはカルタゴに不利な条件で講和が成立して第二次ポエニ戦争は終結した。その後、国外に亡命したハンニバルは自決する。

その講和後、カルタゴは驚異的な復興を遂げたが、ローマに**第三次ポエニ戦争**（前一四九～前一四六年）に引きずり込まれて滅亡。ローマはカルタゴの都を徹底的に破壊し、跡には塩を撒いて草木の生えない不毛の土地にしてしまった、と伝えられている。

こうしてカルタゴは戦争に負けて滅亡したのだが、「カンネーの戦い」は「包囲殲滅」の完璧な成功例として用兵思想史上に今も燦然と輝いている。カルタゴという国家は地図上から姿を消したが、「カンネーの戦い」が戦術の教科書から姿を消すことはないだろう。

マリウスの軍制改革

話は前後するが、ポエニ戦争と同時期、アンティゴノス朝マケドニアは、ローマと断続的に戦争を繰り広げていた。

第二次ポエニ戦争中にカルタゴと同盟して始まった**第一次マケドニア戦争**（前二一四～前二〇五年）では、イタリア半島に直接進攻することはなかったが、アドリア海周辺でローマ軍を牽制する役割を果たした。しかし、次の**第二次マケドニア戦争**（前二〇〇～前一九七年）では**「キュノスケファライの戦い」**（前一九七年）でローマ軍に大敗。さらに**第三次マケドニア戦争**（前一七一〜前一六八年）では「ピュドナの戦い」（前一六八年）で再びローマ軍に大敗し、アンティゴノス朝マケドニアは滅亡した。

この「ピュドナの戦い」は、当初の平地での歩兵部隊同士のぶつかり合いでは、マケドニア軍のファランクスの長槍（サリッサ）が威力を発揮してローマ軍の重装歩兵部隊を後退させた。ところが、戦場が起伏のある場所に移動すると、マケドニア軍のファランクスの戦列が崩れて隙間や凹みが生じたので、ローマ軍は戦列を分割してマケドニア軍の戦列の隙間に突っ込ませた。ローマ軍重装歩兵の両刃の剣（グラディウス）に脇腹や背中を突かれたマケドニア軍の重装歩兵は、振り回しづらい長槍を捨てて短剣で身を守るしかなかったが、伝統的に剣術に長けたローマ兵の敵ではなかった。マケドニア軍は、その場に踏みとどまって全滅した精鋭部隊を除いて潰走し、さらにローマ軍の追撃を受けて壊滅。マケドニア軍の戦死者が二万五〇〇〇人にのぼったのに対し、ローマ軍の戦死者は八〇〜一〇〇人と伝えられている。この会戦は、マケドニア軍のファランクスよりも柔軟なローマ軍のレギオの優位が示された戦例、と評されている。

こうして共和政のローマは、市民が自弁で武装した重装歩兵を中核とする「市民軍」で、カルタゴやマケドニアといった大国を倒して、地中海世界の覇権を握ったのである。

だが、ローマの社会では、将軍や政治家が戦争や征服した属州の統治で莫大な富を得る一方、中小土地保有農民は、相次ぐ対外戦争に出征した働き手の戦死や長期の不在によって農地が荒れ、属州から流入する安価な穀物との価格競争もあって窮乏化し、貧富の差が拡大。やがて農地を富者に売り渡す農民が増大し、子供以外の資産を持たない無産市民（プロレタリア）となって都市に流入していった。このような無産市民が増大すると、従来の原則どおり武装を自弁できない市民を兵役から除外していては、軍が成り立たなくなってしまう。

こうした社会情勢の中、貴族層では、護民官（紀元前五世紀初めに平民の権利を護る公職として創設された）を梃子に平民の支持で権力を拡大しようとする「平民派」と、元老院を中心とする保守的な「閥族派」が対立。護民官となった平民派のグラックス兄弟は無産市民への土地の分配などにより農民層を再建して軍を立て直そうとしたが相次いで命を失うなど、激しい抗争に発展した。いわゆる「内乱の一世紀」の始まりである。

その間もローマ軍では、中小土地保有農民の没落とともに、動員可能な人数が減少し兵士の質が低下するなど弱体化が進んでいった。そしてガリア（現在のフランスやベルギー、スイス、オランダやドイツの一部など）からイタリアに移動してきたゲルマン系またはケルト系とされるキンブリ族やテウトニ族（チュートン人）などとの間で**キンブリ・テウトニ戦争**（前一一三〜前一〇一年）が始まると、ローマ軍の敗北が続いた。なかでも**「アラウシオの戦い」**（前一〇五年）では「カンネー以来最大」といわれるほどの衝撃的な大敗を喫している。

こうした危機の中、北アフリカでのヌミディア王ユグルタとの**ユグルタ戦争**（前一一二〜前一〇六年）などで活躍して出世した平民派のガイウス・**マリウス**（前一五七？〜前八六年）は、紀元前一〇七年に執政官（コンスル。軍民の最高官）に選出されると、兵士に武装や俸給を支給するとともに部隊編制の標準化を徹底するなどの軍制改革を進めていった。

もっと具体的に言うと、歩兵の武装は、従来のハスタティやプリンキペスと同様の兜、甲冑、盾、それに投げ槍一〜二本と剣に統一されて軽装のウェリテスは消滅した。各レギオ（軍団）にはコホルス（大隊）が一〇個所属し、各コホルスにはケントゥリア（小隊）が六個所属する編制とされ、各ケントゥリアの定数は八〇人とされた。各軍団に所属する騎兵部隊は縮小され、軽装歩兵や騎兵は同盟国からの提供兵力やローマの支配下でローマ市民権を持たない者による補助軍（アウクシリア）に頼るようになっていく。

この軍制改革によって、ローマでは無産市民が集まって俸給を得る職業軍人となり、兵営での共同生活で団結心を育み、厳しい訓練や長期にわたる戦闘行動にも耐えられる規律ある組織に育っていった。ローマ軍は、それまでのアマチュアの市民兵を中核とする「市民軍」から、プロフェッショナルな職業軍人を中核とする「職業軍」へと変化していったのである。同時に、兵営は一般の市民社会から遊離し、軍団の司令官による私兵化が進み、やがて政争の道具として多用されるようになっていく。

また、前述のように歩兵の装備が統一されたことで訓練の標準化が進むとともに、歩兵部隊

古代ローマで抜本的な軍制改革を行ったマリウス

ではコホルス（大隊）を戦術上の基本単位として、より大きな単位で密集して戦うようになった。こうした変化を、兵士が自主的な判断能力を持つ愛国的な市民兵から指揮官の命令に従って行動する職業軍人になったことに対応している、と指摘する研究者もいる。

このコホルスは、予備隊や別働隊として独立して行動することが可能で、高い機動力を発揮することができた。事実、マリウスは、キンブリ・テウトニ戦争末期の**「アクアエ・セクスティアエの戦い」**（前一〇二年）でコホルス単位の別働隊を活用して圧勝し、テウトニ族はほぼ滅亡。次いで**「ウェルケラエの戦い」**（前一〇一年）でも大勝し、キンブリ族もほとんど滅亡するなど、軍制改革とコホルス戦術の効果を実証している。

軍団の縮小と野戦機動軍の編成

ローマは、この「内乱の一世紀」の最中に、ローマ市民権を要求して同盟諸都市が蜂起し市民権を得ることになる**同盟市戦争**（前九〇～前八八年）に加えて、対外戦争も繰り広げていた。

そして平民派のマリウスと争った閥族派のルキウス・コルネリウス・**スラ**（前一三八？～前七八年）は、小アジア南部のポントゥス王国との**第一次ミトリダテス戦争**（前八八～前八四年）中に**「カイロネイアの戦い」**（前八六年）で、自ら率いるコホルスを予備隊として有効に活用している。

また、**ウェルキンゲトリクス**（前七二～前四六年）率いるガリア人に**「アレシアの戦い」**（前五二年）で大勝するなどガリア遠征（前五八〜前五一年）で活躍したガイウス・ユリウス・**カエサル**（前一〇〇〜前四四年）は、**第三次ミトリダテス戦争**（前七五〜前六三年）でポントゥス軍を破ったグナエウス・**ポンペイウス**（前一〇六〜前四八年）を相手に、**「ファルサロスの戦い」**（前四八年）でコホルス六個を別働隊として敵の側背に回り込ませ、主力の正面攻撃と相まって勝利を得ている。

もっとも、この頃のローマ軍が無敵だったわけではなく、東方のパルティアとの戦争では**「カラエ（カルラエ）の戦い」**（前五三年）で、退却すると見せかけつつ後方に矢を射る「パルティアン・ショット」で知られるパルティア騎兵の活躍によって大敗している。

一方、ローマの政体は、クラッスス、カエサル、ポンペイウスによる第一回三頭政治から、カエサルの独裁と暗殺を経て、アントニウス、レピドゥス、オクタウィアヌスによる第二回三頭政治となった。さらに**オクタウィアヌス**（前六三〜後一四年）は、プトレマイオス朝エジプトの女王クレオパトラ七世と結んだアントニウスに対して**「アクティウムの海戦」**（前三一年）で勝利し、エジプトを併合して内乱は終結。アウグストゥス（尊厳者）の称号を受けたオクタウィアヌスは軍事、行政、司法を掌握し、共和政は完全に終わりを告げて帝政が始まった。

その**アウグストゥス帝**（在位前二七〜後一四年）は、大規模な復員を実施して内乱期に膨れ上がった軍団（レギオ）を大幅に削減したうえに、政争の具とならないように帝国の最前線に駐屯させた。もっとも、このうちの三個軍団は、ゲルマン人の族長**アルミニウス**（前一六〜後二一年）

の軍勢との**「トイトブルク森の戦い」**（九年）で壊滅することになる。

このようにローマ軍は手痛い敗北を喫することもあったが、**トラヤヌス帝**（在位九八〜一一七年）の時にローマ帝国の版図は最大となり、次の**ハドリアヌス帝**（在位一一七〜一三八年）の治世下で守勢に転じたが、二世紀後半まで「パクス・ロマーナ（ローマの平和）」と呼ばれる繁栄を享受した。ちなみに、このハドリアヌスがブリタニア北部に築いた城壁は「ハドリアヌスの長城」（英語でヘイドリアンズ・ウォール）としてよく知られている。

三世紀頃になると、前線に駐屯する軍団は国境守備隊の性格が強くなり、多くの兵士が地方の農民から徴募されるようになって土着化が進んだため、機動力の高い独立の騎兵分遣隊（ウェクシラティオ）が編成されて外敵との戦争に投入されるようになった。さらに四世紀前半の**コンスタンティヌス大帝**（在位三二四〜三三七年）の時代、辺境の軍団は規模が大幅に縮小されて国境守備隊となり、大規模な騎兵部隊を含む野戦機動軍（コミタートゥス）が編成されて大きな戦争に対処するようになった。近代戦で言うと、敵の攻勢に対して、まず歩兵部隊が陣地防御で敵を拘束して時間を稼ぎ、次いで戦車を主力とする機甲部隊で敵を打撃して反撃する「機動防御」（英語でモバイル・ディフェンス）に近い。要するにローマ軍では、それまでの歩兵部隊に代わって、高い機動力と打撃力を持つ騎兵部隊が主力になったのだ。

この頃のローマ軍の騎兵は、兵士だけでなく馬も重厚な小札鎧を身に着けて長槍を持つ重装騎兵（クリバイナリィ。ギリシア世界ではこの種の重装騎兵はカタクラフティと呼ばれた）に加えて、前述のパルティアとの戦いなどを通じて評価されるようになった弓騎兵（サギタリィ）もいた。

すでにローマでは、二一二年のアントニヌス勅令で帝国内の全自由人（つまり奴隷を除く）にローマ市民権が与えられるようになっていたが、ローマ軍はゲルマン人の騎兵なども傭兵として大量に採用するようになり、かつての蛮族が兵力の大半を占めるようになっていく。

そして四世紀後半にローマ軍がゴート族と戦った**「アドリアノープル（ハドリアノポリス）の戦い」**（三七八年）では、ゴート騎兵がローマ軍の歩兵部隊を壊滅させた。この会戦は、長く続いた歩兵優位の時代の終焉を象徴するものと評されており、以後は（わずかな例外的戦例を除いて）騎兵優位の時代が長く続くことになる。

ローマ時代の海戦

ここでローマ時代の海戦についても触れておこう。この頃の軍船は、まだ三段櫂船（第1章参照）が主力であった。
第一次ポエニ戦争（前二六四〜前二四一年）の緒戦では、カルタゴの艦隊に対して操船術で劣っていたローマの艦隊が、高い操船術を必要とする衝角（ラム）戦ではなく、敵の軍船に「コルウス」（カラスの意）と呼ばれる鉤の付いた板を渡して兵士を送り込み、船上で白兵戦を挑む戦術を編み出した。ローマ軍は、いわば海戦を陸戦に転化することでカルタゴ艦隊に対抗したのである。

その後、**「アエガテス諸島沖の海戦」**（前二四一年）では、「コルウス」装置を搭載しない身軽なローマ艦隊が、補給物資を満載していたために運動性が低下していたカルタゴ艦隊に大打撃を与えて、カルタゴ本国からシチリア島への連絡線を遮断。これが決定打となって、第一次ポエニ戦争はローマの勝利に終わった。

内乱期の**「アクティウムの海戦」**（前三一年）では、軽快な中型艦が主力で数も多いアグリッパ（オクタウィアヌスから艦隊の司令官を任せられていた）の艦隊が、数は少ないが大型艦の多いアントニウスとクレオパトラの艦隊の両翼から回り込んで包囲しようとした。ところが、クレオパトラが直率する小艦隊が後方から突進し中央を突破して脱出。次いでアントニウスも戦場を離脱し、司令官を失ったアントニウス艦隊の残りの艦艇は、アグリッパの艦隊に包囲されて壊滅。翌年、アントニウスとクレオパトラはエジプトで自決し、ローマの内乱は終結を迎えることになる。

ビザンツ帝国のテマ制と兵書

さて、前述のコンスタンティヌス大帝は、三三〇年に首都をビザンティオン（現在のイスタンブール）に移し、この地はコンスタンティノポリスと呼ばれるようになった。そして**テオドシウス帝**（在位三七九～三九五年）は、ローマを東西に分割して二人の子供に継がせたが、このうち西ローマは四七六年にゲルマン人の傭兵隊長オドアケル（四三四？～四九三年）によって皇帝が廃位され、滅亡。これに対して東ローマ（ビザンツ帝国）は、一四五三年にオスマン軍の攻撃でコンスタンティノポリスが陥落するまで一〇〇〇年余りにわたって存続した。

ビザンツ帝国では、（導入時期については諸説あるが）国土を数十の軍管区（テマ）に分割して地方軍の動員や管理の単位とするテマ制と、平時は国家から支給された土地を耕し戦時には兵士として召集される屯田兵制を導入。外敵が襲来したら、その地域のテマが時間を稼ぎ、次いで近隣のテマと帝都周辺に駐屯する中央軍（タグマタ）で攻撃する、という方法を採った。これは前述したコンスタンティヌス大帝時代の「機動防御」に近い。

そしてビザンツ帝国は、八世紀には小アジアに侵入してくるイスラム勢力を片付けると、九世紀頃から支配地域を大きく広げて、十一世紀には東はチグリス・ユーフラテス河の上流域から西はイタリア半島南部まで、北はドナウ河から南はクレタ島やキプロス島まで、過去最大となる版図を広げて繁栄した。

しかし、この頃から帝国の内部では、長期の出征などで疲弊した自由農民が没落する一方、小アジアでは大土地所有が進展して貧富の差が拡大。自由農民の屯田兵に頼るテマ制も動揺して傭兵を頼るようになっていく。さらに十一世紀末には貴族に対して軍事奉仕と引き換えに公有地の管理を委ねるプロノイア制が導入され、封建化の進展とともに貴族による軍隊の私兵化が進んでいった。なんのことはない、かつての共和政ローマと同じようなことが繰り返されたのである。

ところで、注目すべきことに、ローマやビザンツ帝国では、用兵に関する重要な書物がいくつも書かれている。

例えば、四世紀にプブリウス・フラウィウス・**ウェゲティウス**・レナトゥス（生没年不詳）がまとめた『De re militari』（軍事論などと訳される）は、十九世紀までの西欧でもっとも影響力の大きかった兵書と評されており、例えばマキャベリ（第3章参照）は自著『兵術論』（『戦争の技術』という邦題を付けた訳書もある）の章立ての参考にしたと見られている。ちなみに、現在でもよく言われる「平和を欲するならば、戦争を学べ」という言葉も、このウェゲティウスのものといわれている。

また、ビザンツ帝国の皇帝**マウリキウス**（在位五八二～六〇二年）が将軍時代に執筆したと考えられている『Strategicon』（将帥論などと訳される）や、皇帝**レオーン六世**（在位八六六～九一二年）が将軍時代に著した『Tactica』（用兵論などと訳される）は、将帥のための指針といえるもので、現代の用兵思想にもつながっている。

それというのも、十八世紀のフランス軍人で戦史研究者であるポール＝ギデオン・ジョリィ・ド・**マイゼロア**（一七一九～八〇年）は、マウリキウスの『Strategicon』のタイトルにヒントを得て、現代では「戦略」を意味している「stratégie」（仏語。英語ではstrategy）という言葉を用いたのだ。ただし、その語源はギリシア語の「strategos（将帥）」にあり、マイゼロアは教育で伝えることのできない将帥の天分すなわち「将帥術」という意味でこの言葉を用いている。言い方を換えると、この「将帥術」がのちの「戦略」という概念に発展していくのである。

また『Tactica』も、マイゼロアによって仏語に訳されて一七七〇年に出版される。仏語の「Tactique」、英語の「Tactics」は、現代では「戦術」を意味するようになっているが、その語源はギリシア語の「taktitos（指図する、軍隊の配備に関すること）」にあり、西欧では「Stratégie」や「Strategy」よりも先に使われていた。ただし、十七世紀以前はほとんど使われておらず、十八世紀になって「軍隊の配備に関すること」すなわち「部隊の編制」や「戦闘隊形」の意味で使われ始めたが、一七六〇～七〇年代には兵術一般を指す言葉としても使われるようになる。

その『Tactica』を著したレオーン六世は、イスラム諸国の騎兵部隊に対する戦術として、渡河点や隘路などに弓を持った歩兵部隊を配置して敵の移動を阻止し、ビザンツ帝国自慢の騎兵部隊で打撃することを推奨している（図7参照）。現代で言うと、耐久力の大きい歩兵部隊などを「鉄床（アンヴィル）」として敵部隊を拘束し、機動力と打撃力の大きい機甲部隊などを「金鎚（ハンマー）」として敵部隊を打撃する「鉄床戦術」である。

ビザンツ帝国の弓騎兵部隊は、弓という投擲兵器すなわち現代で言うところの遠戦火力と、騎兵としての機動力や衝撃力を併せ持っており、戦史上最高の騎兵とも評される。歩兵部隊による正面攻撃に騎兵部隊による側背への打撃を組み合わせる戦術はマケドニア軍も使っている（第1章参照）が、近代的な歩兵部隊と機甲部隊の組み合わせにより近い運用をしていたのは、（新型ファランクスの歩兵部隊も強かった）マケドニアよりもビザンツ帝国だったといえよう。

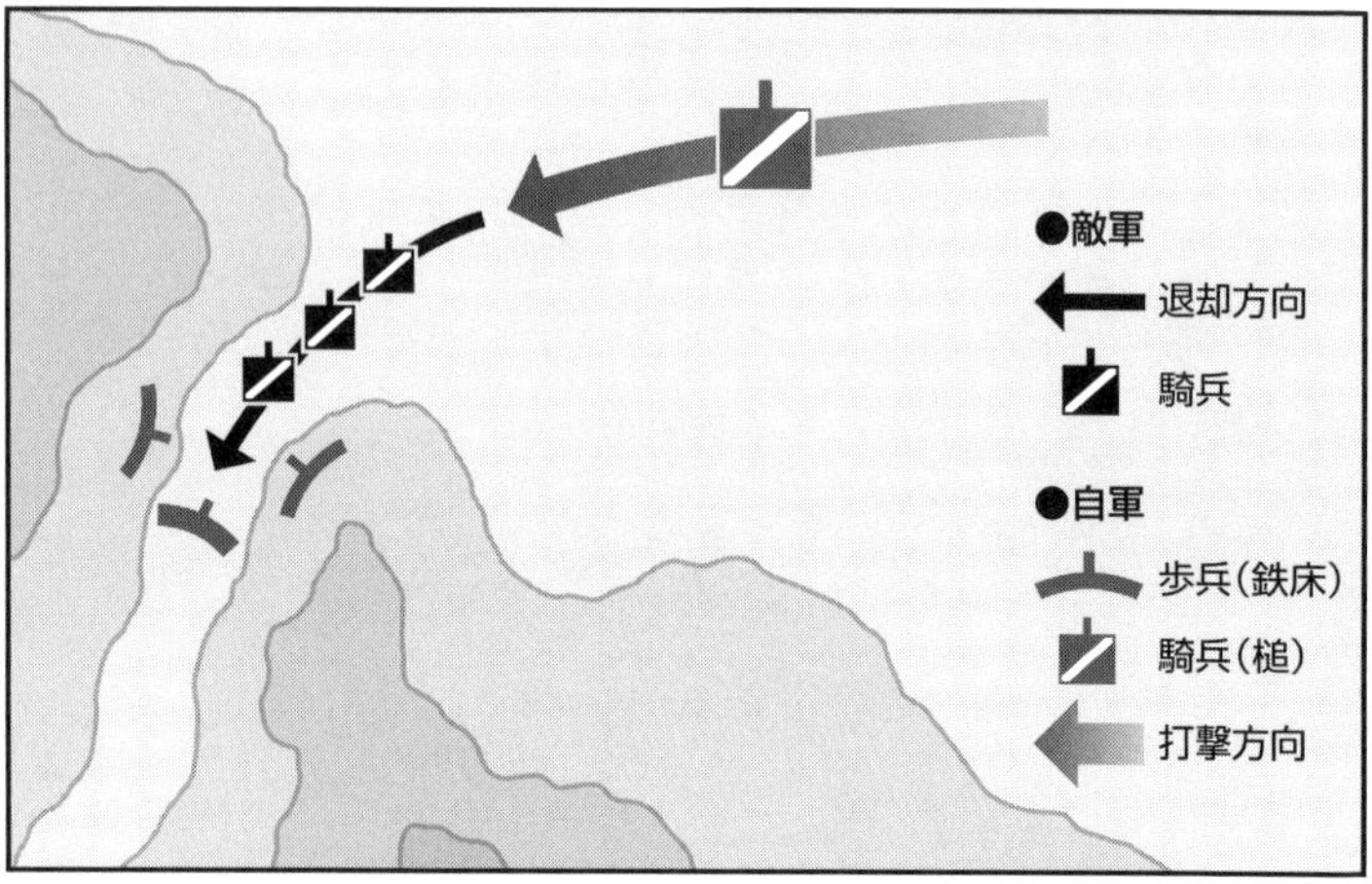

【『Tactica』の記述を基にした歩兵と騎兵の協同例】

レオーン6世の“戦術書”には、騎兵や歩兵のように別種の部隊をどのように協同させて戦いに勝つのかが述べられている。図は、そうした視点からのもので、自軍の騎兵に敗れて退却する敵騎兵を自軍の歩兵が隘路で囲み、そこを自軍騎兵が攻撃する状況を描いている。

図7

このようにビザンツ帝国は進んだ用兵思想を持っており、その兵書は現代の用兵思想につながっているのだ。

包囲殲滅と兵書の起源

では、この章の最後に、ここまで述べてきた用兵思想の変化をざっと振り返ってみよう。

ローマ軍は、古くからファランクスを用いていたが、紀元前三世紀頃には小ぶりで軽快なマニプルス（中隊）を活用する「マニプルス戦術」を編み出し、紀元前二世紀前半にはマケドニア軍のファランクスを打ち破った。次いで、紀元前二世紀末にはコホルス（大隊）を予備隊や別働隊などに活用する「コホルス戦術」を編み出したが、やがて歩兵部隊に代わって騎兵部隊を主力とするようになった。四世紀の「アドリアノープルの戦い」

は長く続いた歩兵優位の時代の終焉を象徴するものであり、以後は騎兵優位の時代が長く続くことになる。

これに先立ってローマとカルタゴが戦ったポエニ戦争では、「カンネーの戦い」でカルタゴの名将ハンニバルが劣勢な兵力にもかかわらずローマ軍を包囲して殲滅することに成功。この「包囲殲滅」という戦術は、現代にも受け継がれている。

また、ローマやビザンツ帝国では、重要な兵書がいくつも書かれており、のちの兵書に大きな影響を与えているのだ。

【コラム】孫子の兵法

ギリシア世界やローマ世界を含む欧米地域以外でまとめられた兵書の中で、現代の欧米を主流とする用兵思想にもっとも大きな影響を与えているのは、古代中国で書かれた『孫子』であろう。

春秋時代の紀元前500年頃に呉の武将である孫武（生没年不詳）によってまとめられたとされている『孫子』は、現代においてもクラウゼヴィッツの『戦争論』（第4章で詳述する）と並び称されるほど高く評価されている。その実例として、アメリカ国防省がベトナム戦争後に取り組んだ敗因分析で軍事古典研究の分野を主導したマイケル・I・ハンデルの著作であるアメリカ陸軍大学校（アーミー・ウォーカレッジ）テキスト『孫子とクラウゼヴィッツ』を挙げておこう。

その用兵思想をまとめると、「戦わずして兵を屈し、戦えば必ず勝ち、負ける戦を起こさない」▼1ということになる。日本では「敵を知り己を知れば百戦危うからず」「戦わずして勝つは善の善なり」といった格言でよく知られている。

▼1　片岡徹也編集、前原透監修『戦略思想家辞典』（芙蓉書房出版、二〇〇三年）収録の黒川雄三執筆「孫子」より引用。

第３章　封建制と絶対王政が生み出したもの

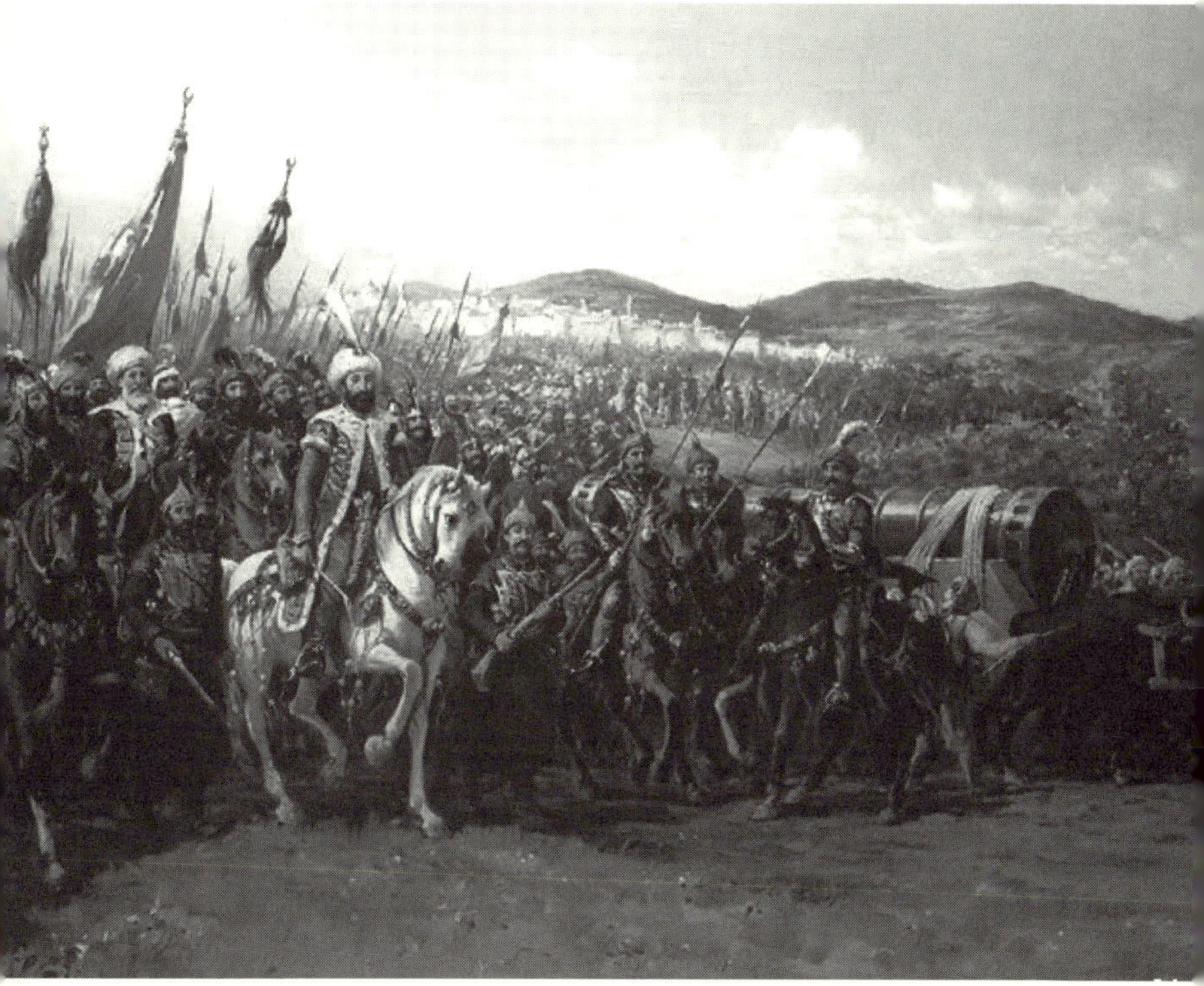

1453年、オスマン帝国軍はコンスタンティノポリス攻略に巨大青銅砲（画面右側に見える）を投入した（Kusatma Zonaro）

騎士と封建軍

この章では、おもに中世の西欧における兵制の変化や用兵思想の発展について見ていこう。

四世紀後半に始まったゲルマン人の大移動によって、かつての西ローマの領域にゲルマン人の諸王国が建国された。その中でもフランク王国は大きく勢力を伸ばし、六世紀初頭にはガリアのほぼ全域を支配するまでになった。このフランク王国が関わった戦いとしては、八世紀前半に宮宰（国内行政の最高職）の**カール・マルテル**（六八六〜七四一年）が、イベリア半島からピレネー山脈を越えて侵入してきたウマイヤ朝のイスラム軍を破った**「トゥール・ポワティエ間の戦い」**（七三二年）がよく知られている。

しかし、フランク王国は、八一四年の**カール大帝**（カール一世、シャルルマーニュ。フランク国王在位七六八〜八一四年、フランク・ローマ皇帝在位八〇〇〜八一四年）の死後に分裂。ヴァイキング（ノルマン人）の西欧北西部沿岸への侵入や、アジア系のマジャール人のイタリア北中部への襲来、イスラム海賊の地中海沿岸部への進出などの影響もあって、西欧の社会は封建制へと向かっていった。

もう少し細かく言うと、各地の農民は城塞を持つ諸侯に外敵からの保護を求め、その諸侯は農民に保護を約束する代わりに奉仕を求めた。それらの諸侯は、さらに有力な諸侯の家臣となって領地や家臣の保護などを求め、騎士として奉仕したり配下の私兵を提供したりすることを約束した。こうして騎士から中小諸侯、大諸侯、国王へと至る封建制と「封建軍」が成立していったのである。

軍事面を見ると、航海術に優れたヴァイキングは船に乗って来襲し、運んできたり奪ったりした馬で略奪を行い、マジャール人は馬に乗って略奪を行っては去っていった。フランク人の歩兵では、これらの機動力に優れた外敵に対処できず、高い機動力を持つ騎兵（騎士）の地位を高めることになった。また、諸侯の築いた城塞は、外敵から逃れた農民の避難場所や、外敵と戦う騎士の防御や出撃の拠点となった。

こうして戦いの主役となった騎士は、やがて排他的に武力を独占する支配階級となっていく。そして多数の騎士を抱えた諸侯や国王は、西欧の外敵と戦うだけでなく、諸侯や国王同士でも争うことになる。

イングランドに上陸したノルマンディー公ギヨーム二世（ウィリアム一世。イングランド王在位一〇六六〜八七年。征服王）率いる騎士を主力とするノルマン軍が、イングランドの王ハロルド二世（在位一〇六六年）が招集した自由農民の歩兵を主力とするアングロ・サクソン軍を破った**「ヘイスティングスの戦い」**（一〇六六年）は、少なくとも中世人には、歩兵に対する騎兵の優位を実戦で証明したもの、と受け止められたようだ。実際には純粋な騎兵による勝利とは言いがたいのだが、用兵思想の発展を見るには、そうした史的な事実そのものよりも、それがどのように

長弓部隊の活躍で騎士の突撃を撃退した「クレシーの戦い」
(Jean Froissart's Chronicles)

受け止められて、のちの用兵思想にどのような影響を与えたのか、が重要であろう。

しかし、こうした騎兵の高い地位も、フランドル市民軍の歩兵がフランドルに侵入してきたフランス軍（カペー朝）の騎士を撃滅した**「クルトレーの戦い」**（一三〇二年。「金拍車の戦い」とも呼ばれる）や、イングランドとフランスが戦った**百年戦争**（一三三九～一四五三年）中にフランス北部で、イングランド軍がウェールズ人の自由農民の長弓（ロングボウ。騎士の甲冑を貫通できた）部隊を駆使してフランス騎士の突撃を撃退した**「クレシーの戦い」**（一三四六年）で大きく揺らぎ始めた。

さらに同じく百年戦争中にフランス北部で、イングランド軍が再び長弓部隊を駆使してフランス騎士団に壊滅的な打撃を与えた**「アジャンクールの戦い」**（一四一五年）は、「騎士道とはかくあるべし」とされていた誇り高い騎士の戦い方が、現実的なものへと変わっていく大きな転機となった、と評されている。具体的には、十五世紀中頃から騎兵も乗馬戦闘と下馬戦闘を使い分けるようになるのだ。

大砲の発達と砲兵の台頭

その間に西欧では、大砲や火薬の改良とともに砲兵が存在感を大きく増していった。

西欧で火薬を使う砲が初めて記録に登場するのは、十四世紀のことだ（前述の「クレシーの戦い」でもイングランド軍が少数の大砲を持ち込んでいる）。初期の大砲は、鉄製の板や棒を筒状に並べて鉄製の箍を嵌め隙間に溶かした金属を流し込んで固めた砲身や、青銅で鋳造した砲身を、大きな箱型の枠や板などに固定したものだった。砲架には移動のための車輪が付いておらず、砲身には砲耳（砲身を支える軸となる左右の突起）が無かったので、移動や照準の変更が困難であり、動きの少ない攻城戦くらいにしか使えなかった。例えば、一四五三年にオスマン帝国軍がビザンツ帝国の首都コンスタンティノポリスを陥落させた時、オスマン軍はハンガリーの商人**ウルバン**（?～一四五三年）が売り込んできた、重さ六〇〇キロ以上の石弾を発射する巨大な青銅砲を現地で鋳造し、城壁の破壊に活用した逸話が残されている。

そして、この頃から西欧の大砲には砲架に車輪が取り付けられるようになり、機動力が向上して野戦にも使われるようになっていく。また、冶金術の発達によって、より強靭な青銅製の砲身が作られるようになり、砲耳を備えた砲身が作られて俯仰が格段に容易になった。加えて鋳鉄製の砲弾が登場し、石積みの城壁に対する破壊力が増大した。

なかでもフランス軍は、国王（ヴァロア朝）の**シャルル七世**（在位一四二二～六一年）の下、砲兵隊長に任命されたジャンとガスパールの**ビューロー兄弟**が大砲の改良を進めて、百年戦争でノルマンディー地方のイングランド領の城塞に対する攻城戦に活用。加えて野戦でも、百年戦争末期の**「カスティヨンの戦い」**（一四五三年）で、兄のジャン・ビューローが大砲（カルバリン）を駆使してイングランド軍の騎士や長弓兵に大打撃を与えるなど、砲兵の火力を有効に活用した。そしてフランスは、英仏海峡近くのカレーを除く欧州大陸からイングランド軍を駆逐し、百年戦争で勝利を収めたのである。

次いで、**イタリア戦争**（一四九四～一五五九年。いくつかの戦争に区分される）を始めたフランス国王の**シャルル八世**（在位一四八三～九八年）は、大砲を馬で牽いてイタリアでの攻城戦に活用し、後述するスイス歩兵の威力と相まって、現代の研究者に「フランス軍の電撃戦」と評されるほどの戦果を挙げた。例えば、ナポリ王国の国境城塞であるモンテ・サン・ジョバンニ城は、旧来の手法による攻囲戦では七年間も持ちこたえたこともあったのだが、フランス軍はわずか八時間で陥落させている。破壊力を増した砲弾への配慮が足りない旧来の設計の城塞は、もはや時代遅れになってしまったのだ。

さらに野戦でも、イタリア北東部での**「ラヴェンナの戦い」**（一五一二年）では、フランス軍の砲兵がスペイン軍を主力とする神聖同盟軍を二時間にわたって砲撃し、対する神聖同盟軍のスペイン砲兵もフランス軍を砲撃して、欧州史上初めて野戦での大規模な砲撃戦が生起するなど、砲兵の存在感はますます大きくなっていく。

小銃の普及と歩兵の復権

この間に、砲兵だけでなく歩兵も、騎士の没落とともにその地位を上げていった。

例えば**「モルガルテンの戦い」**（一三一五年）では、スイス中部の山あいの隘路で、スイスの自由農民の歩兵部隊がオーストリアのハプスブルク家の騎士団を壊滅させている。また、**ブルゴーニュ戦争**（一四七四〜七七年）中の**「ナンシーの戦い」**（一四七七年）では、騎兵に有利な開けた場所で、ロレーヌ公ルネ二世に雇われたスイス傭兵の歩兵部隊が「突進公」の異名を持つブルゴーニュ公シャルルを討ち取っている。

この頃の武装を見ると、騎士の甲冑が重くなる一方だったのに対して、スイス歩兵は密集隊形の最前列以外は胸甲や兜も身に着けないほどの軽装だった。そして鈍重な騎士が戦いの準備をもたもたと整えている間に、軽快なスイス歩兵が長槍（パイク）や矛槍（ハルバード）を構えて突進してきたのだ。またスイス歩兵は、密集隊形の長槍の槍ぶすまで、敵騎兵の突撃に対抗することができた。

たとえ戦況が不利でも断固として後退しないスイス歩兵は、各国の国王や諸侯などに傭兵として高く評価され、高額で雇われるようになった。ちなみに、前述のイタリア戦争の合間に、ローマ教皇を警護するためスイス兵が初めてローマに到着（一五〇六年）してから五〇〇年以上経った現在も、スイス兵はバチカン市国に雇われ続けている。

しかし、頑固なスイス歩兵は、密集隊形と長槍にこだわって、火器の活用で遅れをとった。いくつかの実例を挙げると、イタリア戦争中の**「マリニャーノの戦い」**（一五一五年）では、教皇側についたスイスの歩兵部隊が、フランス騎兵に密集隊形をとるよう仕向けられたうえでフランス軍砲兵に撃たれ、さらにフランス騎兵に突撃されて大敗を喫している。また、同じくイタリア戦争中の**「ラ・ビコッカの戦い」**（一五二二年）では、今度はフランス側についたスイス傭兵の歩兵部隊が、フランス砲兵の射撃によってスペイン軍を主力とするハプスブルク軍（スペインもハプスブルク家が治めていた）が混乱する前に突撃を始めてしまい、逆にハプスブルク軍の大砲や小銃（アルケブス。火縄銃）に撃たれて大損害を出して、槍兵単独での突撃の限界を露呈している。

加えて、スイス傭兵に強力なライバルがあらわれた。「ランツクネヒト」と呼ばれる南ドイツ地方の傭兵である。初期のランツクネヒトはスイス歩兵を模倣していたが、スイス歩兵と大きくちがっていたのは火器の導入を躊躇しなかったことだ。

そしてイタリア戦争中の**「パヴィアの戦い」**（一五二五年）では、ハプスブルク軍に雇われたランツクネヒトが、フランス騎兵の突撃を長槍兵の槍ぶすまで阻止。次いでフランスに雇われたスイス歩兵部隊が向かってくると、今度は小銃兵の射撃で撃退。続いて突進力を失ったフランス騎兵に散開して接近すると、遮蔽物を利用しつつ猛射を浴びせて、ハプスブルク軍の勝利の立役者となった。この戦いにランツクネヒトを率いて参加した傭兵隊長のゲオルク・フォン・**フルンツベルク**（一四七三～一五二八年）は、この戦いの後に小銃兵の比率をさらに上げた。

ちなみに、このフルンツベルクは、兵士を水増しして雇い主からだまし取った給料を着服したり兵士に粗悪な武器を売りつけたり、悪辣なのが当たり前だった当時の傭兵隊長の中で、こうしたことを一切しなかったという。そのため、兵士たちから「ランツクネヒトの父」と讃えられ、部下の兵士もよく戦ったと伝えられている。

テルシオの登場

話を用兵思想に戻すと、前述の「パヴィアの戦い」の前から、スペイン屈指の名将と評される**ゴンサーロ・デ・コルドバ**（一四五三～一五一五年）は、歩兵部隊の編制比率を変えて小銃兵を増やし、長槍兵の前後を小銃兵で挟む新しい隊形を導入していた。これに改良が加えられて、長槍兵の方陣を小銃兵で囲む有名な隊形「テルシオ」が生まれた（また、これがのちの軍隊における「連隊」の直接の始祖ともいわれている）（図8参照）。

そしてイタリア戦争中の**「チェリニョーラの戦い」**（一五〇三年）では、ゴンサーロ率いるスペ

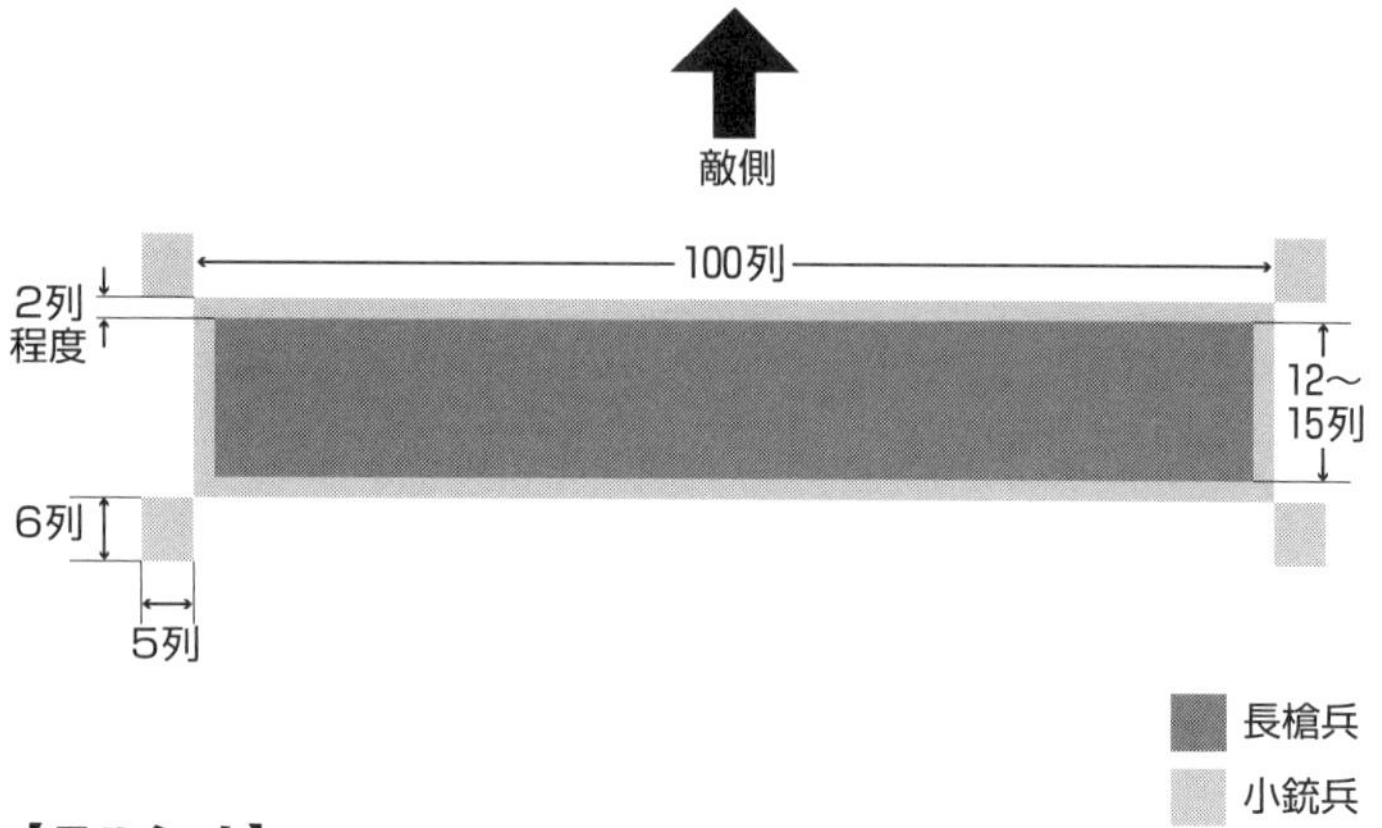

【テルシオ】

歩兵の復権とともに古代のような密集陣形が再び登場した。やがて長槍兵と小銃兵の両者を効果的に使用する陣形が模索されたが、ハプスブルク家のスペイン軍で編み出されたのが、このテルシオという陣形である。

図8

イン軍（ハプスブルク軍）が、フランス軍の騎兵部隊やスイス傭兵の歩兵部隊の突撃を、事前の野戦築城で阻止したうえに小銃の猛射で撃退。フランス砲兵が配置につく前にすばやく追撃に移行して勝利を収めたのである。

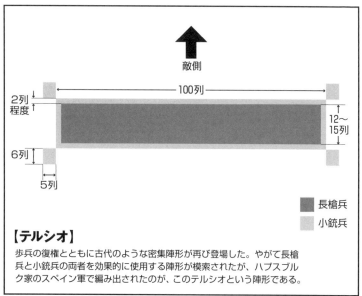

これまで述べてきたような砲兵の台頭と歩兵の復権により、騎兵はそれまでの絶対的な地位を失っていった。加えて、伝統的な槍を持つ騎兵は、たとえ重い甲冑を身に着けていても、騎銃（カービン）やとくに短銃（ピストル）を撃ってくる騎兵にかなわなかった。

もっとも、砲兵や歩兵の地位を高めたフランス軍の大砲にしてもスペイン軍の小銃にしても、それらの火器を多数揃えて大きな火力を手に入れるには多額の資金が必要だった。

ここで当時の欧州の社会全体に目を向けると、地中海や北海、バルト海を中心とする通商の活発化で商工業と都市が発展し、貨幣経済が浸透していった。そして、とくに有力な都市国家の商人が富と権力を握ったイタリアは、金で雇われる傭兵の天国となった。また有力国の国王は、増大する関税収入や裕福な商人の融資などによって、より大きな軍隊を持てるようになった。

やがて騎士の没落と封建制の衰退から、国王が（少なくとも見かけ上は）絶対的な権力を持つ絶対王政へと移りかわっていく。

傭兵軍から常備軍へ

ところで、中世の古典的な傭兵隊長は、自己負担や金融業者からの借金で兵士や装備を用意して戦場に馳せ参じ、雇い主からの軍資金と相手からの戦利品を得ていた。

しかし、イタリアの都市国家フィレンツェの外交官で『君主論』の著者として有名なニッコロ・**マキャベリ**（一四六九〜一五二七年）は、金で動く忠誠心の無い傭兵軍は信用できないと考えて、一五〇五年にフィレンツェ共和国の市民軍を創設する法令（オルディナンツァ）を起案した。マキャベリは、ローマ時代の市民兵による軍隊を理想と考えていたのだ。

一方、フランスでは、一四三九年に三部会（聖職者、貴族、平民の代表からなる議会）で、かつてのシャルル五世（在位一三六四〜八〇年。賢明王。一部の研究者には「税金王」とも呼ばれている）時代の国王課税の復活と、平時になっても解散されない常備軍の編成が認められ、大元帥となったアルチュール・ド・**リッシュモン**（一三九三〜一四五八年）が軍制改革を進めていった。そして国王**シャルル七世**の命により勅令騎兵隊や平民弓兵隊が編成され、フランスの「常備軍」の基礎となった。

さらにドイツで始った**三十年戦争**（一六一八〜四八年）で、「傭兵軍」から「常備軍」への大きな変化が起きることになる。

この戦争は、当初はプロテスタント（新教）のベーメンの反乱軍やこれを支援するプファルツ軍と、カトリック（旧教）の神聖ローマ皇帝軍やバイエルン軍との戦いだったが、のちにデンマーク、スウェーデン、フランス（ブルボン朝）の各国がプファルツを盟主とする新教同盟（ウニオン）を、スペイン（ハプスブルク家）がバイエルンを中心とする旧教連盟（リーガ）を支援し、国際紛争の性格を強めていく。

戦争の初期は両陣営とも傭兵軍が主体であり、新教側では「甲冑をまとった乞食」の異名を持つエルンスト・フォン・**マンスフェルト**（一五八〇〜一六二六年）、旧教側では「甲冑をまとった修道士」と呼ばれたヨハン・セルクラエス・グラーフ・フォン・**ティリー**（一五五九〜一六三二年）や、新世代の傭兵隊長であるアルブレヒト・フォン・**ヴァレンシュタイン**（一五八三〜一六三四年）など、個性豊かな傭兵隊長たちが活躍している。

その中でもヴァレンシュタインは、傭兵軍の運用に革新をもたらした。それまでの傭兵軍は、移動する先々で食料などを略奪して地域をひどく荒廃させていた。それどころか、傭兵隊長は配下の兵士を食わせるために、まだ略奪されていない地域に自分の傭兵部隊をしばしば移動させる必要があったのだ。

これに対してヴァレンシュタインは、ベーメンに得た自分の領地からの収入に加えて、移動予定の地域から徴収した軍税を配下の兵士に支給し、その地域で消費させた。これによって大規模な傭兵部隊が同じ地域に長期間駐屯しても地域の荒廃を抑えることができ、略奪できる食料の枯渇から移動せざるを得なくなることも少なくなった。これによってヴァレンシュタインの傭兵部隊は移動の自由度が大きくなり、純軍事的な必要性に基づいて有利な機動を行えるようになったのである。

さらにスウェーデンの国王**グスタフ・アドルフ**（グスタフ二世アドルフ。在位一六一一〜三二年）は、地方教会が成人男子の名簿を保持する選抜徴兵制を導入し、二〇歳になると通常は一〇人に一人の割合で軍務に就かせた。これは、のちの国民が広く召集される「国民軍」への過渡期的な軍隊といえよう。

そしてグスタフ・アドルフ率いるスウェーデン軍は、一六三〇年にドイツ北部のペーネミュンデに上陸して三十年戦争に介入。一六三五年にはフランスもスペインに宣戦を布告し、大国同士が直接対決することになった。これは「傭兵軍」を主体とする戦争から「常備軍」を主体とする戦争への大きな転機でもあった。

一方、イングランドでは、一六四二年から王党派と議会派の間で大きな内乱が起きた。ピューリタン革命である。この内乱では、当初は練度に勝る王党派が優位だったが、やがて議会派が、オリヴァー・**クロムウェル**（一五九九〜一六五八年）率いる精強な鉄騎隊（アイアンサイド）や、雑多な議会軍を統一し制服も統一した新規範軍（ニューモデル・アーミー）によって優位に立ち、さらにオックスフォード北東での**「ネーズビイの戦い」**（一六四五年）で大勝して、最終的に内乱での勝利を得た。

これによって、国王ではなく議会が「国軍」を保有し、それを維持するために徴税する権利を確保したのである。

教練・教範と三兵戦術

さて、時間軸はやや前後するが、三十年戦争が始まる五〇年以上も前から、フランスでは旧教徒と新教徒（旧教徒側はユグノーと呼んだ）の対立による**ユグノー戦争**（一五六二〜九八年）が始まっていた。

ユグノー側には国王に反発する貴族が加わったので騎兵は足りていたが、資金が不足していたために熟練した傭兵を雇えず、とくに小銃兵を敵騎兵の突撃から護る槍兵が不足していた。そこでユグノー側は、新たに槍兵を雇うのではなく、小銃兵自身の火力を向上させることで敵の騎兵突撃から身を守ろうとした。具体的には、アルケブスよりも大口径かつ長銃身で威力が大きく射程も長いマスケットを導入したのである。

これに対して旧教徒側の騎兵は、扱いの面倒な火縄を使わない歯輪（ホイールロック）銃を装備。横隊を重ねた波状隊形で敵歩兵の隊列に接近し、前列から射撃。射撃を終えた騎兵は馬首をめぐらせて後方に離脱しつつ次の射撃を準備し、前方に出たら再び射撃する、という技巧的な「カラコール（旋回戦術）」を採用するなどして対抗した**（図9参照）**。

一方、欧州の南北を結ぶ交易の結節点であったスペイン領ネーデルラントでも、スペインの新教徒への弾圧に反発して八十年戦争とも呼ばれる**オランダ独立戦争**（一五六八～一六四八年）が始まった。

この戦争でオランダ独立を旗揚げしたオラニエ公ウィレムの息子**マウリッツ・ファン・ナッサウ**（一五六七～一六二五年）は、小銃兵を縦に一〇列並べて、最前列の兵士らが一斉射撃をしたら縦列の間を通って最後尾に移動し、次の射撃を準備することを繰り返して連続的に射撃する、いわゆる「反転行進射撃」を考えた。また、兵士の「教練」（英語でドリル）を文書化した「教範」（英語でテキスト）を導入し、オランダ兵だけでなく、イングランドやドイツ、スイスの新教徒勢の義勇兵や傭兵にも、給与の支給とともに厳しい教練を課した。こうして小銃兵の射撃能力を向上させることによって、オランダ軍の歩兵部隊は、敵の騎兵突撃から味方の小銃兵を援護す

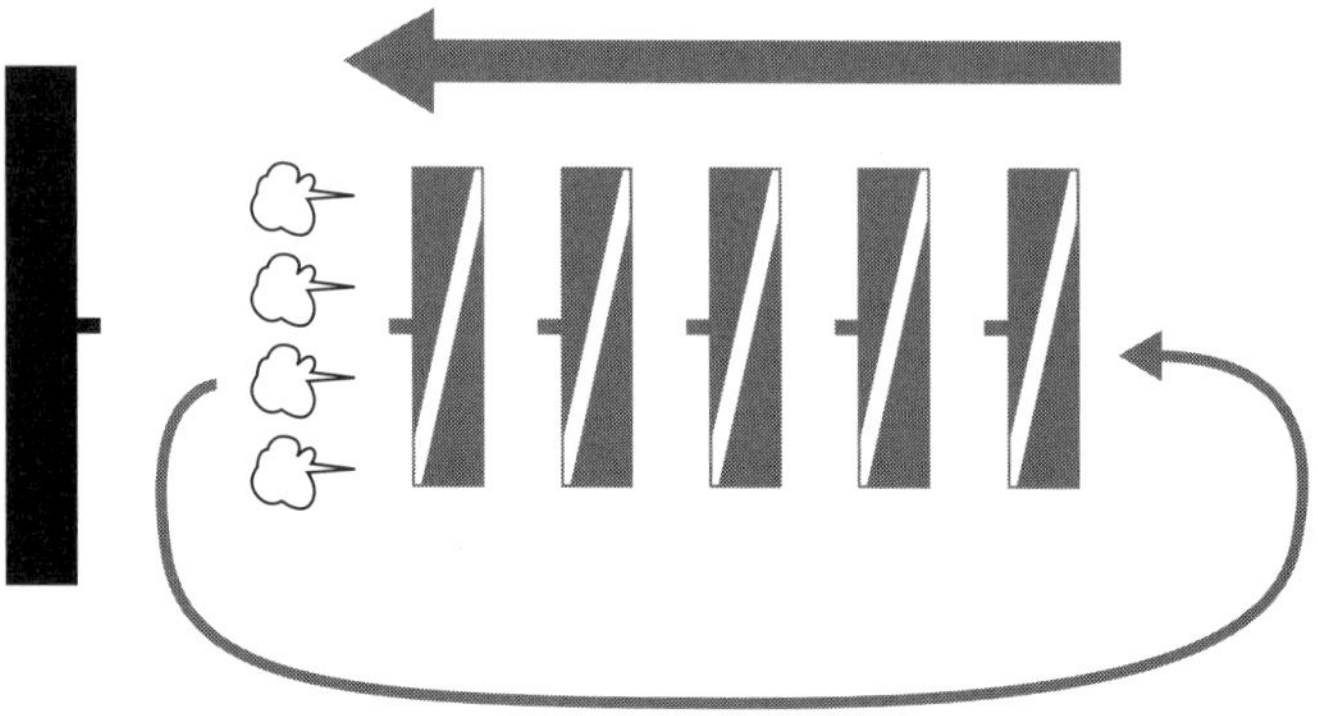

【カラコール戦術】

増大する歩兵の火力に対し、騎兵も火力で対抗することが考えられた。これがカラコール戦術だが、騎兵の持つピストルは有効射程が短く、離脱時に却って歩兵の小銃の餌食になってしまうなど実戦では使いにくかった。このような戦術は、戦争が大きく変わる時代にしばしば登場する。

図9

る槍兵の比率を、スペイン軍の「テルシオ」よりも少なくすることができた。同時に、標準となる部隊単位を縮小して運動性を向上させるとともに、その部隊を率いる下級将校の育成にも力を注いだ。

そしてマウリッツ率いるオランダ軍は、北海沿岸での**「ニューポールトの戦い」**（一六〇〇年）で、無敵を謳われたスペイン軍のテルシオの攻撃をしりぞけて勝利を収めたのである。

一方、既述のように三十年戦争に介入したスウェーデンの国王**グスタフ・アドルフ**は、地面に突き立てて銃身を支える叉杖を廃止するなどしてマスケットを軽量化し、弾丸と発射薬を紙で包んだ弾薬包を採用。教練を重ねて装塡速度を向上させるとともに、小銃兵は一列目が膝撃ち、二列目と三列目が立撃ちで、三列の一斉射撃もできるようにした。

こうした工夫によって火力を向上させた小銃兵と槍兵からなるスウェーデン軍の歩兵部隊は、隊列を前述のオランダ軍の縦一〇列から縦六列まで減らして、標準となる部隊単位をオランダ軍よりもさらに縮小し、これを直接支援する軽量の三ポンド砲（連隊砲。資料によっては四ポンド砲としている）を配備した。加えて、スウェーデン軍の騎兵部隊は、前述の「カラコール」戦術を採らず、第一線の射撃後に全隊での抜刀突撃に移行することで、騎兵突撃の衝撃力を生かそうとした。

三十年戦争中の**「ブライテンフェルトの戦い」**（一六三一年）では、グスタフ・アドルフ率いるスウェーデン軍は、三ポンド砲に支援される歩兵部隊と騎兵部隊を組み合わせて配置。対する傭兵隊長のティリー率いる神聖ローマ帝国皇帝軍は、まず騎兵部隊が「カラコール」戦術を展開したが、逆にスウェーデン軍の騎兵に組み合わされた小銃兵に応射された。次いで皇帝軍の歩兵部隊の「テルシオ」がスウェーデン軍の歩兵部隊の側面に回り込もうとしたところ、運動性で勝るスウェーデン軍の歩兵部隊が迅速に旋回して猛射を浴びせかけた（図10参照）。

「三兵戦術」を駆使したグスタフ・アドルフ（Jacob_Hoefnagel-Google_Art）

こうしてグスタフ・アドルフのスウェーデン軍は、歩兵、砲兵、騎兵を組み合わせた、いわゆる「三兵戦術」によって、無敵を誇った「テルシオ」を撃破したのである（付け加えると、イングランドの新規範軍も、基本的にはグスタフ・アドルフ型だったが、歩兵部隊は「反転行進射撃」のように最前列が発砲後に後方に下がるのではなく、その場にとどまり、次列がその前に進み出て発砲することで少しずつ前進する戦術を採った）。

マウリッツのオランダ軍とグスタフ・アドルフのスウェーデン軍に共通するのは、兵士たちが厳しい教練を一緒に繰り返すうちに、部隊としての団結力を育んで規律ある兵士に育っていったことだ（クロムウェルの鉄騎隊も「ピューリタン精神」による厳格な規律で知られた）。

そして、一六四八年には「ウェストファリア（ヴェストファーレン）条約」が締結されて三十年戦争は終結し、オランダとスイスは国際的に独立を認められた。この条約が端緒となって、主権国家同士の領土と主権の尊重や、内政不干渉といった原則が確立され、現在も国際社会における大原則となっている。

この三十年戦争で、ドイツの人口は半減したとも三分の一に減った（！）ともいわれている。その要因としてまず挙げられるのが、傭兵軍による略奪や虐殺である。一例を挙げると、新教側の都市マクデブルクは、一八三一年にティリー率いる傭兵らによる略奪と虐殺と放火により、およそ三万人いた住人が約五〇〇〇人まで減ったと伝えられている。

ウェストファリア条約に始まる、主権国家同士の領土と主権の尊重や内政不干渉といった原則の背景には、このような悲惨を極めた戦争があったのだ。

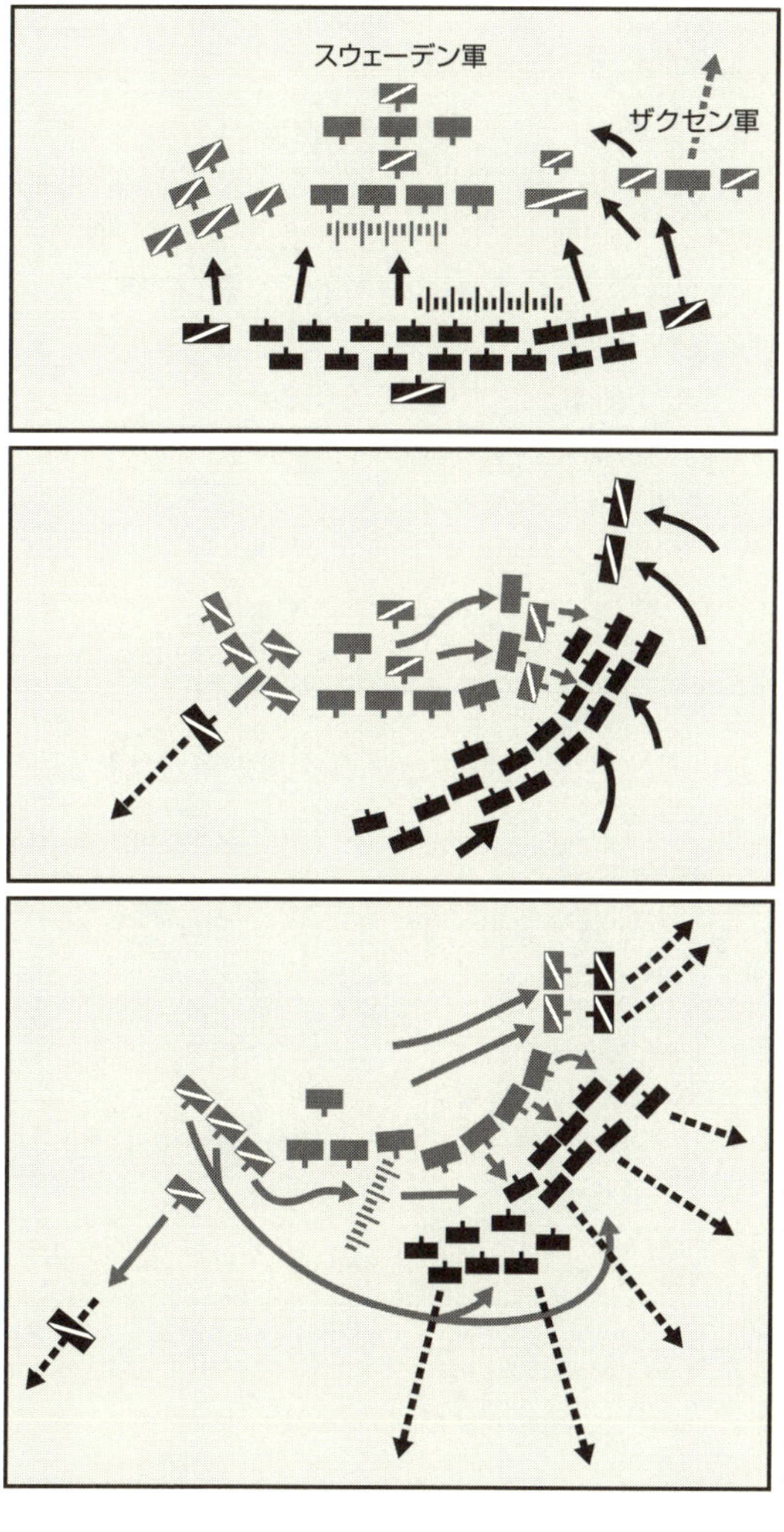

【ブライテンフェルトの戦い】

当初は、ザクセン軍の敗走から始まったブライテンフェルトの戦いであったが、神聖ローマ帝国皇帝軍側のテルシオはその鈍重さから、開放されたスウェーデン軍東翼を衝けず、一方、スウェーデン軍歩兵は小型化されたために迅速に、戦線を立て直すことに成功した。さらに西翼でも、神聖ローマ帝国皇帝軍騎兵によるカラコール戦術が効果を発揮しなかった。こうして火力と機動力に優れたスウェーデン軍の新型歩兵部隊が戦線を支える間、衝撃力に優れた同軍の騎兵が混乱するテルシオの背後を衝き、勝敗は決した。

●スウェーデン軍

歩兵　騎兵

大砲

攻撃・移動

敗走

●神聖ローマ帝国皇帝軍

歩兵(テルシオ)

騎兵　大砲

攻撃・移動

敗走

図10

【コラム】火縄銃、歯輪銃、燧石銃

火縄（マッチロック）銃は、点火方法で分類すれば、日本で戦国時代に使われた、いわゆる「種子島」と同じものだ。火のついた火縄を、銃身後端近くの火皿に載せた火薬（点火薬。種子島でいう「口薬」）に触れさせて点火し、導火孔を通して銃身後端の薬室内の火薬（発射薬。同「胴薬」）に引火させて弾丸を発射する。「種子島」と同じく、にわか雨などで火縄の火が消えないように気を使う必要があり、暴発を防ぐために発射の直前になってから火皿を覆っている火蓋を開ける（火蓋を切る、ともいう）動作が必要だった。

歯輪（ホイールロック）銃は、金属製のホイールを、巻き上げたバネの動力で回転させて、これに燧石（火打ち石）を擦りつけて発した火花で点火する。火縄の管理に気を使う必要がないため、火縄銃よりも取り扱いが簡単で、初期の騎兵用の短銃（ピストル）や騎兵銃（カービン）などに採用されたが、構造が複雑で故障が多く高価なため、歩兵銃の主力にはならなかった。

燧石（フリントロック）銃は、燧石を当たり金に擦りつけることで発した火花で点火する。通常は当たり金と火蓋が一体になっており、発射直前に火蓋を切る動作が不要になったため、発射速度が向上し、小銃兵の火力が向上した。

もっとも、一般的なアルケブスやマスケットは、銃身の内側に弾丸にスピンを与えて弾道を安定させるためのライフリング（腔綫、施条ともいう）が無かったので命中精度が低く、敵歩兵への有効射程は100メートルにも満たないほどだった。

なお、のちのアメリカ独立戦争（1775～83年）などで使われることになる、銃身の内側にライフリングを刻んだマスケットは、「ライフルド・マスケット」または単に「ライフル」と呼ばれて区

別される。ただし、銃口から弾薬を装塡する前装式（先込め式）のライフルは、装塡時に弾丸が銃身内部のライフリングに引っかかって装塡しづらいという大きな欠点があった。そのため、のちに後装式（元込め式）のライフルが開発されることになる（第5章参照）。

マッチロック
(Rainer Halana)

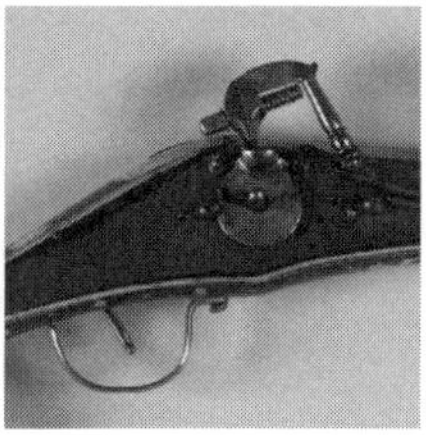

ホイールロック
(Walters Art Museum)

フリントロック
(Morges Military Museum)

軍事に科学を導入

この章でこれまで述べてきたような戦術や軍制の変化と並行して、軍事の世界にもう一つ大きな変化が起きつつあった。北イタリアに生まれて三十年戦争など数多くの戦争に参加したオーストリア軍の将軍ライモンド・**モンテクッコリ**（一六〇九～八〇年）は、戦争に関する多くの書物を著し、軍事の世界に科学的思考を持ち込んだのである。彼は、構成要素の「部分」を理解しなければ「全体」を理解することは不可能である、という「要素還元主義」的な考え方に基づき、不変の「戦いの原則」を実証的な研究によって発見しようとした。

科学的思考を軍事にもたらしたライモンド・モンテクッコリ

そのモンテクッコリが生まれたイタリアでは、前述のようにイタリア戦争でシャルル八世の砲兵部隊が攻城戦で猛威を振るったことを受けて、従来の石積みの高い城壁や隅塔に代わって、土を盛った低い塁壁と死角を無くした稜堡が築かれるようになった。こうした城塞はイタリア人の数学者による射界計算に基づいて設計されたため、「イタリア式構想」（仏語でトラセ・イタ

幾何学を応用して設計された要塞の一つ、オランダのブルタング要塞

リアンヌ）と呼ばれる。

そしてフランスの軍事技術者セバスティアン・ル・プレストル・ド・**ヴォーバン**（一六三三〜一七〇七年）は、新しい形式の城塞の築城や改修をおよそ一六〇か所で実施するとともに、五〇回を超える攻城戦を指揮したといわれており、築城術や攻城術を大きく発展させた。

こうして軍事の世界にも、築城術での数学や幾何学に代表される科学が本格的に持ち込まれるようになったのである。

またヴォーバンは、燧石銃の導入や、小銃に剣を装着したまま発砲できるソケット式銃剣の採用と槍の廃止を提案し、実現している。この銃剣の普及によって小銃兵を敵の騎兵突撃から護る槍兵は消滅し、火縄銃よりも取り扱いが楽な燧石銃の導入と相まって、歩兵部隊の火力はさらに向上した。その結果、小銃兵の隊列は、グスタフ・アドルフのスウェーデン軍の縦六列から縦三列まで減少し、火力発揮に有利な薄い「横隊」となったのである。

倉庫補給と運動戦

三十年戦争の終盤にフランス国王に即位した**ルイ十四世**（在位一六四三〜一七一五年。太陽王）は、遺産継承戦争（一六六七〜六八年。ネーデルラント継承戦争、フランドル戦争ともいわれる）、オランダ戦争（一六七二〜七八年。オランダ侵略戦争ともいわれる）、再統合戦争（一六八三〜八四年）、アウクスブルク同盟戦争（一六八八〜九七年。大同盟戦争、プファルツ継承戦争ともいわれる）、スペイン継承戦争（一七〇一〜一四年）と戦争を繰り返した。フランスは、三十年戦争後に常備軍を五万人まで削減したのだが、スペイン継承戦争時には（少なくとも書類上は）実に八倍の四〇万人に増えており、それに比例して戦費も激増し国家財政を圧迫した。

そのフランス軍は、現地調達に頼ったヴァレンシュタインやグスタフ・アドルフの軍隊、あるいは水運を活用したマウリッツの軍隊とちがって、陸軍大臣であるミシェル・**ル・テリエ**（一六〇三〜八五年）が基礎を作り、その息子の**ルーヴォア**侯フランソワ＝ミシェル・ル・テリエ（一六四一〜九一年）が整備を進めた要塞群の倉庫の備蓄物資を使って兵站活動を補った。これによりスペイン領ネーデルラント方面では、ヴォーバンが築いた「プレ・カレ」（「四角い草地」、意訳して「裏庭」）と呼ばれる防衛線の不動の要塞群を起点として戦いが展開されたため、「ポジショナル・ウォーフェア」（「位置の兵戦」などと訳される）と呼ばれている。

その一方で、要塞の無い地域では、従来の補給方法によって長距離を移動する流動的な「運動戦」が展開された。フランス軍の**コンデ公**ルイ二世（一六二一〜八六年）や、大元帥の**テュレンヌ**子爵アンリ・ド・ラ・トゥール・ドーヴェルニュ（一六一一〜七五年）、あるいは敵となったモンテクッコリや**マールバラ公**ジョン・チャーチル（一六五〇〜一七二二年）、**プリンツ・オイゲン**ことオイゲン・フォン・ザヴォイエン（一六六三〜一七三六年）らは、いずれも運動戦の名手といえよう。とくにスペイン継承戦争において、マールバラ公（この時点では伯）率いるイングランド・オランダ連合軍がひと月余りでおよそ四〇〇キロも行軍してフランス・バイエルン連合軍を破った**「ブレニムの戦い」**（一七〇四年）は、当時の運動戦の典型例といえる。

この頃になると騎兵は、突撃衝力を重視した重騎兵、高い機動力で敵の捜索や追撃などに当たる軽騎兵、馬で移動して下馬して戦う龍騎兵（騎馬歩兵）などに分化。なかでもハンガリーの軽騎兵は高く評価されて、各国軍で同様の軽騎兵が導入された。

その一方で、フランス軍の大元帥となるモーリス・**ド・サックス**（一六九六〜一七五〇年）は、運動性の高い軽装の騎兵や歩兵に加えて、野戦における火力を重視。**オーストリア継承戦争**（一七四〇〜四八年）中のオーストリア領ネーデルラントでの**「フォントノワの戦い」**（一七四五年）では、フォントノワに築城した砲兵部隊と予備の騎兵部隊を活用してイギリス（グレートブリテ

巧みな「運動戦」を展開したフリードリヒ２世

ン王国の成立以降はこう記すことにする）＝ハノーファー、オランダ、オーストリアの同盟軍に勝利した。

そして歴史上でも有数の運動戦の名手が登場する。フリードリヒ大王として知られるプロイセンの国王**フリードリヒ二世**（在位一七四〇～八六年）である。

彼は、大男を集めた連隊を編成し兵士に厳しい訓練を施すなど「軍人王」として知られた父フリードリヒ・ヴィルヘルム一世（在位一六八八～一七四〇年）が作り上げた精強な軍隊を引き継ぎ、カントン（徴兵区）制度による一種の選抜徴兵制を法制化して、さらにみがきあげた。そして、オーストリア継承戦争でオーストリアから得た豊かなシュレージェンを、**七年戦争**（一七五六～六三年）で巧みな運動戦を展開して守り切り、プロイセンを大国の地位に押し上げたのである。とくに一七五七年に、ザクセンでの**「ロスバッハの戦い」**からシュレージェンでの**「ロイテンの戦い」**まで二五〇キロ以上を行軍して、いずれの会戦でも勝利を収めたのは、その代表例といえる。

フリードリヒ大王は、こうした運動戦を支えるために、交通の結節点となる都市の倉庫に糧食や武器弾薬などの備蓄を進めていた。また、砲兵の機動力を向上させるとともに、騎兵部隊に随伴できるように大砲を馬で牽くだけでなく砲手も馬に乗って移動する騎砲兵を創設した。

大王の戦術は、（解釈にもよるが、わかりやすい説では）敵の横隊の前方を斜めに横切って（斜行して）敵の翼側に回り込む戦術で、一般に「斜行戦術」と呼ばれている。部隊単位では、まず味方の翼端の部隊を敵の翼側に向けて展開させ、次いでそれを援護する隣の部隊を、さらにその隣の部隊を、と時間差をつけて投入するものだった。この戦術は、エパミノンダスの「斜線陣」にヒントを得たものといわれている（第1章参照）。このような巧緻な戦術を可能にしたのは、機械人形のように迅速に行進し射撃するプロイセン軍の精強な兵士の存在だった。大王の最大のアドバンテージは、厳しい教練で鍛え上げた歩兵の火力と運動性の優越にあったのだ。

ちなみに大王は、啓蒙専制君主の典型と評されており、フランスの哲学者ヴォルテールを自国に招いたことでも知られている。また、「国王は国家第一の下僕である」との考えの下、民政に心血を注いだことでも知られている。

騎士から常備軍の諸兵科連合部隊へ

それでは、この章の最後に、ここまで述べてきた用兵思想の発展を振り返ってみよう。

西欧では、八～九世紀からの封建制の発展とともに騎士の時代となった。しかし、十四世紀半ばには騎士の地位が揺らぎ始め、十五世紀中頃になると騎兵は乗馬戦闘と下馬戦闘を使い分けるようになった。

十五世紀後半頃から、長槍を持つ歩兵が、敵の騎兵突撃に耐えるだけでなく、自らの歩兵突撃でも威力を発揮。十五世紀末に始まったイタリア戦争では、スペイン軍が槍兵と小銃兵を組み合わせた陣形「テルシオ」を活用した。そして十七世紀後半には燧石銃が導入されて歩兵の火力がさらに向上。次いでソケット式銃剣の普及によって槍兵は消滅することになる。

これに先立って十六世紀末頃には、オランダのマウリッツが教練や教範を導入。十七世紀前半には、スウェーデン国王のグスタフ・アドルフが、歩兵、砲兵、騎兵を組み合わせた新世代の諸兵科連合戦術である「三兵戦術」を作り上げた。

フランスの国王シャルル七世に始まる常備軍とその敵軍は、十七世紀半ばからのルイ十四世時代に、要塞を起点とする「ポジショナル・ウォーフェアー」と、要塞の無い地域での流動的な「運動戦」を展開。さらにプロイセンのフリードリヒ大王は十八世紀後半の七年戦争で巧みな運動戦を展開した。この運動戦を支えたのは（実態は部分的なものだったが）要塞や都市等に置かれた備蓄倉庫からの兵站であった。

その間に、ヴォーバンやモンテクッコリは、軍事の世界に科学を本格的に持ち込んでいる。そして、この科学を重視する思想は、戦争には「不変の原則」がある、とする考え方へとつながっていく。

【コラム】海上での戦い

中世の欧州では、陸上での戦闘が傭兵軍に依存していたのと同様に、海上戦闘や陸軍の海上輸送の際には、そのたびに商船や漁船を雇ったり徴集したりして戦うことが多かった。ただし、海上通商に依存していたイタリアの都市国家であるヴェネツィアやジェノヴァなどは、早くから常設の海軍を整備していた。そして16世紀前半になると、イングランドの国王**ヘンリー八世**（在位1509～47年）が常設の海軍を創設。大航海時代を迎えたスペインも、大規模な海軍を整備した。

16世紀後半に地中海の覇権をめぐって、ヴェネツィア、ジェノヴァ、スペイン、教皇等による神聖同盟の艦隊とオスマン帝国の艦隊が戦った**「レパントの海戦」**（1571年）では、両軍とも多くの漕ぎ手を乗せたガレー船が主力だったが、神聖同盟艦隊には火砲を大量に搭載したガレアス船も加わっていた。当時のガレー船の主な戦法は、「横陣」や「弓形陣」ないしは「三日月陣」からの船首の備砲による砲撃と体当たりからの接舷切り込みだった。そして「レパントの海戦」では、オスマン艦隊の指揮官が接舷戦闘で戦死し、神聖同盟艦隊が勝利を収めている。

「レパントの海戦」

戦争と戦術の発展

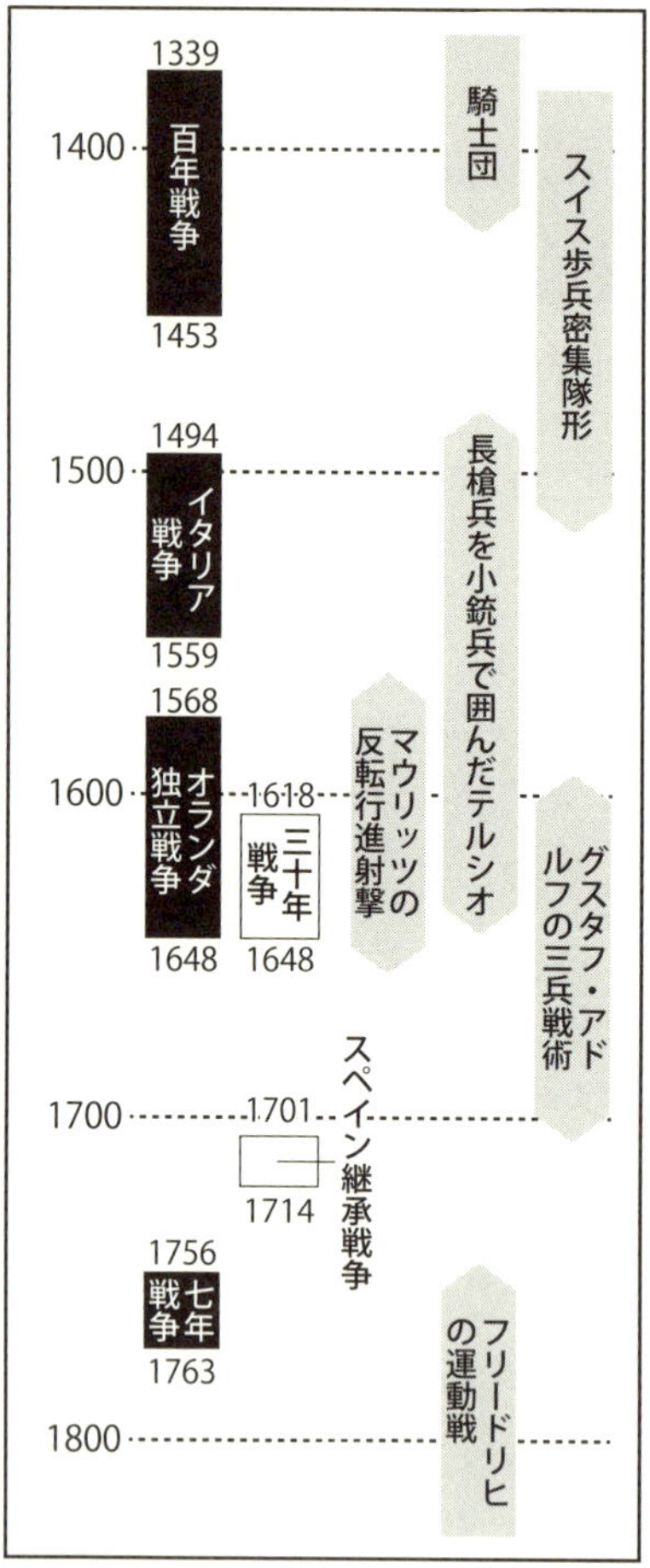
1339
百年戦争
1453
1400
1494
イタリア戦争
1559
1500
1568
オランダ独立戦争
1648
1600
1618
三十年戦争
1648
1700
1701
スペイン継承戦争
1714
1756
七年戦争
1763
1800
騎士団
スイス歩兵密集隊形
長槍兵を小銃兵で囲んだテルシオ
マウリッツの反転行進射撃
グスタフ・アドルフの三兵戦術
フリードリヒの運動戦

第４章　ナポレオンと国民軍の衝撃

マサチューセッツ州レキシントンにあるミニットマン像

民兵、軽歩兵とライフル

この章では、ナポレオン戦争の時代を中心とする用兵思想の大きな発展について見ていこう。ただし、話はその少し前から始まる。

前章で述べた七年戦争の終結から一二年後、イギリスの北アメリカにある植民地で**アメリカ独立戦争**（一七七五〜八三年）が始まった。植民地側は、「一分で応召する」といわれた「ミニットマン」と呼ばれる民兵と、正式な訓練を受けた正規兵からなる「コンチネンタル・アーミー（大陸軍）」を編成。元プロイセン軍将校のフリードリヒ・フォン・**シュトイベン**（一七三〇〜九四年）からプロイセン軍式の戦闘隊形や戦術を学んでいった。

ただし、こうした本格的な軍事訓練を受ける前のミニットマンであっても、森の中に身を隠してイギリス軍部隊を各個に狙撃する、といった遊撃戦（ゲリラ戦）的な戦い方ができた。それというのも、もともと植民地の白人男性の多くは銃を持っており、装塡は面倒だが命中精度の高いライフルを使って狩猟を行っていた者も多かったので、未訓練の新兵でも最初からライフルを使って精確な射撃ができる者が少なくなかったのだ。

このような遊撃戦的な戦い方をする民兵に対して、イギリス軍は運動性の高い軽歩兵（ライト・インファントリー）で対抗した。実は、欧州では七年戦争に先立つ**オーストリア継承戦争**（一七四〇～四八年）の時から、すでに相当な規模の軽歩兵部隊が登場していたのだ。具体的に言うと、オーストリア軍は、もともとオスマン帝国との国境地帯の守りについていた、クロアチア人などからなる「グレンツァ」（辺境兵などと訳される）と呼ばれる軽歩兵を欧州諸国との戦闘にも投入。対するプロイセン軍も「イェーガー」（猟兵という定訳がある）と呼ばれる軽歩兵を投入して対抗していたのである。

　これらの軽歩兵は、戦列歩兵（英語でライン・インファントリー）のようにガッチリとした横隊を組んでマスケットの一斉射撃を行うのではなく、散開して時には遮蔽物を利用し、高精度のライフルや短銃身で軽量の龍騎兵銃（ドラグーン・マスケット）を各個に射撃することができた。

　こうした民兵や軽歩兵による柔軟な戦い方は、のちに「散兵」戦術へと発展していく。また、プロイセン軍を退官したのちにオランダに行きアメリカでも暮らした経験を持つディートリヒ・ハインリヒ・フォン・**ビューロー**（一七五七～一八〇七年）は、プロイセン軍の「無断で隊列から三歩離れたら処刑せよ」「敵よりも教練係軍曹の鞭を恐れさせよ」といった決まり文句に

アメリカ独立戦争時に活躍した元プロイセン将校、フリードリヒ・フォン・シュトイベン

象徴される厳格な規律保持によって兵士を機械仕掛けの人形のように戦わせるやり方や、さらにはプロイセンの硬直した国家体制そのものをきびしく批判し、自由な個人が自発的に戦う「大衆軍」の優位を説いた。こうした考え方も、のちの「散兵」戦術につながったといえるだろう。

加えてビューローは、「戦略」や「戦術」という軍事用語の意味を明確化したことでも知られている。具体的には、戦略を「敵の砲の射程外ないし視界外におけるすべての軍事行動」とし、戦術を「この範囲内のすべての行動」と定義したのだ。▼1 つまり、マクロな「戦略」とミクロな「戦術」という上下の階層構造に整理したのである（第2章のマイゼロアの用法も参照のこと）。

ちなみにビューローは、傲慢で人をバカにせずにはいられない、狂人と紙一重の変人とも伝えられており、彼を危険人物と見なしたプロイセン政府によって、ロシア大使が彼の著書中の表現を侮辱的と抗議してきたことを理由に逮捕され、ロシア側に引き渡されたのちに獄死している。

砲兵改革と師団編制

その頃、フランスでは、大砲の製造技術や装備体系、軍隊の編制など幅広い分野で、のちのナポレオンの戦い方につながる大きな変化が生まれつつあった。

まず大砲に関しては、スイス生まれの技師で王立鋳造所所長のジャン・マリッツ（一六八〇～一七四三年）が、砲身に砲口をあける工程を改善して砲身と砲弾の隙間を少なくすることに成功。

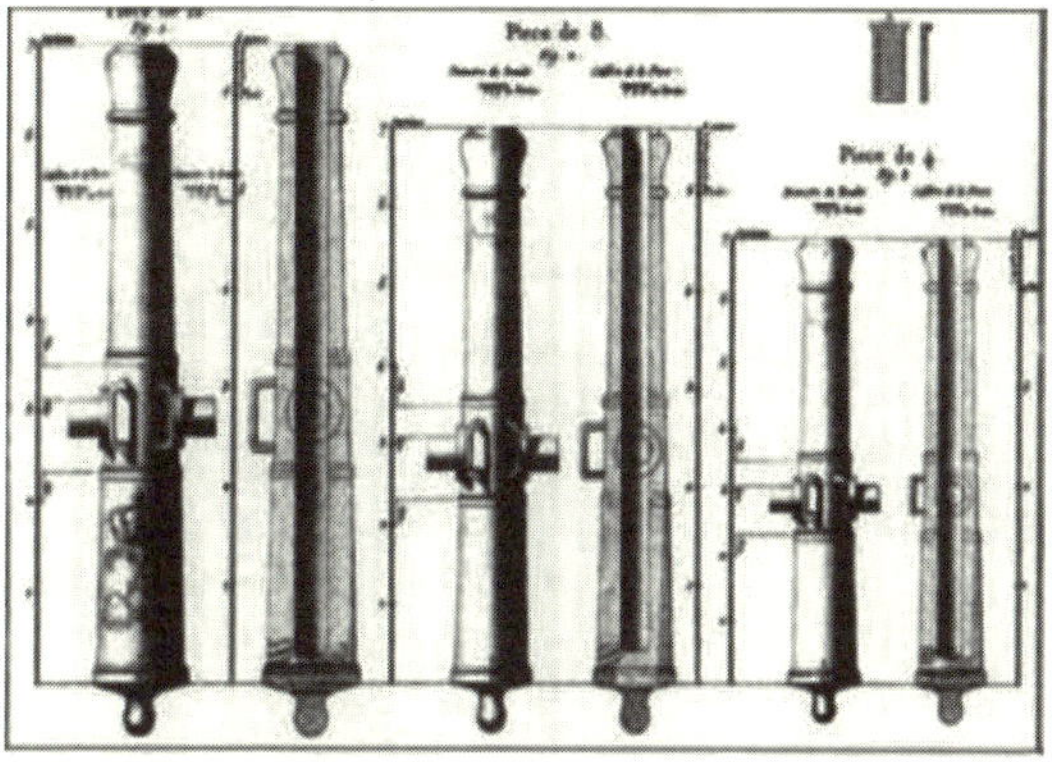

グリヴォーバルは火砲の規格化を進め、その体系は「グリヴォーバル・システム」と呼ばれた。

グリヴォーバル・システムにより整備された12ポンド砲(PHGCOM)

砲弾を撃ち出す火薬の燃焼ガスの漏れが少なくなったことで、威力を維持しつつ砲身を短くすることが可能になり、大砲の軽量化を実現できた。

次いで、砲兵将校のフロラン＝ジャン・ド・**ヴァリエール**（一六六七〜一七五九年）が、雑多だったフランス軍の大砲の口径を整理して体系化した。さらに砲兵将校のジャン＝バティスト・ド・**グリボーヴァル**（一七一五〜八九年）が、大砲の口径体系を見直すとともに部品を交換可能にすることを提唱。また、砲架や砲車等を軽量化して牽引に必要な馬の頭数を削減するなどの改革を進めていった。

軍隊の編制や戦術に関しては、軍事教官のピエール＝ジョゼフ・**ブールセ**（一七〇〇〜八〇年）が、山地戦において自軍をいくつかに分割して複数の経路を使って進撃させることを考えた。その分割された部隊は、山道を単独で行軍中に敵部隊と遭遇してもある程度の戦力を発揮できるように、歩兵、砲兵、騎兵などを組み合わせた「諸兵科連合部隊」であることが求められた。この部隊は「分割」を意味する「ディヴィズィヨン（師団）」と呼ばれ、フランス軍は一七六〇年代に師団編制を導入する。そして、この「師団」という編制単位は、現代においてもほとんどの軍隊で採用されている。

また、フランス軍の改革を進めた**ギベール**伯ジャック＝アントワーヌ＝イポリート（一七四三〜九〇年）は、要塞の倉庫からの補給ではなく、占領地での現地調達による軽快な「運動戦」を提唱した。具体的には、行軍中の各師団は、それぞれ別の移動経路を通って敵を望ましい戦場に誘導しつつ、集結して単一の軍となる。軍司令官はその先頭に立って会戦の戦場を偵察し各師団の戦闘部署を決定することで、状況や地形に応じて戦闘に加入できる、と唱えたのだ。

要するにブールセやギベールは、現代で言うところの「諸兵科連合部隊」による「分進合撃」を唱えたのである（付け加えると、ギベールはフランス革命前に自著で「市民軍」の設立を提言していたが、こちらはのちに自分自身で否定している）。

こうした新しい考え方が次々と生まれた背景には、シャルル＝ルイ・ド・**モンテスキュー**（一六八九～一七五五年）が著した『法の精神』に代表される理性や合理性を重んじる啓蒙思想の発展が影響していたのであろう。

師団編制の始祖とされるピエール＝ジョゼフ・ブールセ

さらに、この啓蒙思想は、よく知られているように、のちのフランス革命にも大きな影響を与えていく。

国民軍の成立

一七八九年、フランスでは、国王ルイ十六世が国民議会を承認したのち、パリ市が秩序維持のため独自に組織した民兵と、離反した正規軍の衛兵連隊、それに民衆がバスティーユ監獄を襲撃した。これがフランス革命の始まりとされている。ほどなくしてルイ十六世は、民兵からなる「ガルド・ナスィヨナル（国民衛兵）」の創設を認めて、公式に制度化されることになる。

その後、プロイセン国王とオーストリア大公（兼神聖ローマ帝国皇帝）が「ピルニッツ宣言」でフランスを威嚇。これに対してジロンド派内閣がオーストリアに宣戦を布告し、**フランス革命戦争**（一七九二～一八〇二年）が始まった。

革命により貴族の熟練した指揮官が激減していたフランス軍は、オーストリア軍やプロイセン軍に敗北を重ねたが、フランス北東部での**「ヴァルミーの戦い」**（一七九二年）では、小競り合いの後にプロイセン軍が後退し、プロイセンの正規軍に対するフランスの市民軍の勝利と捉えられた。例えば、ドイツの劇作家ヨハン・ヴォルフガング・フォン・**ゲーテ**は、この出来事を「ここから、そしてこの日から、世界の歴史の新しい時代が始まる」と書き残している。

翌一七九三年にルイ十六世が処刑されると、オーストリア、プロイセン、イギリス、スペイン等による対仏大同盟（厳密には第一次対仏大同盟）が成立。対するフランス革命政府は徴兵令を発布し、公安委員のラザール・**カルノー**（一七五三～一八二三年）を中心に大動員を行って、翌年秋までに一〇〇万を超える大兵力を集めた。そしてフランス軍は、急増した未熟練の兵士をすばやく戦力化するため、既存の各連隊を、正規兵一個大隊と民兵二個大隊を融合（アマルガム）させた「ドミ・ブリガド」（准旅団。半旅団と訳されることもある）に再編した。一七九四年初頭の時点で、革命前から軍にいた兵士の比率はわずか五パーセントにまで低下していたという。

つまり、フランス軍は、かつての封土を持つ騎士を中核とする「封建軍」や、国王や諸侯に金で雇われた傭兵を中核とする「傭兵軍」とは根本的に異なる、一般国民から広く召集された市民兵を中核とする「国民軍」となったのである。そのフランス軍の兵士は、国王のものではなく自らのものとなった国家を守るため、また国王のためではなく自らの主権者としての権利を守るため、高い戦意と団結心を持って革命に干渉してきた諸外国の軍隊と勇敢に戦った、と伝えられるようになる。

振り返ってみれば、三十年戦争が終結した「ウェストファリア条約」の成立（一六四八年）以降、欧州に関係する戦争は、「常備軍」による限定的な武力行使によって限定的な政治目標を達成しようとする、いわゆる「官房戦争（キャビネット・ウォー）」が主流を占めた。実例としては、アウクスブルク同盟戦争（一六八八～九七年）、スペイン継承戦争（一七〇一～一四年）、オーストリア継承戦争（一七四〇～四八年）、七年戦争（一七五六～六三年）、バイエルン継承戦争（一七七八～七九年）などが挙げられる（第3章参照）。

しかし、フランス革命と「国民軍」の成立によって、戦争の様相は「官房戦争」から「国民戦争」（国民国家戦争）へと根本的に変化していったのである。

アマルガムと混合隊形

戦術面を見ると、革命戦争当初のフランス軍は、射撃に適した「横隊」と、運動や突撃に適した「縦隊」をうまく使い分けようとしたが、練度の低い民兵には敵前での迅速な隊形変換は困難だった。そこでフランス軍は、味方の縦隊に集中する敵歩兵（射撃時は横隊をとる）の火力を散らすため、最前方に射撃の腕の良い軽歩兵を横広に散開させた。これが「スカーミッシュ」（散兵あるいは散兵隊形とも訳される）である。

さらに前述のアマルガム以降は、中央に正規兵の横隊を置き、その左右両翼に民兵の縦隊を置いて、両者の前方に軽歩兵を散開させる隊形を採用するようになった。これが「混合隊形」（仏語でオルドル・ミクスト、英語でミックスド・オーダー）で、前述のギベールの考案といわれている（図11参照）。そして、大火力を発揮できる「横隊」と、強大な突撃衝力で敵の横隊を分断できる「縦隊」、それらを掩護する「スカーミッシュ（散兵）」を組み合わせた「混合隊形」は、旧来の薄い「横隊」を組む敵の戦列歩兵をしばしば圧倒した。具体的に言うと、まず軽歩兵が「散兵」となって狙撃で敵兵を減殺し、次いで戦列歩兵の「横隊」が一斉射撃を行って敵兵の士気をくじき、最後は着剣（小銃に銃剣を装着すること）した戦列歩兵の「縦隊」が突撃を敢行して敵歩兵の薄い「横隊」を分断したのである。

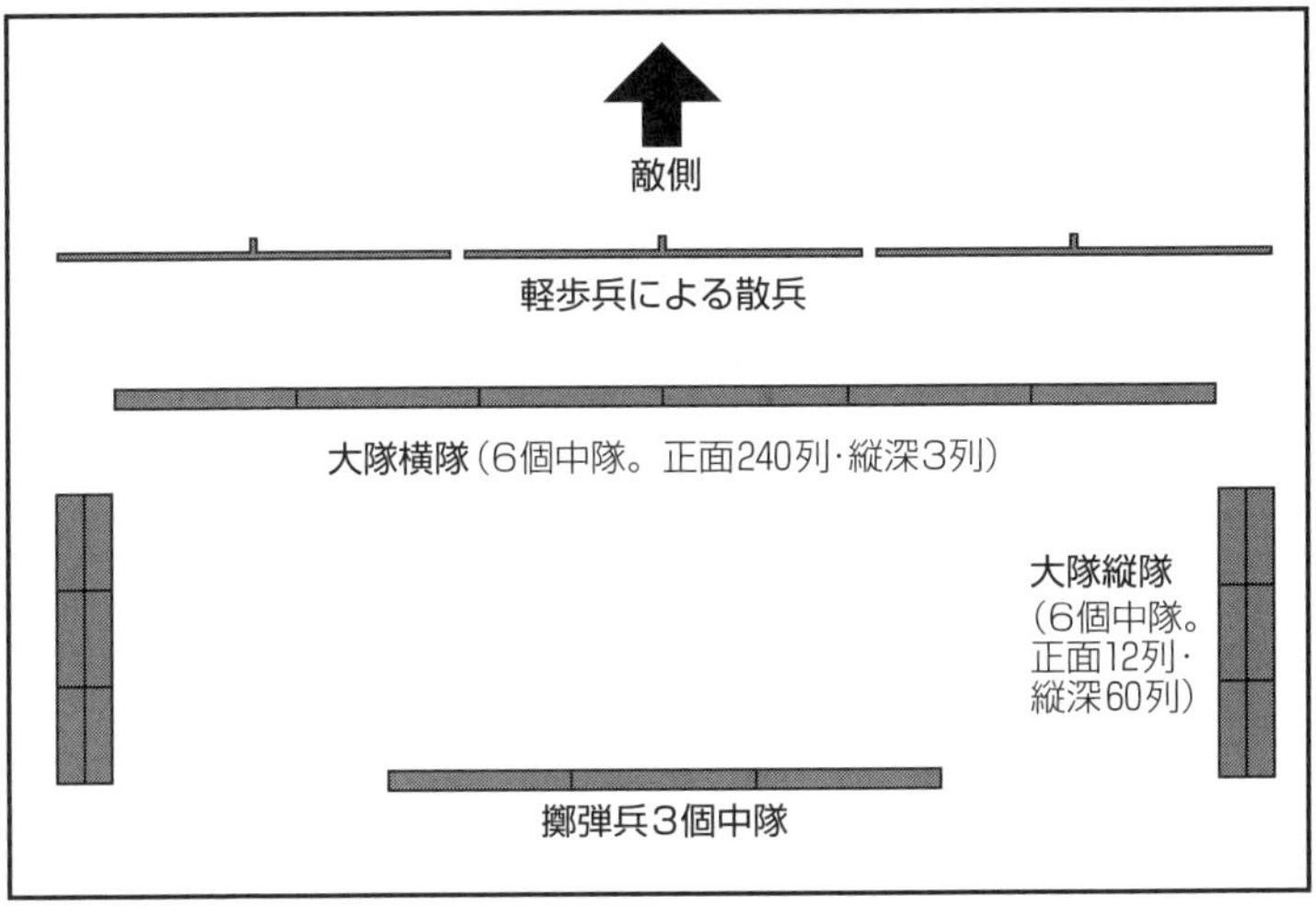

【混合隊形（オルドル・ミクスト／ミックスド・オーダー）】

隊形を迅速に変換できない練度の低い兵を主力とするフランス（国民）軍ではあったが、その弱点を認識して創られた「混合隊形」は、従来の横隊戦術をしばしば圧倒した。

図 11

また、フランス軍は、一七九二年初めにはたったの二個中隊しかなかった騎砲兵部隊を、翌年夏には実に一五倍の三〇個中隊まで増設。その後も機動性の高い砲兵火力の増強を続けた。兵站面を見ると、フランス軍は、ギベールが提唱していたように、要塞倉庫からの補給ではなく、占領地での現地徴発によって段列（補給等を担当する組織）を縮小し、より自由で軽快な機動を実現した。

そしてフランス軍に、用兵思想史に残る「軍事の天才」である**ナポレオン・ボナパルト**（一七六九～一八二一年）が登場する。

軍団編制と野戦による決戦

ナポレオンは、一七九九年に「ブリュメール十八日のクーデター」によって執政政府を樹立し、第一執政に就任。さらに一八〇四年には、国民投票によ

画期的な用兵で大陸に覇を唱えたナポレオン・ボナパルト

る賛成を受けて皇帝ナポレオン一世となり、第一帝政が始まった。

そしてナポレオンは、一七九八年に法制化された徴兵制を確実に実施して巨大な兵力を確保するとともに、他の欧州諸国のように全軍を最高指揮官（たいていは国王か王族）の下にほぼひとまとめにして運用するのではなく、複数の軍団に常時分割して運用する常備軍団編制を採用した。

当時のフランス軍の一般的な軍団は、歩兵連隊（一八〇三年に准旅団から連隊に改称していた）二個からなる歩兵旅団二個を基幹とする戦列（歩兵）師団数個と、軍団砲兵や軽騎兵旅団などを組み合わせたもので、敵の軍と一日くらいは独力で戦えるほどの戦力があった。また、一般の軍団（歩兵軍団）とは別に、軽騎兵師団や重騎兵師団などを数個組み合わせた騎兵軍団も編成された。

これらの軍団はそれぞれ別の進撃路を使って行軍したが、互いに一〜二日くらいの行軍距離内に位置するようにし、ある軍団が戦闘に巻き込まれたらすぐに他の軍団が駆けつけられるように

「ロディの戦い」でナポレオン軍は大胆な機動を展開した（Google-ART）

した。つまり、既存の師団編制を発展させた常備軍団編制に、前述のブールセらが考案した「分進合撃」を組み合わせたのである。

これらを見ると、ナポレオンは、自らの革新的な思想に基づいてフランス軍を大きく変革した、というよりも、それまでに考案された数々の軍事上のアイデアや制度を発展させて統合し、大規模に実施することでフランス軍を「近代軍」として完成させた、と言うべきであろう。

ただし、ナポレオンの戦い方を見ると、それまでの指揮官とは本質的に異なるアプローチが見受けられる。

例えば、イタリア戦線での **「ロディの戦い」**（一七九六年）では、ロディ周辺での会戦に先立って、ロディ南西のポー河北岸に布陣するオーストリア軍を正面から攻撃するように見せかけつつ、フランス軍の主力は東方に進んでからポー河の北岸に渡ってオーストリア軍の側背に回り込もうとしている（結果的にはオーストリア軍の主力がフランス軍に背後を遮断される前に後退に成功したため、これを捕捉撃滅することに失敗したが）。

つまり、第3章で述べたフリードリヒ大王の「斜行戦術」のように、会戦が行われる戦場内における敵の側背への移動という範疇を超えて、その戦場に向かうための数日～数週間スケールの長距離移動で敵側背への迂回と包囲を狙った機動を行っているのだ。これを現代の用兵思想で分析すると、会戦の戦場における「戦術次元」での移動の範疇を超えているという意味で、「作戦次元」における機動を行った、と捉えることもできるのだ（第1章で述べた「ヒュダスペス川の戦い」でのアレクサンドロス大王の機動も参照のこと）。

さらにもう一段階マクロな「戦略次元」を見ると、ナポレオンは一度ないし数度の会戦の勝利によって戦争全体の勝利を得ようとした。それらの会戦は、敵の要塞を攻略する「攻城戦」ではなく、開けた土地での「野戦」を作為しており、その野戦をしばしば戦争全体の帰趨を決定づける「決勝会戦（決戦）」とすることに成功して、有利な条件での講和を実現している。フランス軍がオーストリア・ロシア連合軍に大勝した**「アウステルリッツの戦い」**（一八〇五年）は、その典型例といえよう。

つまり、ナポレオンは、現代の用兵思想で言うと、会戦の勝利というミクロな「戦術次元」で

ナポレオンは「アウステルリッツの戦い」を決戦会戦とすることで戦争全体に勝利した(google-Art)

の成功を、戦争全体の勝利というマクロな「戦略次元」での目標の達成に結び付けることができたのだ。このように「戦術次元」での勝利を「戦略次元」の目標の達成に結び付けていくような術策を「作戦術」(英語でオペレーショナル・アート)と呼ぶ。

ただし、この「作戦術」の概念は、第二次世界大戦前のソ連で初めて言語化されるものであり、この時代にはまだ存在していなかった(当時の戦争の階層概念については、前述のビューローによる「戦略」「戦術」の定義などを参照のこと)。しかし、ナポレオンは、このような近代的な用兵思想を用いて分析することで初めて明確に見えてくるような、当時としては画期的な用兵を、おそらく無意識のうちに実行していたのである。こうした事例からも、新しい用兵思想を理解することの重要性がおわかりいただけ

ジョミニの「戦いの原則」は陸上自衛隊の『野外令』にも影響を与えている（George Dawe）

ることと思う（繰り返しになるが「作戦術」については第11章で詳述する）。

ジョミニの『戦争術概論』

ところで、ナポレオン戦争に大きな影響を受けた同時代の著名な用兵思想家として、ジョミニとクラウゼヴィッツがいる。

スイス生まれのアントワーヌ＝アンリ・**ジョミニ**（一七七九〜一八六九年）は、ナポレオン時代のフランス軍で勤務し、一八一三年からロシア皇帝の軍事顧問となった。

彼のもっとも有名な著作である『戦争術概論』は、戦争に勝つための方法論、いわば「How to win」を中心とするもので、一八〇〇年代に列強各国で創設されるようになった士官学校や参謀大学校で、教科書や履修要覧として使われた。のちのアメリカ**南北戦争**（一八六一〜六五年）では、両軍の将校が右手に剣を、左手に『戦争術概論』を携えて戦ったといわれているほどだ。

また、ジョミニは、海軍の用兵思想家として有名なアルフレッド・セイヤー・マハンにも大きな影響を与え、マハンは「海のジョミニ」とも呼ばれている（マハンについては第6章で詳述す

【コラム1】「戦いの原則」の例[5]

ジョミニの基本原則（1838年）

戦略的運動によって大兵力を自軍の連絡線を危険にさらすことなく、可能な限り敵の連絡線もしくは戦地に投入すること。

我が全力で敵の分力と戦うよう機動すること。

戦闘が行われるときには、戦術的運動によって大兵力を戦場の決勝地点もしくは前線のもっとも重要な地点に投入すること。

これら大兵力は決勝地点にただ存在するだけでなく、活発かつ一斉に戦闘に加入すること。

アメリカ陸軍 TR10-5

以下に記すのは基本的な「戦いの原則」である。

目標の原則
攻勢の原則
集中の原則
戦力節用の原則
機動の原則
奇襲の原則
警戒の原則
簡明性の原則
協調の原則

る）。さらに空軍の用兵思想家としてもっとも有名なジュリオ・ドゥーエの用兵思想も、ジョミニの用兵思想との共通点を指摘する研究者がいる（ドゥーエについては第9章で詳述する）。

そのジョミニは、戦争を政治的な要因や社会的な要因から切り離して考察し、戦争には「不変の原則」があると主張した。現代の軍隊、とくに英語圏の多くの陸軍のドクトリン文書に記されている「戦いの原則」は、このジョミニの考え方に沿っている（コラム1参照）。

ちなみに我が国の陸上自衛隊の作戦・戦闘に関する教範である『野外令』にも、ごく初期の版から九つの「戦いの原則」が記されている。また、アメリカ軍から陸自に導入された、敵の可能行動の列挙や自軍の行動方針の比較といった状況判断の手法も、ジョミニの考え方に源流がある。

このようにジョミニの用兵思想は、後世の著名な用兵思想家や、現代の軍隊の用兵思想にも大きな影響を与えているのだ。

そのジョミニが主張している原則を端的にまとめると「できるかぎり大きな戦力を結合された力として重大なポイントに向けて作戦する」▼1となる。そして具体的な作戦方針としては、内戦作戦の優位を主張した（コラム2参照）。

しかし、この内戦作戦の優位という考え方は、のちにプロイセン軍参謀総長のヘルムート・カール・ベルンハルト・フライヘア・フォン・**モルトケ**（一八〇〇〜九一年。いわゆる大モルトケ）によって覆されることになる（モルトケについては第5章で詳述する）。

【コラム 2】外線作戦と内線作戦

ごく簡単に言うと、外線作戦とは、味方の複数の軍が後方連絡線を外側に保持して、内側の敵軍を囲んだり挟み撃ちにしたりする位置で作戦することをいう。内線作戦とは、逆に味方の軍が後方連絡線を内側に保持して、外側の敵軍に対峙する状態で作戦することをいう。

外線作戦では、敵軍をその弱点である側背を含む複数の方向から攻撃できるという利点がある一方で、味方の離れ離れになっている複数の軍を協調させて敵軍を攻撃しなければならない、というむずかしさがある。

これに対して内線作戦は、敵の複数の軍に囲まれる不利がある一方で、味方の軍を一か所に集中し、敵の囲みの中で短い距離を機動して分散している敵軍を各個撃破できる、という利点がある(別図参照)。

ジョミニは「戦いの原則」に「味方の全力で敵の分力と戦うこと」を挙げており、内線作戦の優位を主張したのは当然のことといえよう。

【外線作戦と内線作戦】

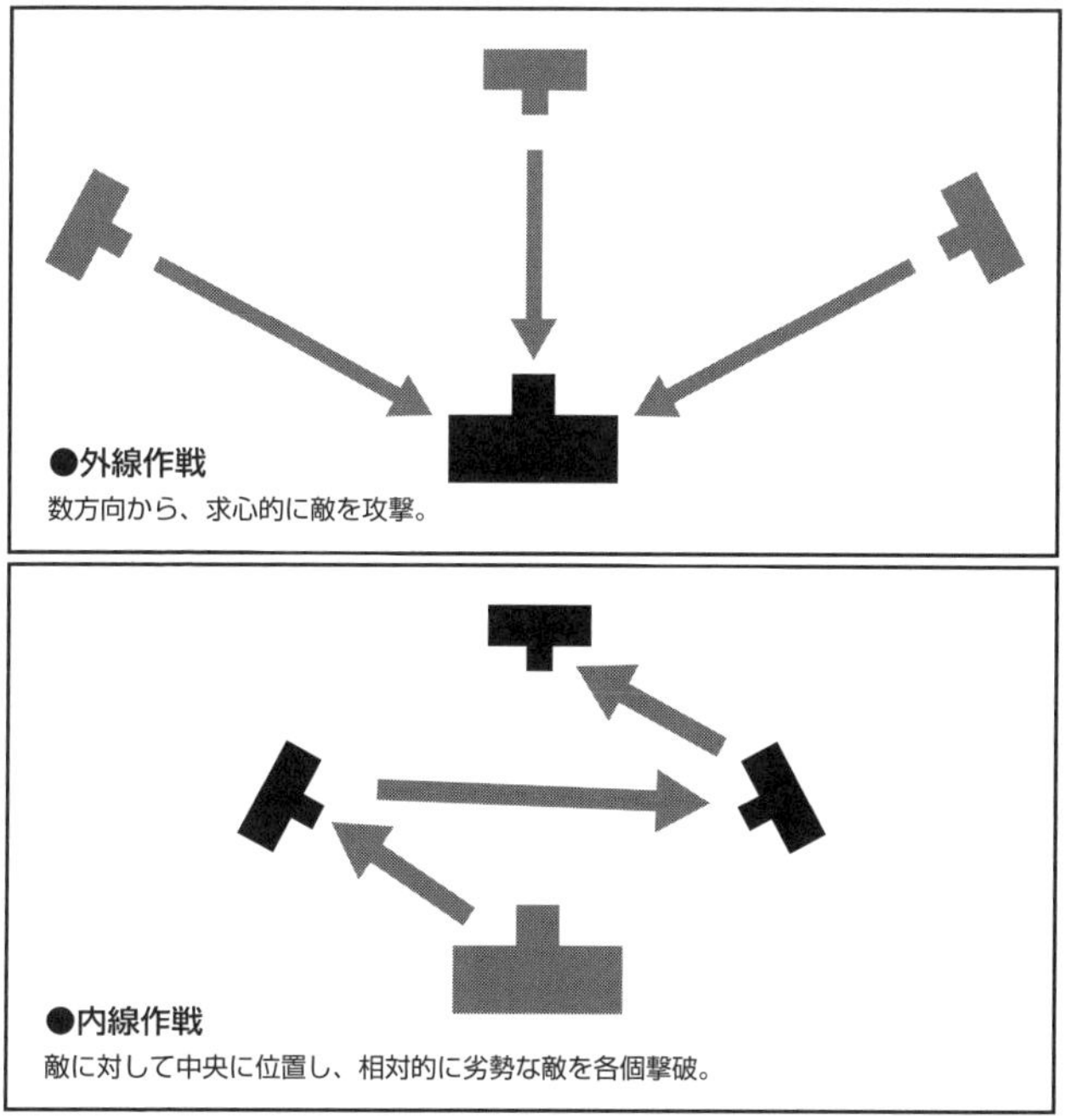
●外線作戦
数方向から、求心的に敵を攻撃。
●内線作戦
敵に対して中央に位置し、相対的に劣勢な敵を各個撃破。

クラウゼヴィッツの『戦争論』

ジョミニより一歳年下で、ナポレオン戦争に従軍し、プロイセンの陸軍大学校や参謀本部に勤務したカール・フォン・**クラウゼヴィッツ**（一七八〇～一八三一年）は、『戦争論』の著者としてよく知られている。

前述のように、ジョミニは、戦争を政治的な要因や社会的な要因から切り離して考察したのに対して、クラウゼヴィッツは、戦争を政治的あるいは社会的な要因も含めて考察した。また、ジョミニの『戦争術概論』が「How to win」を中心にしていたのに対して、クラウゼヴィッツの『戦争論』は、戦争そのものを考察した、いわば「What is war」を中心としている。そしてジョミニが、勝利の不変の原則がある、と主張したのに対して、クラウゼヴィッツは、戦争は複雑な現象であり絶対の原則など無い、と主張した。このようにジョミニとクラウゼヴィッツの思想は大きく異なっている。

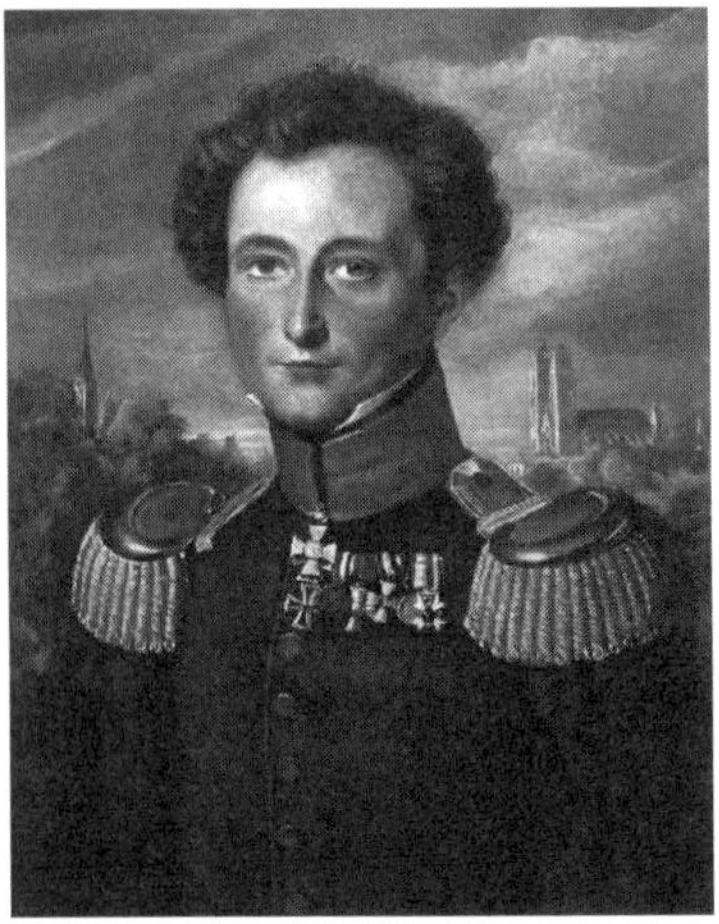
『戦争論』を著したクラウゼヴィッツ

注意しなければならないのは、クラウゼヴィッツは『戦争論』の全八編のうち最初の六編を書き、残りの二編の草稿も書いたものの、大幅な修正が必要と気付いて第一編の第一章を修正しただけで死去している。つまり、『戦争論』は未完成の著書なのだ。

この『戦争論』の中で、クラウゼヴィッツは、ほぼ同時代のドイツの哲学者であるヘーゲルが唱えた弁証法的な分析法を用いている。すなわち、ある「テーゼ（命題）」と、それと矛盾あるいは否定する「アンチテーゼ（反対命題）」、これらの両方を止揚（アウフヘーベン）した「ジンテーゼ（統合命題）」という認識の方法である。

これにならったクラウゼヴィッツは、一方の側による完全な打倒という現実にはありえない概念上の「絶対的戦争」と、政治的あるいは社会的な影響を受けた制限戦争である「現実の戦争」を対比し、そこから戦争の本質を見出していくという分析法を用いている。そのため『戦争論』の文章は難解なものとなり、未完成なことと相まって、数多くの誤解や、時には曲解や否定を生み出す大きな要因となっている。

そのクラウゼヴィッツは、『戦争論』の冒頭の第一編第一章で「戦争とは相手にわが意志を強要するために行う力の行使である」と定義している[▼2]。ここで現代のアメリカ海兵隊の最上位のドクトリン文書であるMCDP－1『ウォーファイティング』を見ると、冒頭の「戦争の定義」の中で「戦争の本質は、それぞれが相手に自分自身の意思を押し付けようとしながらの二つの敵対する独立した相容れない意思の激しい闘争であり、基本的には戦争は相互作用的な社会行為である」としている。[3] つまり、クラウゼヴィッツの定義をほぼそのまま用いているのだ（これから述べるクラウゼヴィッツの思想も参考のこと）。

また、クラウゼヴィッツの有名な言葉として「戦争とは他の手段をもってする政治の継続にすぎない」というものがある。言い換えると、戦争とは政治目的を達成するための手段に過ぎない、と主張しているわけだ。これは現代においても戦争を政治の統制下に置く「シビリアン・コントロール（文民統制）」の考え方に受け継がれている。

このようにクラウゼヴィッツの思想は、現代の軍隊のあり方にも大きな影響を与えているのだ。

精神的な要素と戦場の霧

繰り返しになるが、クラウゼヴィッツは、戦争は複雑な現象であり絶対の原則など無い、と主張した。そして、戦争の理論化を困難にしているもっとも大きな要素として、以下のように人間の精神や判断に関係する三つの特性を挙げている。

第一は、精神的な要素だ。クラウゼヴィッツは、戦力の量などの物理的な要素や戦場の地形などの地理的な要素等よりも、勇気や敵対感情などの精神的な要素を重視していた。逆に、例えばベトナム戦争時のアメリカ軍は、ともすれば敵の死傷者数などの物理的な要素にばかり目を向けて、敵対感情などの精神的な要素を軽視するような傾向があった（第12章参照）。

第二は敵との相互作用だ。こちらの出方によって敵が出方を変えてくることもありうるし、敵の出方によってはこちらも出方を変えることができる。互いに相手の裏をかこうとした結果、両者が正面からぶつかることもありうるのだ。したがって、戦争とは、ある種の自然法則のように、特定のアクション（入力）に対するリザルト（結果）が確定したものではない。こちらが同じアクションをとっても、相手の出方によっては結果が異なってくるのだ。

第三は情報の不確実性である。指揮官が戦いの状況を自分の目で見て確認できるのは、自分の周辺のごく限られた範囲内にとどまる。遠くの状況は味方の偵察報告などに頼らざるを得ないが、味方の斥候が敵情を見誤ったり、伝令が伝達事項を勘違いしたりすることもありうる。もっと言えば、そもそも偵察ができるのかどうか、伝令が連絡先にたどり着けるかどうかも確実とはいえないのだ。このような戦場における不確実性は、一般に「戦場の霧」（英語でフォグ・オブ・ウォー）と呼ばれている。

摩擦と重心

さらにクラウゼヴィッツは、こうした不確実な情報や将兵の過失、天候など、事前に確実に予測することが困難な事象や偶発的な事象が、指揮官の意思決定や部隊の行動などに及ぼす影響を包括して「摩擦」（独語でフリクツィオーン、英語でフリクション）という概念にまとめた。具体例を挙げると、戦場に霧が発生すれば敵を発見するのが遅れるし、雨が降れば部隊の行軍速度は低下する。事前の計画では排除しきれない不確実性によって、現実の作戦は机上の作戦計画どおりに進むとは限らないのだ。

一九九〇年代以降にRMA（Revolution in Military Affairs の略。軍事における革命）がもてはやされた頃には、センサーの発達と情報通信技術や情報処理技術の発展等によって「戦場の霧」や「摩擦」は消滅に向かうという主張もあったし、いまだにそう主張する者もいる。

しかし、現在においても機器の故障や不確実な天気予報、人間の過失や敵の想定外の行動などに起因する「戦場の霧」や「摩擦」は消失していない。クラウゼヴィッツの時代より技術がはるかに進歩した現代においても「戦場の霧」や「摩擦」の概念はいまだに有効なのである。

クラウゼヴィッツの提唱したもう一つの重要な概念に「重心」（独語でシュヴェーアプンクト、英語でセンター・オブ・グラヴィティ）がある。クラウゼヴィッツによると、「重心」とは「すべてがこの点から発するような」「力と運動の中心」であり、「戦争においては、あらゆる力をもって敵の重心を打撃しなければならない」としている（ちなみにアメリカ国防総省の軍事関連用語事典[4]で「重心」の項目を見ると「行動の自由あるいは行動する意志、士気ないしは物的戦力を供給する力の源泉」とある）。

クラウゼヴィッツの挙げている具体例では、グスタフ・アドルフやフリードリヒ大王（第3章参照）との戦争では「重心」が軍隊にあるのでこれを壊滅させるべきだし、党派が分裂している国では通常は「重心」がある首都を占領すべきだし、大国との同盟に頼っている小国では「重心」は小国を保護する大国の軍隊にあるのだからこれを攻撃すべき、ということになる。

また、近代以降の具体例を筆者なりに挙げると、太平洋戦争中のアメリカ軍の「重心」は最高指揮官であるルーズヴェルト大統領ではなかったし、ベトナム戦争中の北ベトナムの「重心」は軍隊ではなかった。その証拠に、太平洋戦争中にルーズヴェルト大統領が死去してもアメリカが戦争を止めることはなかったし、ベトナム戦争でアメリカ軍が北ベトナム軍相手にいくら戦術的な勝利を重ねても北ベトナムを屈服させることはできなかった。逆に北ベトナム側から見れば、ベトナム戦争中のアメリカの「重心」は米本土の国内世論にあり、北ベトナムはアメリカ国内の反戦運動を喚起する巧みな宣伝を行うことによって、アメリカ政府はベトナム戦争の継続が政治的にむずかしくなっていったのである。

イスラム国の拠点をピンポイント爆撃するB1B爆撃機。だが「重心」でなければ、いくら殺傷、破壊しても戦争には勝てない。

このように、敵の「重心」を的確に把握できれば敵に効果的な打撃を与えることができるし、逆に敵の「重心」を見誤ると敵に効果的な打撃を与えることができなくなる。現代でも、例えばＩＳＩＳ（ダーイッシュ）のような組織の「重心」がどこにあるのかを見誤ると、ベトナム戦争におけるアメリカ軍の失敗を繰り返すことになりかねない。クラウゼヴィッツの「重心」という概念は、現代においても決して古びていないのだ。

ドイツ参謀本部の誕生

さて、ここでプロイセン軍の陸軍参謀本部についても触れておこう。

ナポレオン率いるフランス軍に**「イエナ・アウエルシュタットの戦い」**（一八〇六年）で大敗したプロイセン軍では、ゲルハルト・フォン・**シャルンホルスト**（一七五五〜一八一三年）やアウグスト・フォン・**グナイゼナウ**（一七六〇〜一八三一年）らが力を合わせて、参謀制度の改革や陸軍省（当初は軍務局と呼ばれた）の創設などを進めていった。この陸軍省は軍事総務局と軍事主計局からなっており、陸軍の基本路線に責任を持つ軍事総務局の中の第二局が、のちの陸軍参謀本部へと発展していく。

また、プロイセン軍は、それまでの貴族としての血筋の良さなどではなく、学識を基準として市民（ブルジョア）からも将校を採用するようになる。さらに、従来の貴族向けの軍学校（アカデミー・ミリテール）などを廃止して、科学的な教育を行う士官学校や陸軍大学校を創設することになる。

いうなればプロイセン軍は、ナポレオンという天才的な「個人」に、教育を受けた凡人の「組織」で対抗しようとしたのだ。そしてプロイセン陸軍参謀本部は、のちに大モルトケという優れた用兵思想家を生み出すことになる。

国民軍とクラウゼヴィッツの登場

では、この章で述べてきた用兵思想の大きな発展をまとめてみよう。

十八世紀半ば頃からオーストリア軍やプロイセン軍で軽歩兵が活用され始め、アメリカ独立戦争でも独立して行動しライフルを各個に射撃できる民兵が活躍した。また、同じ頃にフランス軍では、大砲の製造技術が発展して軽量化されるとともに、山地戦における「分進合撃」から師団編制へと発展。従来の要塞倉庫からの補給に代わって現地調達による軽快な運動戦が提唱されていた。

そして一七八九年にフランス革命が勃発し、かつての騎士を中核とする「封建軍」とも、傭兵を中核とする「傭兵軍」とも異なる、国民皆兵の「国民軍」が生まれた。フランス軍は、「横隊」と「縦隊」に「スカーミッシュ（散兵）」を組み合わせた「混合隊形」を採用。さらにナポレオンは、既存の師団編制を発展させた常備軍団編制に「分進合撃」を組み合わせた。

また、ナポレオンは、現代の用兵思想で言うところの「作戦次元」での機動を行い、会戦の勝

シャルンホルストの改革を引き継いだグナイゼナウ（George Dawe）

参謀制度の生みの親といわれるシャルンホルスト（Friedrich Bury）

利という「戦術次元」での成功を戦争全体の勝利という「戦略次元」での目標の達成に結び付けるという「作戦術」をおそらく無意識のうちに実行していた。

このナポレオンという天才的な「個人」に、プロイセン軍のシャルンホルストやグナイゼナウは、教育を受けた凡人の「組織」で対抗しようとし、のちのドイツ参謀本部へと発展していく。

用兵思想家を見ると、ジョミニは『戦争術概論』などで戦争に勝つための方法論すなわち「How to win」を著した。またジョミニは、戦争には「不変の原則」がある、と主張。現代の多くの軍隊のドクトリン文書に記されている「戦いの原則」は、このジョミニの考え方に沿っている。

これに対してクラウゼヴィッツの『戦争論』

は、戦争そのものを考察した「What is war」を中心としている。そしてクラウゼヴィッツは、ジョミニとは逆に、戦争は複雑な現象であり絶対の原則など無い、と主張した。また、戦場における情報の不確実性（戦場の霧）、「摩擦」や「重心」といった概念は、現代の用兵思想の中にも生きている。さらにクラウゼヴィッツは、戦争は政治目的を達成するための手段に過ぎない、と考えた。これは現代の「シビリアン・コントロール」の考え方に受け継がれている。

注

▼1 いずれもカギカッコ内は、ピーター・パレット編（防衛大学校「戦争・戦略の変遷」研究会訳）『現代戦略思想の系譜』（ダイヤモンド社、一九八九年）より引用。

▼2 以下クラウゼヴィッツの言葉は（日本クラウゼヴィッツ学会訳）『戦争論 レクラム版』（芙蓉書房出版、二〇〇一年）より引用。

▼3 北村淳・北村愛子編『アメリカ海兵隊のドクトリン』（芙蓉書房出版、二〇〇九年）より引用。

▼4 http://www.dtic.mil/doctrine/dod_dictionary/

▼5 戦略研究学会編、片岡徹也・福川秀樹編著、戦略論大系別巻『戦略・戦術用語事典』（芙蓉書房出版、二〇〇三年）より引用。

第５章　産業革命とドイツ参謀本部

「ゲディスバークの戦い」で、南軍は北軍の防御火力により大損害を出した

産業革命と戦争の変化

この章では、産業革命期の兵器の改良やプロイセン参謀本部を中心とする用兵思想の大きな発展を見ていこう。

ナポレオン戦争以前の十八世紀後半から、イギリスでは、石炭業や鉄工業、綿工業などに、石炭による蒸気機関や紡績機等の機械が導入され、機械製工場が発展して工業都市が出現した。そして資本主義が一層発展して工業化と都市化が進展し、ひいては社会全体のあり方までが根本的に変化していった。産業革命の始まりである。

この産業革命は、ナポレオン戦争後の十九世紀前半にはフランスやドイツなど西欧各国に広がり、次いでロシアやアメリカ、日本にも及んでいく。そして、産業革命による技術的な成果は、戦争にも利用されていくことになる。

また、産業革命とほぼ同じ時期に、イギリス東部でのノーフォーク農法に代表される輪作や囲い込み（エンクロージャー。厳密には第二次囲い込み）による農業革命が進展し、さらに種痘法の普及による医療の改善などと相まって、先進各国では人口が急増した。これにともなって各国の動員兵力も急激に増大し、戦争の規模が拡大して戦場が広域化していくことになる。

こうした戦争の様相の大きな変化の中で、産業革命の成果をもっともうまく利用したのがプロ

第二次シュレスヴィヒ・ホルシュタイン戦争時のプロイセン軍は、鉄道等を使った迅速な動員の第一歩となった（Vilhelm Jacob Rosenstand）

イセン軍であった。この時期にプロイセンは、**第二次シュレスヴィヒ・ホルシュタイン戦争**（一八六四年。デンマーク戦争とも呼ばれる）、**普墺戦争**（一八六六年）、**普仏戦争**（一八七〇〜七一年）で勝利を収めて、ドイツ統一を成し遂げたのである。そのため、これらの戦争をまとめてドイツ統一戦争と呼ぶ。

前装式ライフルの普及

この時期には、兵器の改良が大きく進んだ。小銃などの小火器に関しては、十九世紀前半の一八三〇〜四〇年代頃から、従来の燧石（火打ち石）の火花で発射薬（弾丸を撃ち出す火薬）に発火する燧石（フリントロック）式に代わって、雷汞（二価の雷酸水銀）などの鋭敏な点火薬を充填した雷管を撃鉄（ハンマー）で叩いて発射薬に発火する管打（パーカッションロック）式が導入されるようになった。

そして歩兵部隊の主力小銃は、銃身の内側に弾丸にスピンを与えて弾道を安定させるためのライフリング（腔綫、施条ともいう）が無い滑腔銃身のマスケットから、これから述べるように、ライフリングを備えた施条銃身を持つ命中精度の高いライフル（ライフルド・マスケット、施条銃）に置き換えられていく。

前章でも述べたように、歩兵部隊の中でも軽歩兵など一部の熟練した兵士は、これ以前からライフルを装備していた。しかし、銃口から弾薬を装塡する前装式（先込め式）のライフルは、装塡時に弾丸が銃身内部のライフリングに引っかかって装塡しづらいという大きな欠点があった。そのためライフルは、歩兵部隊の主力で、規則正しい装塡動作と一斉射撃を行う戦列歩兵の装備にはなり得なかったのである。

そこでフランス軍のクロード＝エティエンヌ・**ミニエー**大尉（一八〇四～七九年）は、前装式ライフルの装塡作業が容易なように、銃身の内径よりも直径がやや小さい椎の実（ドングリ）形の弾丸を用いて、その底部を丸くえぐって栓をはめ込み、発射時に発射薬の燃料ガスの圧力で栓を前方に押し込んで、スカート状の底部を拡張させてライフリングに食い込ませる、いわゆる「ミニェー弾」を考え出した。続いてミニェー大尉は、一八四九年にミニェー弾を発射する前装式のライフル、いわゆる「ミニェー銃」を開発。フランス軍に各種のミニェー銃が制式採用されることになった（**挿画参照**）。

さらにイギリス軍は、一八五三年にミニェー弾や燃焼ガスのみで弾丸のスカート部が拡がる「プリチェット弾」を用いる前装式のライフル、いわゆる「エンフィールド銃」を制式化した。日本では「エンピール銃」として知られている。

このミニェー弾やプリチェット弾の登場によって前装式ライフルでも装填作業が容易になり、一般の戦列歩兵も従来のマスケットに替えて前装式のライフルを装備するようになったのである。

弾丸底部に大きな凹部がある。ミニェー弾（Mike Cumpston）

これによって命中精度が向上するとともに有効射程が伸び、歩兵の火力が増大した。

そして、この歩兵火力の増大によって、歩兵部隊に対する騎兵部隊の突撃はますます困難になっていった。例えば**クリミア戦争**（一八五三〜五六年）中の**「バラクラヴァの戦い」**（一八五四年）では、ロシア軍の騎兵突撃に対して、前装式ライフルを装備するイギリス軍の歩兵が、ナポレオン戦争時代は常識だった対騎兵突撃用の「方陣」を組むことなく、「シン・レッド・ライン（薄い赤の線）」として知られる薄い二列横隊のまま射撃を続けてこれを撃退している（この戦いではイギリス軍軽騎兵旅団（正確には「軽旅団」）のロシア軍砲兵陣地に対する突

「バラクラヴァの戦い」で、ロシア軍騎兵の突撃を撃退するイギリス軍歩兵の横隊（Robert Gibb）

撃の失敗の方が有名であろう）。

また、歩兵同士の戦闘においても、敵の正面への突撃は格段に危険なものとなった。アメリカ**南北戦争**（一八六一～六五年）は、両軍の歩兵のほとんどがライフルを装備して戦った最初の大規模な戦争となり、正面から歩兵突撃をかけてくる攻撃側に対する防御側の優位が実戦で証明されたのである。とくに、この戦争からよく活用されるようになった塹壕などの防御施設と組み合わせることにより、防御側の優位はさらに大きくなった。一例を挙げると、**「ゲティスバーグの戦い」**（一八六三年）では、南軍がのちに「ピケット・チャージ（ピケット将軍の突撃）」と呼ばれるようになる大規模な歩兵突撃を敢行したものの、防御側の北軍による歩兵射撃に砲兵射撃が加わって、五割を超える大損害を出して無残な失敗に終わっている。

こうした変化にともなって、ナポレオン戦争から使われ続けてきた、大火力を発揮できる「横隊」と、強大な突撃衝力で敵の横隊を分断できる「縦隊」、それらを援護する「スカーミッシュ（散兵）」を組み合わせた「混合隊形」も時代遅れになっていった。具体的に言うと、まず軽歩兵が「散兵」となって狙撃で敵兵を減殺し、次いで戦列歩兵が「横隊」で一斉射撃を行って敵兵の士気をくじき、最後は戦列歩兵が「縦隊」で銃剣突撃を敢行する、という従来の歩兵戦術が通用しなくなってきたのだ。

後装式ライフルの登場

一方、プロイセン軍は、一八四一年に銃技師のヨハン・ニコラウス・フォン・**ドライゼ**（一七八七～一八六七年）が開発した世界初の実用的なボルト・アクション（槓杆操作式）・ライフルであるドライゼM１８４１、いわゆる「ドライゼ銃」を制式採用した。ただし、撃発機構は一般的なパーカッションロックではなく、紙製薬莢内の雷管を長い撃針（ニードル）で打撃する特殊な針打式であった。日本では、独語の「ツュントナーデルゲヴェーア」（針打ち銃の意）から「ツンナール銃」として知られている。

このドライゼ銃は、弾薬を銃身の後方から装塡する後装式（元込め式）ライフルで、兵士が伏せたままでも迅速に再装塡できた。これに対してオーストリア軍が装備していた前装式のライフル、いわゆる「ローレンツ銃」は、兵士が伏せたまま装塡を行うのが困難で、かつてのマスケッ

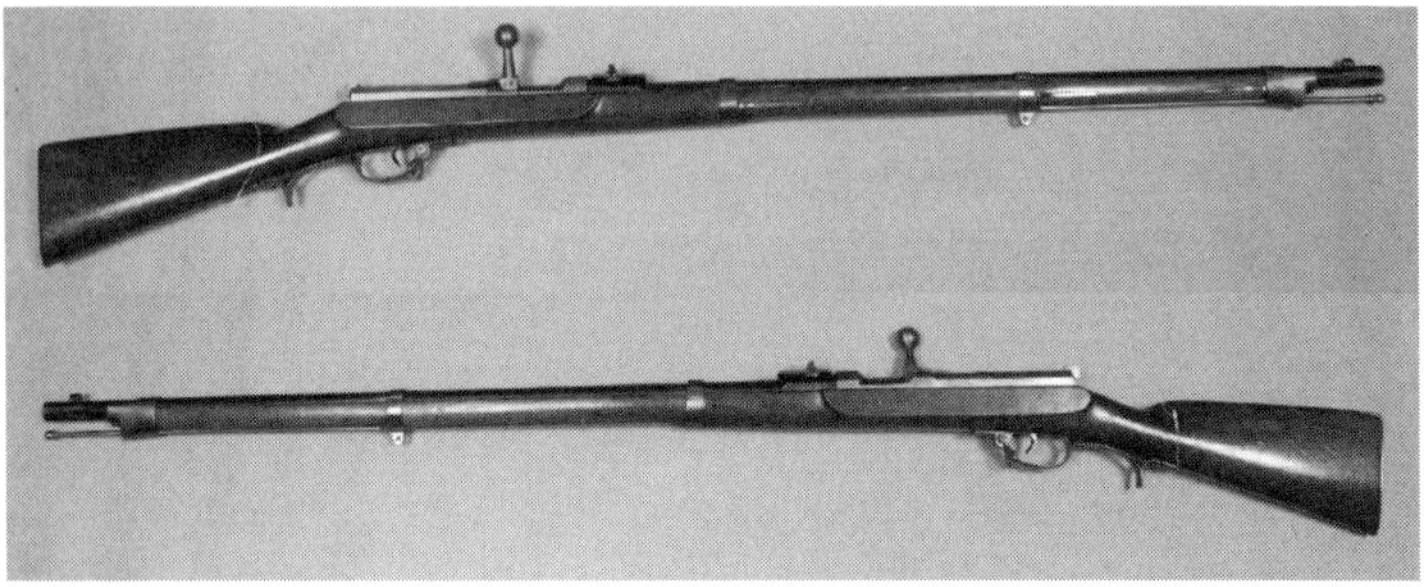

世界初の実用的ボルト・アクション・ライフル、ドライゼM1841（Swedish Army Museum）

トと同じく立ったまま装塡作業を行い、再装塡にはドライゼ銃の数倍の時間を要した。この小銃の発射速度におけるプロイセン軍の優位は、普墺戦争の勝因の一つといわれている。

また、伏せたままでも迅速に装塡できる後装銃の普及は、それまでは立って装塡し射撃し前進する存在だった歩兵を、地面に伏せたまま装塡し射撃し匍匐前進する存在へと変えていくことになる。

ただし、ドライゼ銃には装塡部の隙間から発射薬の燃焼ガスが漏れるという欠点があり、装塡機構などが壊れないように発射薬を減らしていたので、一般的な前装式ライフルよりも有効射程がやや短かった。そこでフランス軍は、一八六六年に同じボルト・アクション・ライフルでも燃焼ガスの閉塞能力を改善し、有効射程をドライゼ銃よりも伸ばしたシャスポーＭｌｅ１８６６、いわゆる「シャスポー銃」を採用した。

そして普仏戦争において、いずれも後装式ライフルを装備するプロイセン軍とフランス軍の歩兵部隊が激突したのである。

この戦争で最大の激戦となった**「グラヴロットの戦い」**（一

八七〇年。「サン＝プリヴァの戦い」ともいわれる）では、シャスポー銃を装備するフランス・ライン軍の陣地に対して、プロイセン近衛軍団が中隊ごとに密集した縦隊を組んで遮蔽物の無い斜面を登って突撃を敢行した。ところが、わずか二〇分間で三〇七名の将校と七九二三名の兵、四二〇〇頭の馬を打ち倒されて兵力のおよそ四分の一を失い、フランス軍陣地の手前五〇〇メートルほどのところで釘付けになってしまった。

こうして手痛い打撃を受けたプロイセン近衛軍団は、その二か月後の**「ル・ブールジェの戦い」**では、ある中隊が前進する間に別の中隊が掩護射撃を行う、という画期的な戦術を採り、四〇〇名足らずの損害でル・ブールジェ村を奪取し一二〇〇名もの捕虜を得ている。

一方、イギリス軍は、一八六六年にエンフィールド銃を後装式に改めて、開発担当のエドワード・**ボクサー**大佐（一八二二～九八年）にちなんで「ボクサー・カートリッジ」と呼ばれる、近代的な金属薬莢のカートリッジ（弾薬筒）を使用するスナイダー・エンフィールドＭｋ．ＩおよびＭｋ．Ⅱを採用した。いわゆる「スナイドル銃」である。この金属薬莢は発射時にわずかに膨張して発射薬の燃焼ガスの漏洩をほぼ完全に止めることができたので、後装式ライフルでも前装式ライフルに劣らない量の発射薬を使用して同等の威力を実現できるようになった。

そのイギリス軍は、南アフリカでの**ボーア戦争**（一八九九～一九〇二年。一八八〇年に始まった第一次ボーア戦争とも呼ばれるトランスヴァール戦争と区別する場合は第二次ボーア戦争と呼ばれる）で、普仏戦争の戦訓を忘れて、塹壕等を活用した敵陣地をしばしば正面から攻撃して大損害を出した。そしてイギリス軍は、この苦い経験から小銃兵の速射訓練に力を入れていく。

ここまでをまとめると、歩兵部隊は、小銃の改良とともに増大する火力に対して、伏せることや塹壕の構築、掩護射撃といった方法で対処していったのだ。

付け加えると、エンピール銃やツンナール銃、シャスポー銃やスナイドル銃は、幕末期の日本にも相当数が流入しているので、この時代にご興味をお持ちの読者諸兄にはお馴染みであろう。

鋼製後装式施条砲の登場

この時期には、これまで述べてきたような小火器の改良だけでなく、大砲の改良も進んでいった。

すでに低初速の攻城用の臼砲（餅をつく臼のように砲の口径の割に砲身が極端に短い火砲のこと）等では、遅くとも十八世紀までには、木製や紙製の管の内部で火縄やごく少量の点火薬を燃焼させたのちに砲弾に内蔵された炸薬に着火する「曳火信管」が実用化されており、これを使用する炸裂弾が一部で使用されていた。

ただし、曳火信管は砲弾の飛翔時間に見合った長さに正確に切断する必要があり（このため現代においても信管の調定を「信管を切る」と表現する）、これを誤ると腔発（砲弾が砲身の内部で爆発してしまうこと）などの事故につながった。そのため、射撃距離があまり変化しない動きの少ない攻城戦ならともかく、戦況次第で射程が大きく変化する野戦で使うのはむずかしかったのである。

その中で、フランス軍の砲兵将校のアンリ＝ジョゼフ・ペクサン（一七八三〜一八五四年）は、一八二二年から翌年にかけて、高初速の平射砲（水平に近い弾道で砲弾を発射する火砲のこと）で炸裂弾を発射できるように設計された初めての艦砲、いわゆる「ペクサン砲」を開発した。この砲の砲弾には、発射時の衝撃で起動し、飛翔予定時間の一瞬あと、すなわち敵艦の船体にめり込んだ直後に起爆する信管が使用された。もっとも、この信管はまだ不安定で信頼性の低いものだったようだ。

次いでフランス軍は、従来の前装式で球形の実体弾のみを使用する青銅製の滑腔砲身の野砲に代えて、一八五三年に同じく前装式で青銅製の滑腔砲ながら榴弾やキャニスター弾（多数の小さな散弾をばら撒く砲弾）なども発射できる一二センチ榴弾野砲、いわゆる「ナポレオン砲」（この「ナポレオン」はナポレオン三世を指す）を制式採用した。この砲は、アメリカ南北戦争で両軍に広く使用され、大きな威力を発揮している。

さらにフランス軍は、ジャン＝エルネスト・デュコ・ド・ライット将軍（一七八九〜一八七八年）の尽力により、一八五五年に前装式ながら椎の実形の各種砲弾を使用する前装式の施条砲（ライフル砲）である、いわゆる「ライット砲」を導入した。この砲は第二次イタリア独立戦争（一八五九年）に投入されて、実戦で最初に使用された施条砲といわれている。

施条砲では砲弾の外周がライフリングに食い込むので、発射薬の燃料ガスが砲弾と砲身の隙間から漏れることが少なくなり、同じ量の発射薬でも射程が大きく伸びるだけでなく、砲弾のスピンによって弾道が安定し命中精度も向上した。また、椎の実形砲弾の採用によって、同じ口径でも球形砲弾より重くて威力の大きい砲弾を発射できるようになった。加えて、既述の雷汞等を使って着弾と同時に発火する着発信管が実用化され、球形砲弾よりも飛翔姿勢が安定しており先端に着発信管を装着するのに適した椎の実形砲弾と組み合わされて急速に普及していく。

そしてイギリス軍は、一八五八年に発明家のウィリアム・**アームストロング**（一八一〇〜一九〇〇年）が開発した後装式の錬鉄製施条砲、いわゆる「アームストロング砲」を採用。続いてプロイセン軍も、翌年にアルフレート・**クルップ**（一八一二〜八七年）が開発した同じく後装式の鋼鉄製施条砲、いわゆる「クルップ砲」を採用した。このうちクルップ砲は鎖栓（砲尾を閉鎖する栓）を上下または左右にスライドさせる閉鎖方式を採用したのに対して、初期のアームストロング砲は鎖栓とこれを固定する尾栓を組み合わせた複雑な閉鎖方式を採用したため事故が多発。そのため、アームストロング砲は、前装式に一旦回帰したが、のちに砲尾と

後装式施錠砲の嚆矢、アームストロング砲（写真は 12 ポンド砲）（I.W.M.）

尾栓に切れ目の入った螺子を刻んで、これを嚙み合わせて閉鎖する隔螺式閉鎖機を採用することになる。

その後の列強の砲兵部隊の装備を見ると、例えば**普墺戦争**時のプロイセン軍の各砲兵連隊では隷下の一六個中隊のうち平均で約一〇個中隊が発射速度の速い後装砲を装備していたのに対して、オーストリア軍の砲兵連隊では発射速度の遅い前装砲が主力であった。また、**普仏戦争**時のフランス軍の砲兵連隊も前装砲が主力であった。

ただし、大砲の真の革新は、フランス軍のシャルル・ラゴン・**ド・バンジュ**（一八二三〜一九一四年）大佐による「ド・バンジュ式緊塞方式」と呼ばれる燃焼ガスの確実な閉塞方式の開発に加えて、近代的な液気圧式の駐退復座機（発砲時に砲身が後座した後に元の位置に自動的に復座する装置）を備えた野砲の普及や、**日露戦争**（一九〇四〜〇五年）の頃から効果的に用いられるようになる間接射撃の普及を待たなければならなかった（これについては第8章で詳述する）。

鉄道輸送と戦争計画

この時期には、これまで述べてきたような個々の兵器の改良や、現代の用兵思想でいうところのミクロな「戦術次元」での変化に加えて、マクロな「戦略次元」でも大きな変化が起きている。その変化の中心となったのが、プロイセン軍の参謀総長を務めたヘルムート・カール・ベルンハルト・フォン・**モルトケ**（一八〇〇～九一年。いわゆる大モルトケ）と参謀本部である。貧乏貴族の三男として生まれたモルトケは、「七か国語で沈黙する男」といわれるほどの高い知性を持つ寡黙な男で、「近代ドイツ軍の父」「ドイツ参謀本部の完成者」と評されるほどの大きな実績を残すことになる

が、本人はのちのちまで歴史学の教授になるのが夢だったと語っている。

そのモルトケが参謀総長に就任する前にプロイセン軍は、デンマークを主敵とする**第一次シュレスヴィヒ・ホルシュタイン戦争**（一八四八～五一年）中にオーストリアとの緊張が高まった際、大規模な演習による威嚇効果を狙って約四九万人を動員した。

ところが、当時のプロイセン軍には、綿密な動員計画や開進計画（「開進」とは戦役の開始に先立つ兵力の配備もしくは集中のこと。現在の一般的な語感では「展開」や「展開準備」に近い）の起案を所掌する機関が実質的に存在していなかった。この頃の参謀本部は教育研究機関としての色合いが濃く、過去の戦史の研究や地図の作成などに力を入れており、どこの課もこうした計画の立案準備を主としていなかったのである。参謀本部の計画もあるにはあったのだが、戦力

動員や指揮方法に大変革をもたらしたフォン・モルトケ

や集結地点等については具体的な記述がほとんど無かった。戦時動員の下令は陸軍省の担当であり、その命令は郵便か地方官吏が馬で配達していた。そのため、動員下令の五日後にようやく命令を受領した将校がいたほどだった。

動員された部隊の移動に関しては、鉄道による輸送に期待がかけられていた。通常、行軍の訓練が十分でない予備役兵に長距離の行軍を強いれば多数の落伍兵が出る（これを「行軍損耗」と呼ぶ）。これを鉄道で輸送すれば落伍兵を出すことなく長距離の移動も可能、と考えられていたのだ。

ところが、陸軍側には鉄道輸送に責任を負う将校がおらず、その実施は鉄道を管轄する商工省に委ねられていた。その商工省には軍隊輸送の具体的な計画など無く、各部隊の輸送は通常の時刻表に組み込まれて実施された。各部隊の出発駅では、兵士や物資が下車後の開進を考慮せずに乗車や積載のしやすさを優先して並べられ、同じ部隊の兵員や装備が別々の車両で輸送されたり、駅から駅に無計画な折り返し運転が行われたりして、バラバラに引き離されてしまうことも少なくなかった。こうした混乱の結果、プロイセン軍は動員輸送の完了までに実に二か月を要するという大失態を演じた。要するにプロイセン軍には、動員規模の拡大に対応した動員計画や開進計画が無く、計画があったとしてもそれをスムーズに実行できる能力が無かったのである。

第一次シュレスヴィヒ・ホルシュタイン戦争後の一八五七年に前任の参謀総長であるカール・フォン・ライヘアが急逝すると、地味で目立たないモルトケが参謀総長事務取扱に任命されて、翌年には参謀総長に正式に任命された。これに先立ってモルトケ率いる参謀本部は、大部隊を輸送するために鉄道利用に関する教令を発布していた。ほどなくして行われた演習では、将兵一万六〇〇〇人、軍馬六五〇頭などが鉄道で輸送され、その輸送能力が予想以上であることが確認されるとともに、事前の綿密な準備が欠かせないことも明らかになった。

そこでモルトケは、一八五八年から翌年にかけて参謀本部を改編する中で、商工省などと協議して鉄道に関係する動員計画の調整等を行う鉄道班を創設。加えて、鉄道の管轄について軍人と文民からなる会議を招集し、参謀本部と鉄道関係者が協力する常設の委員会の設置を提案した。さらに陸軍省に対して、西方への鉄道路線を一個軍団につき一本ずつ複線で敷設するよう求めた。実は、モルトケは一八四一年にベルリン・ハンブルク鉄道の理事に就任しており、鉄道に関しても豊富な知識を持っていたのである。

そしてプロイセンでは、軍隊の輸送や通信に優先権が与えられ、各軍団が戦時の戦闘序列に沿って輸送されることになった。動員の通知には電信が用いられ、伝達に必要な時間はかつての五日間から二四時間に短縮された。その結果、一八五九年に行われた動員輸送演習では完了までに二九日間と、一八五〇年の動員時に要した期間の半分以下にまで短縮されたのである。

こうしてプロイセン軍は、開戦直後に敵軍を上回る大兵力を一挙に投入できるようになった。現代の用兵思想における言い方をすれば、プロイセン軍は「戦略次元」で優位な状態から戦争を始められるようになったのだ。さらに言えば、ミクロな「戦術次元」では火力の増大によって防御側が有利になったが、マクロな「戦略次元」では動員や開進の迅速化によって攻撃側が優位に立った。言い方を換えると、防御側の戦術的な優位を吹き飛ばしてしまえるほどの大兵力で攻勢を始められるようになったのである。

こうした迅速な動員と開進を実現するため、精緻に組み立てられた鉄道ダイヤとセットになった動員計画や開進計画、さらにはこれらを包含する「戦争計画」が重要となり、それを立案する組織としての参謀本部の重要性が増していくことになる。

プロイセン軍は参謀本部の戦争計画をもってフランス軍に圧勝した

鉄道輸送を活用した外線作戦

ところで、前章でも述べたように、ナポレオン戦争の解説者であるジョミニは、味方部隊を一点に集結させている「内線」側が、「外線」側の数か所に分散している敵部隊を各個に撃破できることを理由に、「外線作戦」よりも「内線作戦」が有利である、と主張していた（第4章コラム2参照）。

これに対してモルトケは、鉄道を活用した外線作戦によって従来信じられていた内線作戦の優位を突き崩すことができる、と考えた。鉄道輸送を活用すれば、迅速に動員した大兵力を所要の数地点に急速に開進させて、「内線」側に各個撃破される前に、そこから決戦場の一点に向かって求心的に進撃させることができる、というのだ。

実際に、普墺戦争でプロイセン軍は、主力の東部軍に所属する第1軍、第2軍、エルベ軍の計三個軍を、オーストリア北西部のベーメンの「外線」の位置に当たる距離およそ五〇〇キロの広範囲に急速に開進させると、そこから求心的に進撃させた。この時、プロイセン側は五本の鉄道路線を利用できたのに対して、オーストリア側には一本の鉄道路線しかなかったた。そのため、オーストリア軍が先に動員を開始していたにもかかわらず、プロイセン軍が先手をとって各軍を開進させることができたのである。

次いでプロイセン軍主力の東部軍は、ケーニヒグレーツ北西のサドワという村落の付近で、敵を撃ち下ろすことができる有利な高地に布陣していたオーストリア軍の北部軍の主力を、まず中央の第1軍、次いで右翼のエルベ軍、さらに北方の窪地から近づいた第2軍で攻撃した（図12参照）。こうして三方から攻撃されたオーストリア軍の北部軍は後退を開始。その後の追撃も含めて、プロイセン軍の損害が約九〇〇〇人だったのに対して、オーストリア軍の損害はおよそ五倍の四万四〇〇〇人にも達した。

この**「ケーニヒグレーツの戦い」**（「サドワの戦い」とも呼ばれる）での大敗によってオーストリ

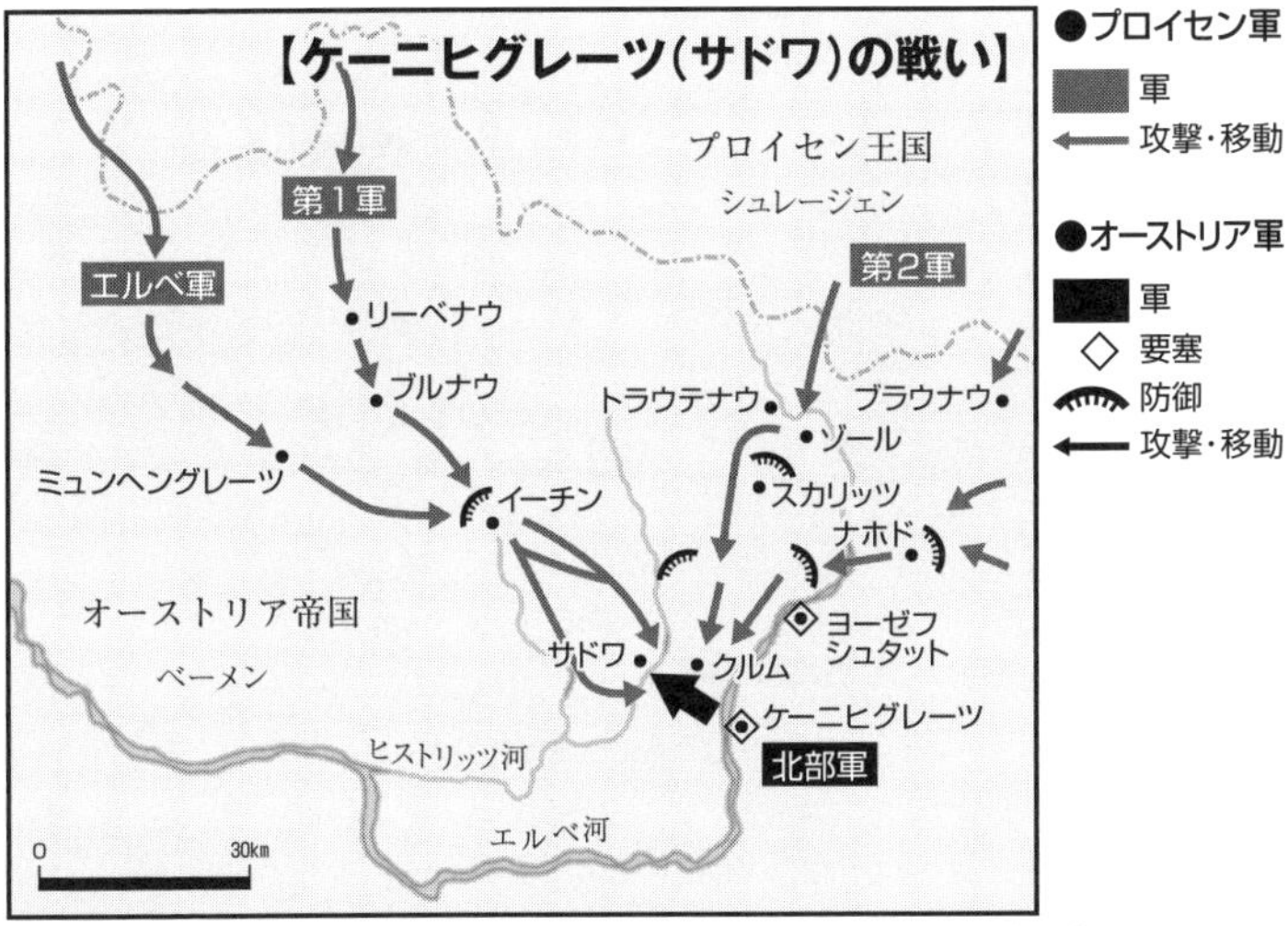

各個撃破されやすいとされていた外線作戦であったが、鉄道による迅速な輸送と、なによりプロイセン軍が「委任戦術」というドクトリンを共有化していたことで、これまでの常識を覆し「ケーニヒグレーツの戦い」では成功をおさめた。

図 12

アは継戦意欲を失い、プロイセンは普墺戦争全体でも勝利を収めたのである。

委任戦術とドクトリン

もともと、こうした外線作戦には大きな問題点があった。味方の部隊が広い範囲に分散するので、一人の指揮官がそのすべてを直接指揮することが困難なのだ。たとえ有線の電信を用いるにしても、司令部からの通信回線をあらかじめ用意できる駐屯地や鉄道駅等の近くならともかく、回線の末端からほど遠い野外を機動中の各部隊に対して的確な命令を下すことはむずかしかったのである。

この問題に対して、モルトケは「委任戦術」（独語でアウフトラークタクティーク）と呼ばれる指揮方法を正式に導入することで対処した（実はモルトケ以前から、例えばフリードリヒ大王は高級指揮官に対して自主的な行動を求めており、プロイセン／ドイツには古くから指揮官の自主性を尊重する軍事文化があったようだ）。

この委任戦術を具体的に説明すると、まず上級指揮官が下級指揮官に対して全般的な企図と達成すべき目標だけを記した「訓令」のかたちで命令を下す。別名「訓令戦法」（英語ではミッション・コマンド。「任務指揮」などと訳される）といわれるゆえんである。そして訓令を受けた下級指揮官は、上級指揮官の企図の範囲内で与えられた目標を達成するための方法を自分で決定し実行する。つまり、戦場での具体的な行動については、下級指揮官に権限が委任されるのだ。実際、プロイセン軍参謀本部が立案した戦争計画のうち詳細が決定されていたのは動員から開進くらいまでで、それ以降の作戦計画は鉄道ダイヤのように緻密なものではなかったのである。

とはいえ、下級指揮官に権限を委任した結果、各部隊がてんでんばらばらに行動したのでは、軍隊全体として統一された戦力を発揮することができなくなる。軍隊は、それを構成する各部隊が相互に協力し調和のとれた行動をとることによって、初めて大きな戦力を発揮できるものだ。

したがって、各部隊が緊密に協調するためには、各指揮官が準拠する「軍事行動の指針となる原則」すなわち「ドクトリン」が欠かせない。これがいま世界中の軍隊でドクトリンが必要とされている大きな理由の一つである。各指揮官は、このドクトリンに沿って指揮下の部隊の行動を計画し実行するのだ。

また、軍隊全体を一つの全般目標に向かって協調させるためには、上級指揮官に対する「報告」に加えて、味方部隊に対する「通報」も欠かせない。例えば、隣接する二つの部隊の指揮官が別々の上級指揮官の指揮下にあっても、互いに企図や状況を通報し合うことで協調した行動をとることができるからだ。

しかし、戦場では、無線機の故障や敵の妨害などの予期せぬ理由によって、隣接する味方部隊との連絡が絶たれることもありうる。それでも各指揮官が、全軍で共有されている「軍事行動の指針となる原則」すなわち共通の「ドクトリン」に基づいて状況を観察し判断し決心して実行するならば、たとえ十分な「通報」が無くても、隣接する味方部隊の指揮官の判断や行動を類推することができる。

つまり、この場合のドクトリンとは、各指揮官に共有されている状況判断や意思決定の際の手続きの枠組みであり、各指揮官の相互理解の基礎となるものなのだ。ここに軍隊でドクトリンが必要とされるもう一つの大きな理由がある。

そしてモルトケは、普墺戦争後の一八六九年に、来るべき戦争で連合して戦う南ドイツ諸邦の各軍にプロイセン軍と共通の「軍事行動の指針となる原則」を示すため、『高級指揮官に与える教令』を起草した。現代で言うところの「ドクトリン文書」である。

分権指揮による摩擦への対処

そもそもモルトケが、一人の最高指揮官が各指揮官に細部まで具体的な命令を下して全軍を中央集権的に指揮する「集権指揮」ではなく、実施の細部は下級指揮官に権限を委任する「分権指揮」を採用したのは、最高指揮官が戦場で生起する全ての状況を事前に予測して完璧な計画を立案することも、その場その場の状況の変化に即応して下級指揮官に迅速かつ適確に命令を下すこともむずかしい、と考えていたことによる。モルトケは、戦場における状況の変化に各部隊が迅速かつ適確に対応するためには、下級指揮官に自主裁量の余地を与えることが必要、と考えていたからこそ「分権指揮」を採用したのだ。

その証拠に、モルトケのまとめた『高級指揮官に与える教令』には「絶対に必要なことのみを命令し、不透明な状況下での計画立案を避けるのが良い」と記されている。その理由として「高級指揮官の命令が想定した事態と現実の推移が異なったとき、下級指揮官の信頼は動揺し、部隊には疑念が生ずる」ことが挙げられている。▼1

モルトケがこうした考え方に至ったのは、戦場にはさまざまな不確定要素が存在しており、たとえ綿密に立案された計画でも、それを実行に移す時には諸々の障害が生じることを認識していたからにほかならない。第4章のクラウゼヴィッツの項でも述べたように、戦場では、味方の斥候が敵情を見誤ったり伝令が伝達事項を勘違いしたりすることもありうるし、そもそも偵察が実施できるのかどうか、伝令が連絡先にたどり着けるのかどうかも確実ではない。これこそが戦場における不確実性、すなわち「戦場の霧」である。また、戦争では、こうした不確実な情報や将兵の過失、さらには天候など、事前に確実に予測することが困難な事象や偶発的な事象が、指揮官の意思決定や部隊の行動等に大きな影響を及ぼす。これが「摩擦」である。

要するに分権指揮とは、この「戦場の霧」に対処し「摩擦」を低減するための指揮手法なのである。そして、現在においても、こうした「戦場の霧」や「摩擦」は決して消失しておらず、分権指揮は依然として有効な対処法の一つとなっているのだ。事実、例えば現代のアメリカ陸軍においても、分権指揮の重要な手法である「委任戦術（ミッション・コマンド）」の徹底は重要な課題となっている。

官房戦争と国民戦争

一八七〇年、フランスはプロイセンに宣戦を布告し、普仏戦争が始まった。

プロイセン軍は六本の鉄道幹線を、同盟軍である南ドイツ諸邦の各軍は三本の鉄道支線を、それぞれ活用して一八日間で一〇個軍団計四二万六〇〇〇人を前線に輸送した。そしてプロイセン軍主力の第1～3軍は、各軍が独自の判断で積極的に行動して国境付近のフランス軍部隊を破り、およそ一九万人ものフランス軍をメス（メッツ）要塞で包囲して降伏させた。

この間に、ナポレオン・ボナパルトの甥でフランスの元首であるナポレオン三世は、約一二万人を率いてメス要塞の救援に向かった。だが、プロイセン第3軍に圧迫されてベルギー国境に近いセダンに後退すると、プロイセン軍はこれを包囲。続いて降伏に追い込んで、開戦から一か月余りで敵国の元首を捕虜にするという大戦果を挙げた。

プロイセン軍の参謀本部が立案した戦争計画の威力を見せつけられた列強各国は、これをまねて自軍に参謀本部を設置し、同様に戦争計画を立案するようになる。

もっとも普仏戦争は、元首であるナポレオン三世が捕虜になっても終わらなかった。パリに臨時政府（国民防衛政府）が樹立されて「ガルド・ナスィヨナル（国民衛兵）」と呼ばれる民兵を中心に抵抗が続いたのである。翌一八七一年、ドイツ帝国が成立してヴィルヘルム一世が初代ドイツ皇帝となり、パリも開城して仮の講和条約が結ばれたが、それでもフランスの民衆による抵抗は終わらなかった。パリ市民が蜂起して自治政権であるパリ・コミューンが成立したのだ。だが、パリ郊外のヴェルサイユに逃れていた保守的なフランス政府は、ドイツの後押しを受けてパリ・コミューンを攻撃し、同胞相撃つ悲劇を経てようやくパリを制圧した。

これは第4章でも述べたことだが、ウェストファリア条約の成立（一六四八年）からフランス革命（一七八九年）による「国民軍」の出現まで、欧州に関係する戦争では、限定的な政治目標を「常備軍」による限定的な武力行使で達成しようとする、いわゆる「官房戦争（キャビネット・ウォー）」が主流を占めていた。ドイツ統一戦争においてモルトケとプロイセン軍参謀本部が実現した正規軍の迅速な大量投入による短期決戦は、この官房戦争のリバイバルと捉えることもできる（前述のクリミア戦争や第二次イタリア独立戦争も、この官房戦争のリバイバルに含めることができよう）。

ただし、ドイツ統一戦争の中でも最後の普仏戦争だけは、国民総武装の観念を持つフランス民衆の抵抗によって長引いた。戦争の帰趨は開戦からおよそ一か月で事実上決していたのだが、パリ・コミューンが抵抗を止めたのはそれから九か月も経ったあとだった。

ここで欧州全体に視野を広げると、一八四八年にフランスで起きた「二月革命」（これにより七月王政が打倒されて第二共和政が始まった）が欧州各国に波及するなど、すでに民族意識や自由主義運動が高揚していた。フランスでは一八五二年に第二共和政が倒れてナポレオン三世による第二帝政となったが、第二帝政崩壊後のパリ・コミューンの抵抗はその先鋭的な一例だったといえよう。

つまり、欧州の戦争の様相は、モルトケによってリバイバルされた「官房戦争」から、フランス革命の時に実現していた「国民軍」による「国民戦争」（国民国家戦争）へと再び向かいつつあった、といえるのだ。

動員計画と委任戦術

では、この章で述べてきた戦争の様相の変化と用兵思想の進歩をまとめてみよう。

十八世紀後半にイギリスで始まった産業革命とほぼ同時期に進展した農業革命は、兵器を大きく進歩させるとともに、各国の動員兵力の急増と戦場の広域化をもたらした。

こうした変化の中で、プロイセン軍の参謀総長となったモルトケ（大モルトケ）は、鉄道や電信を活用することによってプロイセン軍の迅速な動員と開進を実現し、ドイツ統一戦争を勝利に導いた。とくに普墺戦争では、それまで信じられていた内線作戦の優位に反して、鉄道移動を活用することで外線作戦を成功させている。そして、この迅速な動員と開進を実現するために、精緻に組み立てられた鉄道ダイヤとセットになった動員計画や開進計画、これらを包含する戦争計画が重要となり、それを立案する参謀本部の重要性が大きくなっていく。

また、モルトケは、戦場における不確実性すなわち「戦場の霧」や、クラウゼヴィッツが言うところの「摩擦」に対処するため、細部の実施については下級指揮官に権限を委任する「委任戦術」（別名「訓令戦法」）を制度化。普仏戦争の前には、南ドイツ諸邦の各軍にプロイセン軍と共通の「軍事行動の指針となる原則」を示すため、現代で言うところの「ドクトリン文書」をまとめた。

そして現在においても世界各国の軍隊ではドクトリン文書が定められており、現代のアメリカ陸軍においても「委任戦術（ミッション・コマンド）」の徹底が重要な課題となっているのだ。

注

▼1　片岡徹也編『軍事の辞典』（東京堂出版、二〇〇九年）より引用。

第６章　海洋用兵思想の発展

「日本海海戦」は艦隊決戦のイメージを世界中に強烈に印象づけた（東城鉦太郎）

海洋国家の伸長と通商破壊戦

この章では、第二次世界大戦前頃までの海洋に関する用兵思想のうち、現代にも大きな影響を与えているものを中心に見ていくことにしよう。

十五世紀からの大航海時代、スペインやポルトガルは、アフリカからアジアやアメリカなどに植民地を広げて世界的な海洋国家となり、本国と遠く離れた植民地を結ぶ海上交通路の重要性が増していった。やがて十七世紀に入るとオランダが海洋国家として伸長し、十七世紀半ばからイングランドと海洋の覇権をめぐって三次にわたる**英蘭戦争**（一六五二〜五四年、一六六五〜六七年、一六七二〜七四年）を繰り広げた。そしてオランダが衰退すると、十七世紀の末から今度はフランスがイングランドに挑んだ。

しかし、十九世紀初めのナポレオン戦争中に生起した**「トラファルガーの海戦」**（一八〇五年）で、イギリス艦隊がフランスとスペインの混成艦隊を撃破（本書では一七〇七年のグレートブリテン王国の成立以降はイギリスと記す）。以後、およそ一世紀にわたってイギリスが海洋の覇権を握り、「パクス・ブリタニカ（イギリスの平和）」の時代が訪れる。

これらの国家による海上の戦いでは、敵国の海上通商を担う商船を襲撃する「通商破壊戦」が盛んに繰り広げられた。

帆船時代の通商破壊の主な手段は、民間資本で船や乗員を用意し、それぞれの国家の公認の下、敵国の船の積荷を掠奪したり船ごと乗っ取ったりする「私掠」であり、これに用いられる船舶を「私掠船」と呼ぶ。いわば国家公認の海賊と海賊船である。イングランドでは十三世紀末には早くも私掠免許状を出していたとされており、他国でも同様の制度を設けて十六世紀末頃には一般化した。免許状を持たずに同様の行為を行う者は海賊であり、もし捕まれば吊るし首だが、免許状を持つ私掠船の乗員は敵国に捕らえられても戦時捕虜として命だけは保証された。

風上の位置を取ったイギリス艦隊が圧勝した「トラファルガーの海戦」

イングランド人として初めて世界一周に成功したことで知られるフランシス・**ドレーク**（一五四五頃〜九六年）は、私掠船でスペイン船への襲撃を繰り返し、大きな打撃を与えた。そして一五八八年にエフィンガム卿チャールズ・ハワード率いるイングランド艦隊が、メディナ＝シドニア公アロンソ・ペレス・デ・グスマン率いるスペイン艦隊（いわゆる無敵艦隊）を破った際には、イングランド艦隊の副司令官として戦功を挙げている。彼の名前は、南アメリカ大陸のホーン岬と南極大陸との間のドレーク海峡に残っている。

　また、**オランダ独立戦争**（一五六八〜一六四八年）では、免許状を与えられたオランダの地方貴族らが「ゼー・ゴイゼン（海の乞食）」を自称し、スペイン船への襲撃を繰り返している。

　しかし、一八五六年には私掠船の廃止などを取り決めた国際条約である「パリ宣言」が調印され、私掠船は廃れていく（ただしアメリカは反対し、のちの南北戦争では南軍の私掠船が活躍することになる）。

　もっとも、その後の二十世紀の戦争においても、通商破壊戦のおもな手段が、かつての私掠船から海軍艦艇籍の巡洋艦や潜水艦あるいは民間船舶を徴用した仮装巡洋艦などに変わっただけで、通商破壊戦そのものは活発に繰り広げられることになる。

　そして現代や近い将来においても、非正規戦における海賊まがいの行為まで含めれば、海上通商に依存する国家がある限り、通商破壊戦が完全に効果を失うことはないだろう（非正規戦とは、国家の正規軍による正規戦と対置されるもので、非正規部隊によるゲリラ戦などがこれにあたる）。

制海権を目指す艦隊戦

　こうした私掠船による通商破壊戦とその阻止というもっぱら個艦同士の戦闘に加えて、第3章でも触れた**「レパントの海戦」**（一五七一年）が生起した十六世紀頃から、広い海域の制海権の確保を目指して多数の軍艦による「艦隊戦」がしばしば行われるようになった。前述した十七世紀後半の英蘭戦争でも、イングランド海軍は、当初はオランダの商船を狙っていたが、護衛のオランダ艦隊とたびたび戦闘になり、やがて最初からオランダ艦隊の撃破を狙うようになった。のちの「艦隊決戦」と呼ばれる概念の萌芽といえよう。

その英蘭戦争では、ロバート・ブレイク（一五九九～一六五七年）やアルベマール公ジョージ・**マンク**（一六〇八～七〇年）といった提督が率いるイングランド艦隊と、マールテン・トロンプ（一五九七～一六五三年）や息子のコルネリス・**トロンプ**（一六二九～九一年）、ミヒイル・**デ・ロイテル**（一六〇七～七六年）といった提督が率いるオランダ艦隊との間で、いくつもの艦隊戦が繰り広げられている。

多数の艦艇が参加する艦隊戦では、個艦の操船や射撃の術力だけでなく、艦隊単位での運動能力やそれを左右する艦隊の陣形が重要になってくる。

このうちの艦隊陣形については、軍艦の構造の変化にともなって、ガレー船の時代から大きく変化していった。具体的に言うと、イングランドを中心に発達した帆走のみの軍艦では、帆装にスペースを取られる上甲板に火砲をあまり搭載できず、かといって船首尾楼（軍艦の船首や船尾に設けられる高い檣楼のこと）に大口径の火砲を搭載すると船体の重心が上がって不安定になるので、大部分の火砲を上甲板より下を含む舷側に並べて搭載した。したがって、大きな火力を発揮できるのは、船体の横方向に限定されることになる。

そのため、帆走軍艦で構成される艦隊の陣形は、ガレー船時代の「横陣」（「弓形陣」ないし

「三日月陣」を含む）に代わって、横方向に火力を発揮しやすい「縦陣」がよく用いられるようになった。事実、第一次英蘭戦争中に生起した六回の主要な海戦はすべて、両陣営の艦隊が一本棒の「単縦陣」で並航して撃ち合う「同航戦」となっている（ちなみに敵味方の艦隊がすれ違う場合は「反航戦」と呼ぶ）。

ただし、多数の火砲を搭載する帆走軍艦の時代になっても、ガレー船の時代から続く敵艦への接舷切り込み戦が盛んに行われている。もっとも、ガレー船の船首に取り付けられていた衝角は、帆走軍艦が主流になるとともに廃れてしまった。

艦隊運動に関しては、帆走軍艦では風下側よりも風上側の方がより自由な運動が可能であり、戦闘の主導権を握ることができるので、敵艦隊の風上の位置を占めることが重要であった。前述のオランダ海軍のトロンプ親子やデ・ロイテルは、艦隊戦における兵術の揺籃期に組織的な艦隊行動を案出して活用した先駆者、と評されている。また、イギリス海軍の海将（ジェネラル・アット・シー）であるブレイクやマンクらは、第一次英蘭戦争中の一六五三年に艦隊運動を示す二一種の信号を定めた『戦闘教令』に署名して布告。イギリス海軍では、これに部分的な改訂を加えつつ長年にわたって重視した。その艦隊陣形の基本は、旗艦を先頭とする「単縦陣」であり、旗艦の運動に後続の各艦が従うものであった。

ナポレオン戦争中の**「トラファルガーの海戦」**（一八〇五年）では、戦傷で片腕と片眼を失った歴戦の提督ホレイショ・**ネルソン**（一七五八〜一八〇五年）率いるイギリス艦隊が、有利な風上の位置を占めて二列の縦陣を形成。フランスとスペインの混成艦隊の縦陣が三〜五列に乱れてしまった側面に突っ込んで戦列を三つに分断し、大きな勝利を得ている。これが有名な「ネルソン・タッチ」だ。ただし、ネルソン自身は敵艦との接舷戦闘中に狙撃されて戦死している。

大艦巨砲主義と艦隊決戦主義

十八世紀後半の産業革命の時代には蒸気機関が実用化され、十八世紀末頃から船舶の推進にも利用されるようになった。とはいえ、初期の蒸気船は一回の燃料（石炭）補給で一〇〇浬（一浬は一八五二メートル）くらいしか汽走できず、風さえあればどこまでも進める帆走に比べると航続距離が短かった。そのため、十九世紀末頃までは、蒸気船でも燃料を節約するために戦闘時や出入港時以外は帆走を併用している。

蒸気船を軍艦として見ると、戦闘時に風向きと関係なく運動できるのは有利だが、初期の蒸気船で用いられた水車型の外輪推進機は敵弾に脆弱であり、舷側に備えられた巨大な外輪は火砲の搭載の邪魔になっていた。しかし、これは一八四〇年代にスクリュー推進機が登場して解決される。

一八五九年にフランスが木造船体に甲鉄を張った初の装甲艦『グロアール』を進水させると、これに対抗して翌年にイギリスが鉄製船殻に甲鉄を張った装甲フリゲイト『ウォリアー』を進水させた（フリゲイトとは、軍艦の艦種の一つで、当時は主力である戦列艦よりも小型で軽武装だが高速で、戦闘に加えて護衛や哨戒などの任務に使われた）。その後、主要各国で装甲艦が建造されるようになり、強靭な鋼鉄（スチール）が登場して鋼製船の時代が到来した。

艦載火砲も、陸上火砲と同様に前装式の青銅製滑腔砲から後装式の鋼鉄製施条砲となって威力が増大し（ちなみに前述の『グロアール』は第5章で述べた木造船に威力を発揮するペクサン砲を搭載）、以後延々と装甲の防御力と火砲の貫徹力のイタチごっこが続けられていくことになる。

さらに伝熱部が水管になっている水管ボイラーが登場するなど蒸気機関の発達にともなって帆装の役割は小さくなり、やがて全廃される。また、推進器が巨大な外輪から水線下のスクリューになり、帆装のためのスペースも縮小されて火砲の配置が自由になると、上甲板に旋回砲塔が搭載されるようになった。

アメリカ**南北戦争**（一八六一～六五年）中の**「ハンプトン・ローズ海戦」**（一八六二年）は、南軍の装甲艦『ヴァージニア』（合衆国海軍のフリゲイト『メリマック』を改修）と、北軍の低乾舷砲塔艦『モニター』による、史上初の装甲艦同士の海戦となった。このうち『モニター』は一一インチ（二七九ミリ）砲二門を収めた旋回砲塔を一基搭載していた。もっとも、両艦とも敵艦の火力に対して自艦の防御力が勝っていたため、およそ四時間半にわたって激しく射ち合ったものの、両艦とも戦死者ゼロの痛み分けに終わっている。

その一方で、蒸気機関の発達により艦艇の運動の自由度が上がったこともあって、体当たり用の衝角が復権した。そして南北戦争が終結した翌年に始まった**普墺戦争**（一八六六年）では、イタリアも参戦してオーストリアと交戦（**第三次イタリア独立戦争**とも呼ばれる）。同年の**「リッサ海戦」**では、数段の「凸梯陣」に近い陣形を組んだオーストリア艦隊が、「単縦陣」のイタリア艦隊の左側面に突入し、オーストリア艦隊の旗艦である装甲艦『エルツヘルツォーク・フェルディナント・マックス』が、イタリア艦隊の装甲艦『レ・ディタリア』に衝角攻撃をかけて撃沈した。この戦例の影響で衝角や艦首方向の砲力を重視した軍艦が現れ、廃れていた「横陣」や「梯陣」が見直されることになる。

日清戦争（一八九四〜九五年）中の**「黄海海戦」**（一八九四年）では、日本海軍が清国海軍と激突。日本海軍の連合艦隊は、船体の大きさに不釣合いな巨砲を搭載する『松島』型海防艦三隻（いわゆる三景艦）を主力とする主隊と、軽防御の防護巡洋艦（コラム1参照）を主力とする第一遊撃隊が、それぞれ「単縦陣」を組んだ。これに対して清国艦隊の北洋水師（北洋艦隊の意）は、主力であるドイツ製の巨大な装甲艦『定遠』『鎮遠』の火力発揮に有利で、衝角攻撃にも適した「単梯陣」を組んだ（**図13参照**）。

この海戦では、主隊の「三景艦」の巨砲は一発も命中しなかったとされているものの、とくに巡洋艦『吉野』以下の第一遊撃隊が快速を生かして北洋水師の周囲を走り回り、中口径速射砲の連射を浴びせた。そして連合艦隊は味方に一隻の沈没艦も出さず、『定遠』『鎮遠』を撃沈こそできなかったものの非装甲部に大損害を与え、他の装甲艦や巡洋艦を沈没させるなどして勝利を得たのである。ただし、重装甲の『定遠』級二隻に対しては、中口径の速射砲では装甲部（シタデルと呼ぶ）に致命傷を与えることができず、この点に関しては大型装甲艦の高い防御力が実証された。

次いで、**日露戦争**（一九〇四〜〇五年）中の**「日本海海戦」**（一九〇五年）では、**東郷平八郎**（一八四八〜一九三四年）提督率いる日本海軍の連合艦隊が、欧州からはるばる回航されてきたロシア海軍の第2および第3太平洋艦隊（いわゆるバルチック艦隊）を邀撃。日本艦隊はロシア艦隊を壊滅させて、世界史上でも稀なほどのほとんど完璧な勝利を得た。この海戦では、とくにイギリス製の日本戦艦に搭載されていた主砲が大きな威力を発揮し、昼戦でロシア海軍の戦艦四隻を撃沈するなど、大型艦に巨砲を搭載する「大艦巨砲主義」の正当性や、大規模な艦隊同士で戦争のゆくえを決定づける「決戦」を求める「艦隊決戦主義」のイメージを世界中に強く印象づけた。

ところが、のちの**第一次世界大戦**（一九一四〜一八年）中の**「ユトランド沖海戦」**（一九一六年）は、イギリス海軍とドイツ海軍による同大戦でもっとも規模の大きい海戦となったが、戦争全体のゆくえを決定づける「決戦」とはならず、その後も戦争がずるずると続くことになる。

魚雷と駆逐艦、潜水艦

ところで、日露戦争直後の一九〇六年、イギリスは前年度に計画した単一口径の主砲を多数

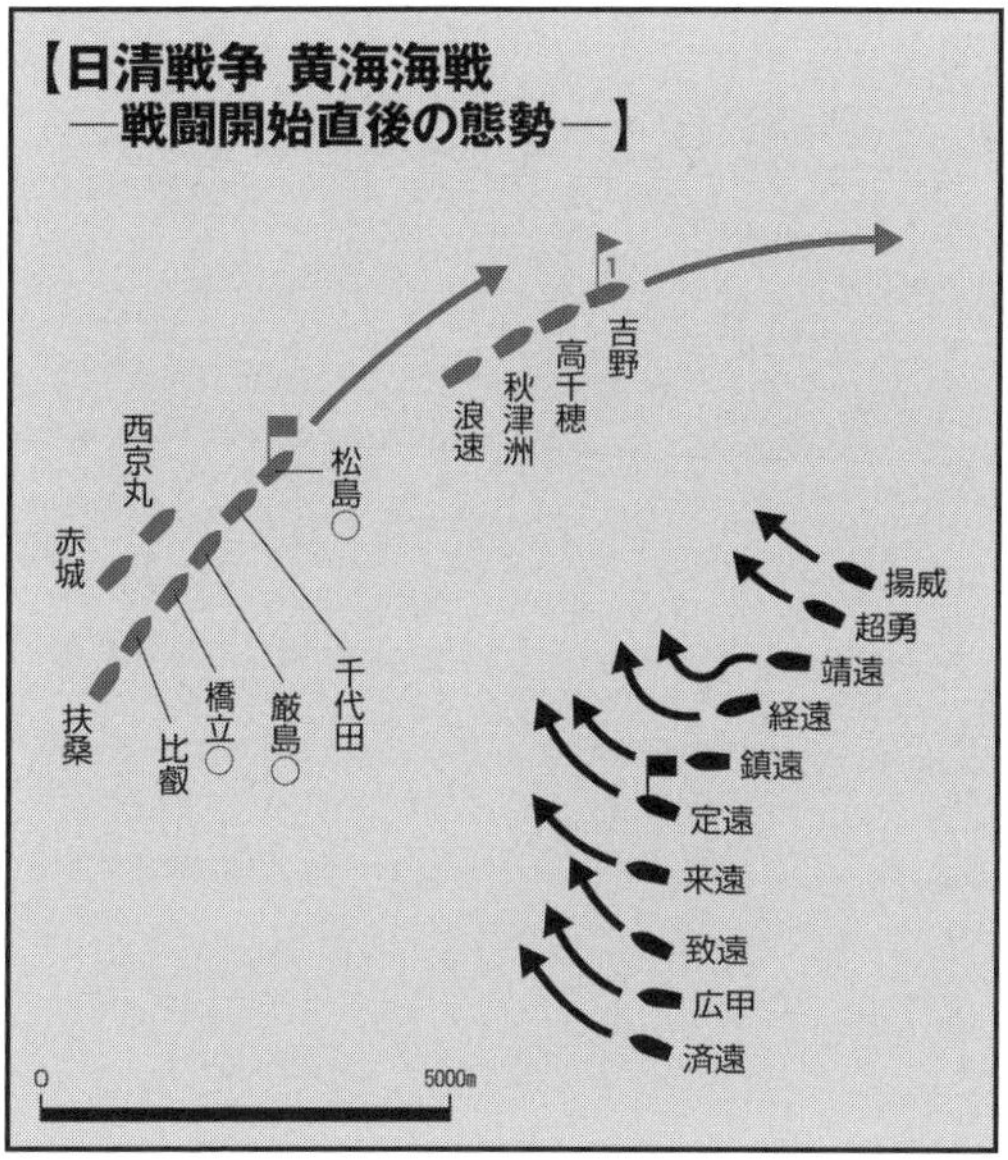

清国海軍は砲力の発揮と衝角戦を考えて単梯陣を組み、一方、日本海軍は速度の優越と艦隊運動を行いやすい単縦陣を組んだ。

●日本海軍（連合艦隊）
艦船
主隊旗艦
第一遊撃部隊旗艦
○印は三景艦

●清国海軍（北洋水師）
艦船
旗艦

図 13

（一二インチ＝三〇・五センチ連装砲五基一〇門）搭載する画期的な戦艦『ドレッドノート』を完成させて、他国の戦艦を（建造中のものも含めて）一挙に時代遅れにしてしまった。そして主要各国も後を追って同種の戦艦の建造に力を注いだため、いわゆる「ド級艦」の時代が到来した。

その一方で、一八六〇年代には自走する魚型水雷（魚雷のこと）が登場。これを小型艦に搭載することで、大型艦の水線下を攻撃して浸水させ撃沈できる可能性が見え始めた。イギリスに比べると海軍が劣弱なロシアやフランスなどは、魚雷を搭載する小型の水雷艇に大きな期待をかけたが、現実には荒天に弱いうえに大型艦搭載の小口径速射砲で阻止可能であり、期待されたほどの威力は発揮できなかった。それでも日清戦争では、日本海軍の水雷艇が清国海軍の根拠地である威海衛を襲撃して相当の戦果を挙げている。

その日清戦争の頃に、イギリスは水雷艇（トピードーボート）を駆逐するための水雷艇駆逐艦（トピードーボート・デストロイヤ）を建造。これが水雷艇に取って代わって水雷兵力の主力となり、やがて単に駆逐艦（デストロイヤー）と呼ばれるようになって海軍に欠かせない艦種となる。

さらに第一次世界大戦や第二次世界大戦では、魚雷を搭載する潜水艦が通商破壊戦等で大きな活躍を見せることになる（ただし非武装の商船に対しては、状況が許せば高価な魚雷を使わずに浮上して砲撃することも少なくなかった）。

【コラム1】装甲巡洋艦と防護巡洋艦

装甲巡洋艦とは、舷側部に装甲帯を持つ巡洋艦である。一方、防護巡洋艦とは、舷側部に装甲帯を持たないが、喫水線の直上（両舷側部や前後端部は喫水線下に下がっている）に設けられた防護甲板に薄い装甲を備えており、舷側部に配置された石炭庫内の石炭を小口径弾に対する防御の助けとする。アームストロング砲（第5章参照）を開発したことで知られるイギリスの発明家で、有力な造船実業家となったウィリアム・アームストロングは「大型装甲艦1隻の建造費で水平防御方式の防護巡洋艦3隻を建造できる」と言っていたことが伝えられている。低コストながら一定の防御力を持つ巡洋艦の一種だ（挿画参照）。

日清戦争では、この防護巡洋艦が連合艦隊の実質的な主力となった。

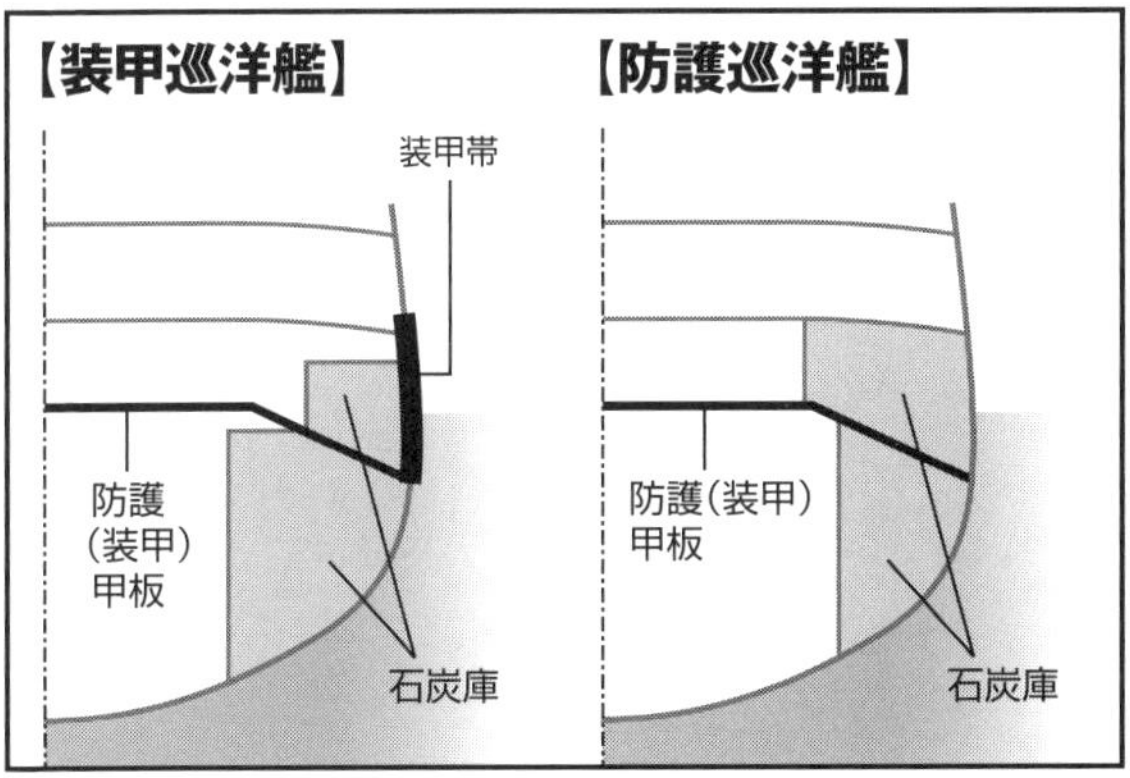

マハンのシーパワー論

ここで、海洋での用兵思想に関するもっとも著名な思想家であるマハンとコーベットについて見ておこう。

アメリカ海軍出身のアルフレッド・セイヤー・**マハン**（一八四〇～一九一四年）は「シーパワー」という概念を提唱し（マハン自身がこの言葉を「注目を引くため」に考え出したと書いている）、著書である**『海上権力史論』**の中で「歴史の経過と国家の反映に、シーパワーがどのような影響を与えたか[1]」を考察した。

実のところ、マハンは「シーパワー」という概念を明確に定義していないのだが、その著作の中では、一つは海軍力の優勢によって達成される海洋の支配という意味、もう一つは海軍力だけでなく海外の領土や市場との平和的な海上通商なども含む広い意味で用いている。これを見ると、マハンは「軍事戦略」（ミリタリー・ストラテジー。純軍事的な戦略）の枠を超える「政戦略」（グランド・ストラテジー。軍事のみならず政治面を含むもの。大戦略とも訳される）レベルの思想を持っていたことがわかる。また、同じくアメリカ海軍出身の用兵思想家であるジョセフ・C・**ワイリー**（一九一一～九三年）は、著作の中で「そもそもマハンが有名になったのは、海軍戦略が国家政策の基礎となる役割を持っていることを発見したからであり、これは彼を有名にするだけの理由としては極めて妥当なものである」[2]と記している。

具体的には、マハンは『海上権力史論』や『仏国革命時代海上権力史論』の中で、おもに一六六〇年から一八一二年までのイギリス（イングランド）の海軍史を述べており、スペイン、オランダ、デンマーク、フランス海軍との海戦と、それに関連する政治的あるいは経済的な事柄を中心に記述している。その中でも、とくに、イギリスとフランスの海洋の覇権争いに決着をつけたのは卓越した海軍力による「制海権」の有無であり、イギリスを大いに賞賛したうえで、アメリカはこれを手本にすべき、と提言した。

これについて、後世の歴史家は「あまりにも大胆に省略し単純化し過ぎている」「十七世紀や十八世紀にはイギリスのフランスに対する勝利について、シーパワーは必要条件、たぶん最も重要な必要条件であったであろう。しかし、それは必要条件ではあったが十分条件ではなかったのである」などと批判している。

シーパワーという概念を提唱したアルフレッド・マハン

また、マハンは「すべての海軍作戦の目的たる唯一の特別な成果は、敵の組織的兵力を破壊することにより自国の制海権を確立することである」とし、「もし、達成可能ならば、敵艦隊を他のすべてに勝る最高の目標とすることが海軍作戦の健全な原則である。なぜなら、敵の海軍を撃破し制海権を得ることが、海軍作戦の決定的考慮事項であるから」と主張した。加えて「通商破壊戦争だけで、敵を打破するのに十分な基本的措置と考えるのは、たぶんに幻想、もっとも危険な妄想である」とも述べている。これらの主張を一言で言えば「艦隊決戦主義」となろう。

マハンの著作は、まずイギリスで評判となり、**米西戦争**（一八九八年）時にはアメリカで大統領や海軍長官に戦略的な助言を与える海軍戦争協議委員に任命された。だが、セオドア・**ルーズヴェルト**大統領（在職一九〇一～〇九年）が打ち出した巨砲を搭載する大型戦艦の建造政策に反対し、のちに提督となるウィリアム・シムス少佐との論争に敗れるなど、第一次世界大戦前には、艦艇技術の発展についていけず時代遅れになった、と思う者も少なくなかった。

しかし、その一方で、ドイツ皇帝の**ヴィルヘルム二世**（在位一八八八～一九一八年）は『海上権力史論』の愛読者であり、在位初年にドイツで初めて敵艦隊との戦闘を前提とした航洋型装甲艦である『ブランデンブルク』級の設計が始められたのは皇帝の意向を反映したもの、といわれている。つまり、マハンの思想は、第一次世界大戦前にドイツとイギリスとの間で繰り広げられた激烈な建艦競争の遠因の一つ、ともいえるのだ（ただしドイツ海軍はそれ以前から通商保護の範囲を世界各地に広げようと考えていた）[3]。

また、マハン自身の回想によると「他のいかなる言語よりも日本語により多く翻訳された」という。とくに日本海軍はマハンに大きな影響を受けていたことがよく知られている。その日本海軍の「艦隊決戦主義」については、すでに語り尽くされた感があり、ここで改めて繰り返すまでもないだろう。

これらを見ると、マハンの思想は、とくに第一次世界大戦以降はアメリカよりも、むしろドイツや日本でより大きな影響を与えたといえる（もっともマハンのとくに後年の著作を見ると、艦隊決戦一本槍とは言い切れない部分もあるのだが）。

ちなみに、マハンの父はアメリカ陸軍士官学校の教官を務めており、ジョミニの用兵思想の普及に努めている。しかし、マハンは陸軍士官学校ではなく海軍兵学校に進学し、一八八五年にはスループ（当時はフリゲイトよりやや小型の艦）の艦長となり、のちに海軍大学校の校長を二度務めている。

コーベットの統合運用思想

イギリス生まれで弁護士から小説家を経て海戦史の研究を始めたジュリアン・コーベット（一八五四〜一九二二年）は、一九一一年に彼の思想を盛り込んだ『海洋戦略の諸原則』を出版し、第一次世界大戦中はイギリス海軍の嘱託となった。マハンとちがって民間出身の軍事思想家である。

コーベットは、海戦の第一の目的は「コマンド・オブ・ザ・シー」（海上管制などと訳される）、すなわち海洋におけるコミュニケーション網の確保にある、とした。そして、これが敵艦隊に脅かされた時に初めて敵艦隊の撃破が必要となり、また敵のコミュニケーション網に脅威を与える通商破壊や通商阻止により経済的に締め上げることで、敵の屈服を目指すとともに敵艦隊に戦闘を強いることもできる、と考えた。言い換えると、艦隊決戦はあくまでも「手段」に過ぎず、決戦そのものが「目的」ではないのだ。加えて、制海権の確保のみを強調する戦略は誤解をもたらすと指摘し、七年戦争時のフランス艦隊が決戦を避けて戦力を温存した「艦隊現存主義」（英語でフリート・イン・ビーイング）を高く評価した（七年戦争ではマリア・テレジアによる「外交革命」によってフランスはオーストリア側に、イギリスはプロイセン側についている）。ちなみにマハンは、これを消極退嬰的と批判している。

また、コーベットは、スペインの無敵艦隊がイングランド艦隊に撃破された後もスペインとの戦争が一五年も続いたこと、「トラファルガーの海戦」でイギリス艦隊が勝利を収めてから「ワーテルローの戦い」（一八一五年）でナポレオンが倒されるまで一〇年を要したことを指摘。海軍だけで敵を圧迫しても緩慢過ぎて決定的なものにはならず、決定的な勝利は陸軍の行動によってもたらされる、と主張した。コーベットによると、重要なのは、海軍の海上管制によって味方の陸軍部隊を海から（フロム・ザ・シー）こちらの望む場所に上陸させるとともに、敵の陸軍部隊の上陸を拒否することなのだ。つまり、陸海一体の用兵である。現代で言えば、より密接な陸海軍の「統合運用」になろう。

ちなみに我が国の自衛隊でも、近年は統合運用が非常に重視されるようになった。かつての日本海軍ではマハンの影響が強かったのに対して、現在の自衛隊が目指している方向はコーベットの思想に近い。また、アメリカ海軍も東西冷戦後に「フロム・ザ・シー」と名付けた戦略を打ち出しており、コーベットの思想が現代の海軍戦略にも影響を与えていることがわかる。

さらにコーベットは、海洋国家における「海軍戦略」は、陸軍戦略と全然別個のものではなく、陸軍戦略と一体になったよりマクロな「海洋戦略」の一部に過ぎない、と指摘した。これに関して前出のワイリーは、海洋戦略の二大要素として「海でのコントロールの確立」と「陸でのコントロールの確立のために、海でのコントロールを利用する」ことを挙げて、非常にスッキリと整理している。制海権の確保とは「海でのコントロールの確立」であり、敵国の港を封鎖して経済的に締め上げたり、こちらの望む場所に陸上部隊を上陸させたりするのは「陸でのコントロールの確立のために、海でのコントロールを利用する」ことなのだ。

こうしたコーベットの用兵思想は、イギリス海軍の歴史を研究する中で体系化されたものであり、その意味では過去にイギリスが実行してきた暗黙の戦略思想を言語化したものともいえる。大英帝国が没落しつつあった時、イギリス人は大英帝国を賞賛するマハンの著作に歓喜したが、その大英帝国の戦略のエッセンスは実はコーベットの著作にまとめられていたのだ。

その後、コーベットの陸海一体の用兵思想は、アメリカ海兵隊のアール・ハンコック・**エリス**（一八八〇～一九二三年）によってさらに発展。そして第二次世界大戦においてアメリカ軍は、日本軍を相手に、航空兵力を加えた水陸両用作戦によって西太平洋上を沖縄や硫黄島まで渡洋進攻していくことになる。アメリカ軍は、まさにワイリーが言うように「陸でのコントロールの確立のために、海でのコントロールを利用する」ことになるのだ。

マカロフの海軍戦術論

ここで、アメリカやイギリスのような一級の海洋国家ではない、ロシアやフランスの海洋用兵思想家にも触れておこう。

ロシア海軍のスチパーン・オースィパヴィチュ・**マカロフ**（一八四八～一九〇四年）は、我が国では日露戦争中に旅順港外で日本海軍の敷設した機械水雷（機雷のこと）に乗艦が触れて爆沈し壮烈な戦死を遂げた悲運の名将として知られている。その一方で、マカロフは海洋学者でもあり、『海軍戦術論』を著した用兵思想家としても知られている。

マカロフは、海軍戦術の原則として、大勢力で敵艦隊の一部を攻撃することや、敵の弱点を攻撃することなどを挙げている。これに関しては、戦争には「不変の原則」があり「できるかぎり大きな戦力を結合された力として重大なポイントに向けて作戦する」ことを考えていたジョミニに近い。その一方でマカロフは、海戦における「精神的な要素」を陸戦以上に重要としており、この点に関してはクラウゼヴィッツ的でもある。

より具体的なレベルでは、マカロフは、制海権を得た艦隊でも、敗残の小敵により夜間に水雷襲撃を受けて一艦また一艦と撃沈される恐れがある、と指摘。敵艦隊を撃破して制海権を得ることを主目的とするマハンの主張は帆船時代の原則であり、機械や電気の時代にそれを適用してすべてを正しいとするのは軽率である、と批判した。そして、水雷戦は神出鬼没のゲリラ戦に似ており、ロシア人の伝統的な気質に合っているので、我が国は水雷戦術の発達を図らなければならない、と主張したのである。

この頃の水雷艦艇や魚雷はまだまだ非力なものだったが、第一次世界大戦では潜水艦が活躍し、さらに第二次世界大戦末期には初歩的な対艦誘導弾が登場。そして冷戦時代の西側陣営の軍事関係者の中には、原子力潜水艦を増勢して（航空機に搭載されるものも含めて）長射程の対艦ミサイルの充実を進めるソ連海軍の軍備方針に、マカロフの用兵思想の影響を見る者が少なくなかった。ちなみに、太平洋戦争前に日本海軍が考えていた、水雷戦隊等で敵の主力艦を漸減してから主力艦同士の決戦を挑むという「漸減邀撃作戦」は、マハン的な「艦隊決戦」を基本としながらも、マカロフの用兵思想を組み合わせたもののようにも思える。

ジューヌ・エコールとダリユ

一方、十九世紀後半のフランス海軍では、戦艦等の主力艦による艦隊決戦は避けて、自国を海上封鎖しようとする敵艦艇は小型の水雷艇（のちに潜水艦）で攻撃して封鎖を阻止するとともに、敵の海上交通路に対しては軽武装だが高速かつ大航続力の巡洋艦で通商破壊戦を展開して勝利を目指す、といった用兵思想を持つ「ジューヌ・エコール」（発音は「ジュネコール」に近い。新生学派あるいは青年学派などと訳される）と呼ばれる一派が力を持った。これに対して、マハンの影響を受けたフランス海軍の若手士官らは艦隊決戦用の戦艦や軽快な偵察巡洋艦を求めており、またベテラン提督の間では植民地警備用の巡洋艦を求める声が強かった。要するにフランス海軍の内部では戦略思想やそれに基づく軍備構想が分裂していたのである。

そして普仏戦争（一八七〇〜七一年）中に第二帝政の崩壊を受けて成立した第三共和制下では、高価な主力艦の建造を求めない「ジューヌ・エコール」の思想が歓迎された。ところが、イギリスが画期的な戦艦『ドレッドノート』を完成させて「大艦巨砲主義」が世界的に隆盛を極めると、フランスもこれに追随し、ドイツと同数のド級戦艦の建造を目指すことになった。これに対して「ジューヌ・エコール」一派は強く反発し、マハンの影響を受けた一派と激しく対立したのである。

フランス海軍の大物提督であるガブリエル・**ダリユ**（一八五九〜一九三一年）は、こうした海軍部内の混乱を収拾して今後の指針を示すため、一九〇七年に『海戦史論——その戦略と戦術』を著した。

この本の目的は「それなくしては勝利が望みえない基本原則を提示することにある」[4]とされており、最初に「集中の原則」を挙げている。これを見てもわかるように、ダリユの用兵思想はジ

【コラム2】海洋用兵思想家のおもな著作

- マハン：『海上権力史論』、『仏国革命時代海上権力史論』、『海軍戦略』
- コーベット：『海洋戦略の諸原則』、『ドレークとチューダー朝の海軍』、『ドレークの後継者』、『七年戦争におけるイギリス――合同戦略』、『トラファルガーの戦役』
- マカロフ：『海軍戦術論』
- ダリユ：『海戦史論――その戦略と戦術』、『潜水艦に関する研究』、『必要な海軍力』

ヨミニに近い。そしてダリユは、「目標の原則」として「将帥は敵の戦闘力を第一の目標として
それを見つけしだい、その破壊に努めなければならない」と主張しており、敵艦隊の撃滅を最優
先とする考え方を持っていた。また「制海権の確保のためには、水雷艇や潜水艦のみでは不十分
であり、主力艦の艦隊が必要である」と主張した。したがってダリユの用兵思想は「ジューヌ・
エコール」よりもマハンに近い。

もっとも、その後のフランス海軍の用兵思想がマハン的な考え方に統一されたわけではなく、
用兵思想の反映である海軍軍備は、他の多くの国の海軍軍備と異なるものになっている。例えば、
巡洋艦の建造は通商破壊用や植民地警備用が中心で、艦隊用中型巡洋艦の建造は一八九九年から
第一次世界大戦後まで途絶えている。また、もともとフランスで通商破壊艦に防御力を与えるた
めに開発された装甲巡洋艦（コラム1参照）を、他国のように戦艦の補助戦力として用いること
は考えず、通商破壊に重点を置いて軽兵装の設計を貫き通している。このようなフランスの海軍
軍備の背景には、その時々にどの派閥が力を持ったかで大きく揺れ動くフランス海軍の用兵思想
があったのだ。

私掠から艦隊決戦、両用作戦へ

では、この章で述べてきた海洋用兵思想の発展とおもな用兵思想家をまとめてみよう。

十五世紀からの大航海時代にスペインやポルトガルなど世界的な海洋国家が登場。十七世紀半ばからオランダとイングランドが海洋の覇権を争い、次いでフランスがイングランドに挑んだ。そして十九世紀初めの「トラファルガーの海戦」でイギリス艦隊が勝利し、およそ一世紀にわたる「パクス・ブリタニカ（イギリスの平和）」の時代が訪れた。

1906年にイギリスは画期的な戦艦『ドレッドノート』を完成させた（I.W.M.）

これらの戦争では私掠船による通商破壊戦が繰り広げられたが、十九世紀半ばに私掠船の廃止などを取り決めた『パリ宣言』が調印されて私掠船は廃れていく。ただし、その後の戦争でも、私掠船が海軍籍の艦船に変わっただけで、同様の通商破壊戦が繰り広げられることになる。

十八世紀末頃から船舶の推進に蒸気機関が用いられるようになり、十九世紀後半には装甲艦が登場。二十世紀初頭の「日本海海戦」では大型艦搭載の巨砲が威力を発揮し、「大艦巨砲主義」と「艦隊決戦主義」の正当性を世界中に強く印象づけた。それから程なくしてイギリスが

大海戦となった「ユトランド沖海戦」だったが決戦とはならなかった。写真は被弾炎上するイギリス旗艦ライオン（I.W.M.）

画期的な戦艦『ドレッドノート』を建造し、続いて主要各国が同種の戦艦を多数建造して「ド級艦」の時代が到来した。

しかし、第一次世界大戦中の「ユトランド沖海戦」は、ド級艦を主力とする大規模な艦隊戦となったが、戦争全体の帰趨を決定づける「決戦」にはならず、その後もずるずると戦争が続くことになる。

一方で、十九世紀後半には魚雷が実用化され、これを搭載する小型で軽快な水雷艇や駆逐艦が登場。さらに魚雷を搭載する潜水艦も登場し、第一次世界大戦や第二次世界大戦では通商破壊戦などに活躍することになる。

用兵思想家では、アメリカのマハンが「シーパワー」という概念を提唱。いわゆる「艦隊決戦主義」がドイツや日本に大きな影響を与えた。これに対してイギリス生まれのコーベットは、海洋国家における海軍戦略は、陸軍戦略と一体になったよりマクロな海洋戦略の一部に過ぎない、と指摘。この陸海一体の用兵思想は、アメリカ海兵隊のエリスによってさらに発展。第二次世界大戦では、アメリカ軍が日本軍を相手に、航空兵力を加えた水陸両用作戦によって西太平洋上を渡洋進攻していくことになる。

注

▼1　『現代戦略思想の系譜』より引用。後述のワイリーからの引用を除き、この項の引用文同じ。

▼2　J・C・ワイリー『戦略論の原点』（芙蓉書房出版、二〇一〇年）より引用。

▼3　三宅正樹、石津朋之、新谷卓、中島浩貴編著『ドイツ史と戦争』（彩流社、二〇一一年）の第八章などを参照のこと。

▼4　『戦略思想家辞典』収録の三浦一郎執筆「ダリユ」より引用。この項の引用文同じ。

第７章　国家総力戦の現出

西部戦線の塹壕で泥のように眠るイギリス軍のスコットランド兵

ドイツと二正面戦争

この章では、おもに第一次世界大戦における「作戦次元」以上の地上戦に関する用兵思想の変遷について見ていこう。

話は少し前から始まる。プロイセン軍の参謀総長である**モルトケ**（大モルトケ）は、プロイセンを中心としてドイツが統一される以前から、ヨーロッパ中央部に対する東方のスラブと西方のラテンの提携を予期しなければならない、と考えていた。そして、一八七一年にドイツ統一が成し遂げられると、すぐに東西二正面での戦争に備えた詳細な戦争計画の作成に着手した。ドイツという国家は、その成立直後から二正面戦争に備えていたのである。

これは第5章の繰り返しになるが、モルトケは、**ドイツ統一戦争**（一八六四～七一年。第二次シュレスヴィヒ・ホルシュタイン戦争、普墺戦争、普仏戦争をまとめてこう呼ぶ）において、ナポレオンが国民軍を率いて戦った時代以前の常備軍による「官房戦争（キャビネット・ウォー）」をリバイバルしたといえる。具体的な手法としては、鉄道や電信などの利用による大兵力の迅速な動員と開進、全軍共通のドクトリンの一部をなす「委任戦術」などを活用した大規模な包囲戦による短期決戦である。

しかし、ドイツ統一戦争末期の**普仏戦争**（一八七〇～七一年）では、戦争の帰趨が事実上決した後も革命化した市民の自治政権であるパリ・コミューンの抵抗が長引いたこと、その後にフランスが国境地帯の築城を強化したこと、ロシア軍が**露土戦争**（一八七七～七八年）で能力の向上を見せたことなどから、モルトケは短期決戦による迅速な戦勝はむずかしいと考えるようになった。

　こうした考え方を反映して、モルトケが作成する戦争計画は、基本的にはすべてが攻勢と防勢を組み合わせたものになった。例えば、一八七一年に作成されたフランスとロシアに対する二正面戦争の計画では、攻勢的な作戦によって東西の敵領域に進攻し、敵の動員を混乱させたのちに防御線を確保。これに対して敵が無用な攻撃を行ったらドイツ軍の防御砲火の前に大きな損害を出すように計画されていた。つまり、当初の攻勢で限定的な勝利を得たら防勢に転移し、あとは外交交渉にゆだねる、という計画だったのである。

「官房戦争」を復活させた大モルトケ

　一八八八年に参謀総長を退任したモルトケは、一八九〇年の最後の公開演説で、次に起こる欧州の「戦争は再び七年戦争、いや三十年戦争になる。人民を武装させて戦場に投入するのは野蛮である。この種の戦争は深い傷を残す。ヨーロッパに戦火をもたらす者に呪いあれ！▼1」と警告し、翌年にこの世を去った。

これも第5章の繰り返しになるが、すでに欧州各国では民族意識や自由主義運動が高揚しており、モルトケがリバイバルした「官房戦争」から、フランス革命で実現していた「国民軍」による「国民戦争」（国民国家戦争）へと再び向かいつつあったのだ。

シュリーフェン・プラン

モルトケの死の直前に参謀総長となったアルフレート・フォン・**シュリーフェン**（一八三三～一九一三年）は、二正面戦争を行って短期間で全面的な勝利を得るための計画づくりに心血を注いだ。その戦争計画は、一般に「シュリーフェン・プラン」として知られている。

有力貴族の出身であるシュリーフェンは、伯爵家出身の夫人に早くに先立たれて、軍務に打ち込んだ。シュリーフェンの性格は、参謀教育のために行われる参謀旅行中に、渓谷の美しさに感嘆の声を上げた部下に対して「障害としては無意味だ」と言っただけだった、という逸話に象徴されている。歴史学の教授になるのが夢で短編小説も書いているモルトケとは、ある意味で対照的な性格だったといえよう。

そのシュリーフェンは、二正面戦争では「ドイツ軍は戦線と戦線の間をあちらこちら、敵を押し返すために往復しなければならない。……（その間に）わが方の不利が増大し、兵力が損耗していく中で戦争が続けられていくことになる[▼2]」として、二正面での長期におよぶ消耗戦を拒否。

開戦初頭にまず一方の敵を決定的に撃破することを目指した。

具体的には、ロシア軍の動員ペースが遅いことを利用して東部戦線には最小限の兵力のみを配備し、西部戦線に主力を配備してフランス軍に対して優勢を確保。さらに西部戦線の右翼を強化し、中立国のベルギーなどを通過してフランス北部に進攻。続いてパリ西方を通過して左（南）に旋回し、フランス軍主力を大きく片翼包囲して東方の独仏国境方面に圧迫、これを殲滅する、というものだった。

戦争計画と作戦計画を一体化させたシュリーフェン

この「大規模な包囲戦による短期決戦」というシュリーフェンの基本構想は、普仏戦争におけるモルトケの基本構想と大差の無いものにも思える。だが、モルトケは、戦争における不確実性や、同じことは二度と生起しないという状況の一回性を認識したうえで「戦略とは臨機応変の体系である」と考えており、避けられない「戦場の霧」や「摩擦」に対処するため、現場指揮官の「独断専行」を認める立場であった。

これとは対照的にシュリーフェンは、動員開始から決戦までのすべての過程を計画し、各部隊を厳格に統制して事前に定められた日程表の厳守を求めた。モルトケ的な戦争観から見れば、シュリーフェンは「戦場の霧」や「摩擦」に対する配慮が明らかに欠けていたのである。付け加えると、この頃にドイツ軍の大演習を観覧した他国の武官は、ドイツ軍が命じられたことしかできない軍隊になっていることを知って驚いた、と伝えられている。つまり、モルトケ参謀総長時代の「独断専行」能力がすでに失われていたのだ。

また、クラウゼヴィッツは、戦争は複雑な現象であり絶対の原則など無い、と考えたのに対して、シュリーフェンは、敵の側背に迫る「包囲」こそが勝利を得るための「不変の原則」である、と唱えた。このようなシュリーフェンの考え方は、戦争を政治的な要因や社会的な要因から切り離して考察し、戦争には「不変の原則」があると主張したジョミニに近い。その意味では、シュリーフェンは、クラウゼヴィッツから大モルトケに至るドイツの用兵思想の本流から外れていたといえよう。

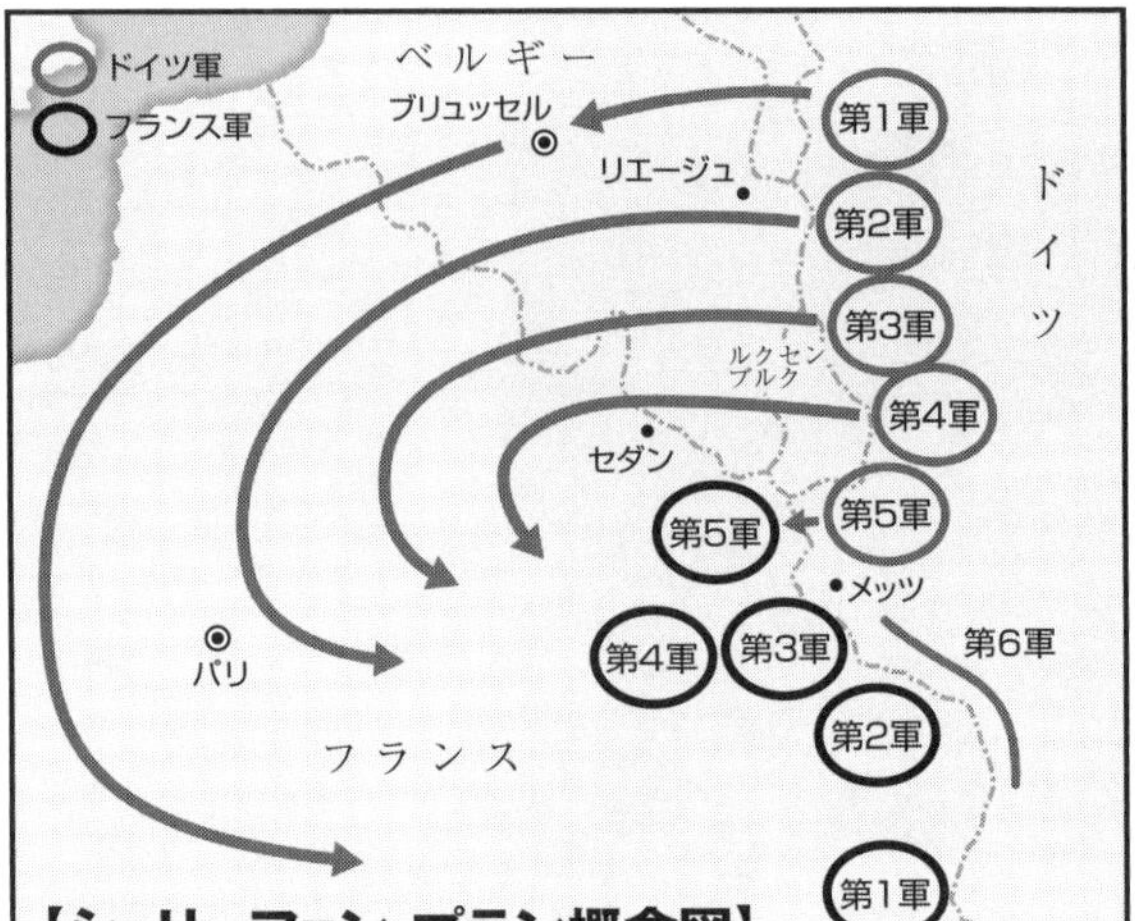

【シュリーフェン・プラン概念図】

そしてシュリーフェンは、ナポレオン戦争時代の**「アウステルリッツの戦い」**（一八〇五年）のような戦争の帰趨を決定づける「決勝会戦（決戦）」での大勝利によって、長年にわたる国際問題を一挙に解消しようとした。

だが、ナポレオン戦争時代に比べると動員兵力が増大し、戦域も広くなったこの時代に、ただ一回の会戦で戦争の帰趨を決定づけるような「決勝会戦」がありうるのか。仮にそれが実現したとしても、戦後に安定した国際関係が成立し得るのか。シュリーフェンがこれらを深く考察した形跡は見当たらない。

加えて、シュリーフェンは軍人としての職分を厳密過ぎるほどに守り、政治に口出しすることを避けた。具体例を挙げると、ドイツ皇帝ヴィルヘルム2世の世界政策に内在する軍事的なリスクに注意を促すようなことは無かったし、外務当局に対して二正面戦争を回避する外交努力を求めることもしなかった（ただし、近年の研究では、政治的な状況を十分に考慮したうえで、自らの作戦計画を立案し実施しようとしていた、という見方も出てきている[3]）。

シュリーフェン・プランを改変し実行した小モルトケ

シュリーフェンは、一九〇六年に予備役に退いたが、その後も戦史論文の発表などを通じて自分の思想を主張し続けた。そして第一次世界大戦が勃発する前年に「右翼を強化せよ」との（伝説だという説もあるが）有名な遺言を残し、この世を去る。

そのシュリーフェンの後任として一九〇六年に参謀総長となったのが、偉大な業績を残した大モルトケの甥にあたるヘルムート・ヨハン・ルートヴィヒ・フォン・**モルトケ**（一八四八～一九一六年）、いわゆる小モルトケであった（小モルトケから見ると、大モルトケは伯父にあたる）。

短期決戦の失敗

一九一四年六月二十八日の「サラエボ事件」をきっかけに、各国の動員開始と宣戦布告がまたたく間に連鎖して、ドイツ、オーストリアを中心とする同盟側と、フランス、イギリス、ロシアを中心とする協商（連合国）側との二大陣営による**第一次世界大戦**（一九一四～一八年）へと発展していった。

その背景には、これに先立つ**ドイツ統一戦争**で、プロイセン軍が鉄道ダイヤと連動した緻密な動員計画によって大兵力を迅速に動員して開進させ、大きな勝利を収めたという前例があった（詳細は第5章を参照）。この頃になると、主要各国はプロイセン軍にならって参謀本部を設置して戦争計画を立案するようになっており、「先に動員を開始した方が有利」、もっと言えば「戦争を先に始めた方が有利」という意識があったのだ。

一九一四年八月初頭、西部戦線のドイツ軍は、小モルトケがまとめた作戦計画にしたがって進撃を開始。ベルギーのリエージュ要塞を歩兵部隊で急襲したが失敗し、大口径の攻城砲を投入してようやく陥落させるとともに、フランス北部に向かって進撃していった。

対するフランス軍は、これに先立って同年二月に採用された「第17号計画」と呼ばれる作戦計画にしたがって、その南方の独仏国境方面で攻勢に出た。この計画は、普仏戦争の講和条約でドイツ領となったアルザス＝ロレーヌ（独語でエルザス＝ロートリンゲン）地方を奪回し、ドイツ中心部への進攻を目指す、というものである。

当時のフランス軍は、どんなに大きな損害を出しても攻勢を続行して勝利を目指す「徹底攻勢（Offensive à outrance）」主義を採っており、独仏国境方面で無謀な歩兵突撃を繰り返した。だが、そのたびにドイツ軍に撃退されて、最初の四日間でおよそ一四万人もの損害を出している。ちなみに日露戦争中の旅順戦における日本軍の損害はおよそ五万人なので、その三倍近い損害をわずか四日間で出したことになる。フランス軍の「徹底攻勢」主義は、機関銃や速射の利く野砲の火力によって粉砕されたのである（現代の用兵思想で言う「戦術次元」以下のミクロな用兵思想についてては次章で詳しく述べる）。

その間もドイツ軍の右翼は進撃を続けて、ベルギー西部のモンス付近でフランスに派遣されていたイギリス欧州遠征軍（British Expeditionary Force 略してＢＥＦ）と激突。練度の高いＢＥＦは善戦したが、東に隣接するフランス第５軍が無謀な攻撃に失敗して後退を開始したため、ＢＥＦもガラ空きとなる側面を放置できずに後退せざるを得なくなった。

ここでドイツ軍の最右翼に位置する第1軍は、眼前で後退しつつある英仏軍の側面に回り込もうとパリの手前で左に旋回。これにより、フランス軍の主力をパリごと大きく包囲するというドイツ軍の目論見は崩れたのである。

実は、この時点でドイツ第1軍とその左隣の第2軍の間には危険な間隙があいていたうえにそれまでの急進撃に補給部隊が追随できておらず、前線部隊では物資が不足していた。当時のドイツ軍には、（少なくとも結果的には）フランス軍の主力をパリごと包囲できるだけの十分な兵力も補給能力もなかったといえる。

対する英仏連合軍は、パリ市内のタクシーを集めて前線に増援部隊を輸送するなどして兵力を集め、九月半ばにはパリ前面のマルヌ河付近でドイツ軍の進撃を阻止した。

こうしてドイツは、フランスを短期間で打倒することに失敗したのである。

シュリーフェン・プランの改悪伝説

失敗に終わったドイツ軍の作戦計画に対して、次のような批判が加えられた。

小モルトケは、「右翼を強化せよ」というシュリーフェンの遺志に反して、本来は右翼に配備すべき兵力を中央部に配置した。そのため、ドイツ軍右翼の突進力が低下し、パリの前面まで迫りながらも「マルヌの戦い」で進撃を阻止されて短期決戦に失敗。やがてドイツは長期戦で疲弊

ヴィルヘルム２世（中央）に戦況を説明するヒンデンブルク（左）とルーデンドルフ（右）

し、屈辱的な条件で講和せざるをえなくなった。もし、小モルトケが本来の「シュリーフェン・プラン」を採用していたならば、ドイツは戦争に勝てたはず、といったものだ。

こうした主張は、のちに第二次世界大戦が始まった後も、例えばドイツ軍の長老格であるゲルト・フォン・**ルントシュテット**（一八七五〜一九五三年）元帥が、もともとのシュリーフェンの計画が「水で薄められた」ので失敗に終わってしまった、と言うほど広く信じられていた。

しかし、近年は、こうした見方に対する反論も少なくない。実例をいくつか挙げると、小モルトケによるドイツ軍の兵力配置の変更は、すでに右翼に配備されていた兵力を減らしたのではなく、新たに利用可能となった部隊で中央や左翼を強化したものであって、もともとの計画を「水で薄めた」わけではない。小モルトケは「シュリーフェン・プラン」にあったオランダ南部の通過を取りやめており、ドイツ軍右翼の負担はむしろ軽減されている。彼は、ベルギーに進攻したのちに、そのまま大規模な包囲を続行するか、フランス軍の主力が独仏国境方面のロレーヌ地方にとどまっていた場合にその側背を攻撃するか、どちらにも対応できるようにすることを考えていた。したがってドイツ軍の作戦計画は「シュリーフェン・プラン」の改悪というよりは、新しい「小モルトケ・プラン」とでも言うべきものである、といった主張だ。

いずれにしても、第二次世界大戦中の軍人の回想や、現代の用兵思想に関する書物でも、右記のルントシュテット元帥のような見方を一般的な「常識」として話を進めることがあるので、注意が必要だ。

二十世紀のカンネー

一方、東部戦線では、ドイツ軍側の予想よりも早く、八月半ばからオストプロイセン（東プロシア）でロシア軍の北西方面軍に所属する第1軍と第2軍の二個軍が進撃を開始した。

対するドイツ軍は第8軍のみで、当初はロシア軍に押されて後退したものの、ロシア軍は第1軍と第2軍をうまく連携させることができず、ドイツ第8軍を挟撃できなかった（この事例は、のちの第二次世界大戦前にソ連軍によって言語化される「作戦術」につながっていると思われる。詳しくは第11章で述べる）。

逆にドイツ軍は、第8軍の司令官をパウル・フォン・**ヒンデンブルク**（一八四七～一九三四年）に、同軍の参謀長を前述の「リエージュの戦い」で活躍したエーリヒ・**ルーデンドルフ**（一八六五～一九三七年）に交替させると、ドイツ第8軍は歩兵部隊の機動力と鉄道を活用して巧みな内戦作戦を展開。八月末から九月初めにかけて、タンネンベルク近くでロシア第2軍を包囲撃滅し、続いて西部戦線から増援部隊を得てロシア第1軍を撃退した。

これが包囲殲滅と各個撃破の典型例といわれる**「タンネンベルクの戦い」**だ。とくに包囲殲滅に関しては、**ポエニ戦争**でカルタゴの名将**ハンニバル**が優勢なローマ軍を包囲殲滅した**「カンネーの戦い」**（紀元前二一六年）の再現であるとして「二十世紀のカンネー」ともいわれている。

付け加えると、「タンネンベルクの戦い」では、ヒンデンブルクとルーデンドルフの「HLコンビ」に加えて、第8軍の作戦参謀であるカール・アドルフ・マクシミリアン・**ホフマン**（一八六九～一九二七年）も大きく貢献している。

そして、その後の東部戦線では、これから述べるように膠着した「陣地戦」となる西部戦線に比べると、機動力を生かす「運動戦」的な様相が多少残り続けることになる。

ファルケンハインの消耗戦

西部戦線では、開戦初頭の突進を阻止されたドイツ軍と反撃を始めた連合軍の双方が、敵の側面に回り込もうとして翼側を先へ先へと伸ばす「延翼競争」を続けて、ついにスイス国境から英仏海峡まで切れ目のない戦線ができあがった。するとまずドイツ軍が、次いで連合軍が塹壕を掘り始めて、開戦初頭の「運動戦」から、動きの少ない「陣地戦」へと移行していったのである。

やがて、それらの塹壕は敵の砲撃に耐えるため地中深くまで掘られるようになり、当初の塹壕線が一本の「一線陣地」や、拠点状の前進陣地と主陣地および予備陣地で構成される「数線陣地」から、数キロの縦深を持つ陣地一面に構築された散兵壕あるいは塹壕で連絡された拠点で構成される「陣地帯」へ、さらには第一陣地帯の後方に数キロの間隔をあけて構築された二〜三線の陣地帯からなる「数帯陣地」へと発展していった（陣地編成の発達についても次章で詳述する）。

もし、攻撃側が敵の第一陣地帯や第二陣地帯を突破しても、防御側は戦線後方の整備された道路網や鉄道などを利用して、戦場の荒れ地を進む攻撃部隊の進撃よりも迅速に予備隊を投入し、戦線に開いた穴を塞いだり、従来の戦線の後方に新しい戦線を張ったりすることができた。そのため、両軍とも敵戦線の大突破がほとんど不可能になり、膠着した塹壕戦が続くことになったのである。

一九一四年九月、小モルトケは参謀総長を退任し、後任にはエーリヒ・フォン・**ファルケンハイン**（一八六一〜一九二二年）が就いた。そのファルケンハインは、味方の消耗以上に敵を消耗させれば勝てる、という「消耗戦」的な発想に基づいて、フランス軍のヴェルダン要塞を攻撃目標とするが、敵戦線の突破を必ずしも第一の作戦目的としない攻勢を一九一六年二月から開始した（ただし、ファルケンハインの考えていた真の目的が最初から明示されていたわけではなく、大戦後に彼が回想録で明らかにして広く知られるようになった）。

この**「ヴェルダンの戦い」**では、フランス軍が「聖なる道」と呼ばれるヴェルダン要塞の後方連絡線を必死で維持して補給物資や増援部隊を送り込んだ。そして、後述するようにソンム方面でイギリス軍を主力とする攻勢が始まってドイツ軍がその対応に追われるようになると、フランス軍は攻勢に転移して一九一七年五月末までにドイツ軍をほぼ元の位置まで押し返した。

突破に代わる「消耗戦」を発想したファルケンハイン

結局、この戦いの損害は、フランス軍が約三七万人（うち死者行方不明者約一六万人）、ドイツ軍が約三三万人（同約一四万人）とされており、痛み分けに終わった（戦闘期間の取り方などによって異説あり）。

なお、この戦いの最中の一九一六年八月に、

砲爆撃でクレーターだらけとなったヴェルダン要塞

ファルケンハインは参謀総長を退任してヒンデンブルクが後任となり、ナンバー2である第一兵站総監（参謀次長）にルーデンドルフが任命されている。

国家間の連合作戦の実施

対する連合国は、一九一五年十二月に北フランスのシャンティイで開かれた会議で、翌一九一六年に英仏露伊の四か国軍が同時に攻勢を実施することを決めた。この「ビッグ・プッシュ」と呼ばれた大攻勢は、東部戦線でのロシア軍による一九一六年六月からの**「ブルシーロフ攻勢」**、西部戦線での英仏連合軍（主力はイギリス軍）による同年七月からの**「ソンムの戦い」**、イタリア戦線でのイタリア軍による同年八月の**「ゴリツィアの戦い」**（第六次イゾンツォ攻勢）として実現する。

次いで連合国は、同様の同時攻勢を一九一七年春に実施することを決めたが、同年三月のロシア革命の勃発により実現せずに終わった。

さらに連合国は、一九一七年十一月に各国の政府首脳（アメリカはオブザーバー）からなる最高戦争評議会を設置して月一回の会合を開催することを決定。一九一八年春にはフランス軍のフェルディナン・**フォッシュ**（一八五一～一九二九年）が連合国軍西部戦線・イタリア戦線総司令官に任命され、連合国軍は同年夏からの連続攻勢でドイツを追い込んでいく。

このように第一次世界大戦では、非常に広大な戦域にまたがって大規模かつ本格的な連合作戦が行われたのである。それまでにも欧州全域にまたがるような国家間の同盟は存在したが、右記の戦例のように、それぞれの国の軍隊による複数の大規模な攻勢作戦を、これほどの広大な戦域にまたがって協調させるような本格的な連合作戦は、これが初めてといえる。

ペタンの戦略構想

第一次世界大戦末期の連合国軍の作戦は、一九一七年五月にフランス軍の総司令官となったフィリップ・**ペタン**（一八五六～一九五一年）の戦略構想に沿ったものであった。そのペタンは、次のような理由から、敵戦線の大突破を不可能と考えていた。

攻撃側は、仮に防御側の第一陣地帯の突破に成功しても、第二陣地帯の突破は容易なことではなく、十分な準備が必要である。だが、攻撃側が第二陣地帯の攻撃準備をしている間に、防御側

「消耗戦期」の後に「決戦期」、と構想したペタン

は予備兵力を集めて第三陣地帯の防御を固めることができる。これ以降の攻撃でもこれの繰り返しになり、結局のところ攻撃側は防御側の戦線を完全に突破することは不可能である。

　したがって攻撃側は、防御側の予備兵力が消耗した時に、初めて防御側の戦線を完全に突破できる可能性が出てくる。であるならば、敵戦線の突破を目的とする攻撃を行う前に、敵兵力の消耗を目的とする攻撃を行うべきである。そして敵の予備兵力が消耗した後に、戦争の帰趨を決定付ける決勝的な攻撃を行うべきである、というのがペタンの考え方であった。

　もっと具体的に言うと、戦争を「消耗戦期」と「決戦期」の二つに分け、まず「消耗戦期」には広大な戦線の各所に連続攻撃を実施して敵の予備兵力を消耗させる。そして敵の予備兵力が消耗した後に「決戦期」に移行して戦線の一点に「決勝攻撃」を行う、というものだ。

　最高司令官のフォッシュは、実際に一九一八年八月から西部戦線で連続攻勢を開始。各地で攻勢を発起すると、予備兵力が減少したドイツ軍はそのすべてに対応しきれなくなった。一種の「飽和攻撃」である。

こうした「飽和攻撃」的な発想は、のちに第二次世界大戦で西部戦線の連合軍の最高司令官となったドワイト・アイゼンハワーによる「広正面戦略」、すなわち戦線の広い範囲でドイツ軍に圧力を加え続ける戦略構想へとつながっていく。

ちなみにペタンは、第二次世界大戦中に第三共和政最後のフランス首相となり、ドイツへの降伏後にいわゆるヴィシー政権の主席となる。

国家総力戦の現出

第一次世界大戦は、短期決戦ではなく、長期におよぶ消耗戦となった。普墺戦争は「七週間戦争」とも呼ばれ、普仏戦争は一〇か月余りで終わったが、第一次世界大戦は四年余り続くことになったのだ。

また、戦争全体の様相は、かつての軍隊だけで戦う「武力戦」から、国家のすべての力を動員して戦う「国家総力戦」（英語でトータル・ウォー）へと変化した。実例を挙げると、第一次世界大戦を調査した日本の陸軍省兵器局銃砲課長である吉田豊彦大佐が著した『軍需工業動員に関する常識的説明』によると、参戦各国の兵力は大戦末期にやや減少する傾向を示した。これは、それ以上の兵力が不要になったからではなく、動員可能な人的資源が払底したことによるという。ドイツ統一戦争の頃から急激に増え始めた動員兵力は、ついに国家の動員能力の限界にまで達し

「落葉の頃には家に帰れる」はずの第一次世界大戦は国力のすべてを振り絞る総力戦となった。軍需工場で働く女性工員

たのである。

各国の延べ動員兵力と死傷者の割合を比較すると、ロシアは約一二〇〇万人を動員し約五三一万人が死傷したので死傷率は四四パーセント、ドイツは約一三四〇万人を動員し約六四〇万人が死傷したので四八パーセントに達し、いずれの帝国でも革命の火の手があがった。また、オーストリアは約七八〇万人の動員で約二四八万人の死傷だから死傷率は三二パーセントにとどまったが、講和の直前に帝政から連邦制に移行している。なお、トルコは約二六〇万人を動員して約一〇〇万人が死傷し、死傷率三九パーセントで、講和時には帝政を維持していたが、大戦後の一九二二年にトルコ革命が勃発する。

さらにフランスは、約八六六万人を動員して約五七〇万人の死傷者を出しており、死傷率は六六パーセント（！）にのぼる。そして大戦中の一九一七年四月には、ロベール・ニヴェール（一八五七〜一九二四年）総司令官のもとで開始された「**エーヌ会戦**」の失敗とともに、フランス軍の実に六八個師団で反乱事件が発生している。しかし、民主主義体制のフランスには民衆が打倒すべき君主はいなかった。

他の参戦国についても触れておくと、イギリスは約七〇一万人を動員して約二八六万人が死傷した（カナダなど自治領を含むがインドは含まない）ので死傷率は四〇パーセントとなり、オーストリアやトルコを上回ってロシアに迫っている。

イタリアは約五九〇万人の動員で約一四二万人の死傷だから死傷率は二四パーセント、アメリカは約四三六万人の動員で約二六万人の死傷にとどまり死傷率は六パーセントに過ぎなかった。

このアメリカ以外の数字を見るとわかるように、戦争は莫大な人的損害をともなうものになった。なお、右記の数字には民間の死傷者は含まれていない（ちなみに中国沿岸のドイツ軍の青島要塞を攻略するなどした日本は、約八〇万人を動員して約二〇〇〇人が死傷し、死傷率は〇・二パーセントであった。日本軍は第一次世界大戦で大量殺戮の洗礼を受けることはなかったのである）。[4]

また、前述の吉田大佐の著作によると、各種砲弾の消費量は、「ヴェルダンの戦い」のドイツ軍で二〇〇〇万発、「ソンムの戦い」のフランス軍で三四〇〇万発に達したという。ちなみに日露戦争での日本陸軍の砲弾消費量は、最大の会戦となった「奉天会戦」でも三三万発に過ぎず、戦争の全期間でもおよそ一〇〇万発にとどまっている。第一次世界大戦では、一会戦で日露戦争全体の二〇倍から三〇倍以上という、文字通りケタ違いの砲弾が消費されるようになったのである。

結局、第一次世界大戦は、とくにアメリカの参戦によって総人口でも国力でも大きく優位に立った連合国側の勝利に終わった。

そして、大戦中に第一兵站総監としてドイツの総力戦体制を実質的に指導したルーデンドルフは、政治を含むすべてが戦争の要求に応じなければならない、とする著書『総力戦』を一九三五年に著すことになる。ドイツで、ヒンデンブルク大統領の任命によってアドルフ・ヒトラー内閣が成立してから二年後のことである。

短期決戦から消耗戦、国家総力戦へ

では、この章で述べてきた戦争の様相の大きな変化と用兵思想の変転をまとめてみよう。

ドイツ軍参謀総長の大モルトケは、ドイツ統一の直後から東西二正面での戦争に備えた戦争計画の作成に着手。当初の攻勢で限定的な勝利を得たら防勢による消耗戦へと転移し、あとは外交交渉にゆだねる、といった戦争計画を立てた。

その大モルトケの死の直前に参謀総長となったシュリーフェンは、短期決戦を目指した「シュリーフェン・プラン」を計画したが、その中身は「戦場の霧」や「摩擦」に対する配慮を欠いたものであった。

そして、シュリーフェンの後任の小モルトケを参謀総長として始まった第一次世界大戦で、西部戦線のドイツ軍はパリの手前で英仏連合軍に進撃を阻止されて短期決戦に失敗。ただし、東部戦線のドイツ軍は、ヒンデンブルクとルーデンドルフの「HLコンビ」が「タンネンベルクの戦い」でロシア軍の包囲撃滅と各個撃破に成功し「カンネーの戦い」の再現といわれた。

小モルトケの後任の参謀総長となったファルケンハインは「消耗戦」的な発想に基づいてヴェルダンで攻勢に出たが、フランス軍との痛み分けに終わった。この戦いの間に、参謀総長はヒンデンブルクに、ナンバー2にはルーデンドルフが任命されている。

対する連合国は、一九一六年夏に英仏露伊の四か国軍による大攻勢を実施。次いで同様の同時攻勢を一九一七年春に実施することを決めたが、ロシア革命の勃発で実現しなかった。さらに一九一七年冬には各国首脳を集めた最高戦争評議会を設置し、一九一八年春には連合国軍西部・イタリア戦線総司令官を置くなど、広大な戦域にまたがる国家間の大規模かつ本格的な連合作戦が行われた。さらに一九一八年夏、連合国軍は西部戦線で連続攻勢を開始し、予備兵力を消耗したドイツ軍は対応しきれなくなった。

第一次世界大戦全体を見ると、かつての軍隊だけで戦う「武力戦」から、国家のすべての力を動員して戦う「国家総力戦」へと変化した。そして大戦中にドイツの総力戦体制を実質的に指導したルーデンドルフは、ヒトラー内閣の成立後に『総力戦』を著すことになる。

注

▼1　『戦略思想家辞典』より引用。
▼2　『現代戦略思想の系譜』より引用。
▼3　『ドイツ史と戦争』などを参照のこと。
▼4　John Ellis、Michael Cox『The World War I Databook』（Aurum Press、一九九三／二〇〇一年）より引用。

第８章　諸兵科協同戦術の発展

ガスマスク姿で小銃を構えるドイツ軍歩兵（NARA）

銃砲の火力の向上

この章では、第7章で取り上げた時代を対象として、よりミクロな「戦術次元」以下の用兵思想を中心に見ていこうと思う。

話は少し前にさかのぼる。第5章で述べたような小銃の改良により、アメリカ**南北戦争**（一八六一～六五年）中の「ゲティスバーグの戦い」や「アンティータムの戦い」、**普仏戦争**（一八七〇～七一年）中の「グラヴロットの戦い（サン＝プリヴァの戦い）」などから、歩兵部隊による敵正面への突撃は、しばしば恐るべき損害をともなうことが明らかとなった。

さらに、一八八四年にフランス人科学者のポール・**ヴィエイユ**（一八五四～一九三四年）が開発した「B火薬」を皮切りに、硝煙が少なく燃焼のエネルギーが大きい無煙火薬が普及。これによって、小銃がより小さい口径で長い射程距離を実現できるようになり、実用的なカートリッジの導入や弾倉の改良と相まって、小銃兵の携行弾数が増大するとともに小銃の実質的な発射速度が向上した。同時に、連続射撃時の硝煙で射手の視界が遮られることも、射撃位置が敵兵に簡単に見つかることもなくなった。加えて、一〇〇〇メートル以下の距離から榴霰弾（飛翔中に炸裂して多数の弾子をばらまく砲弾）で歩兵を射撃してくる敵の野砲に対しても、小銃がより効果を発揮できるようになった。

第一次世界大戦では鉄道上を移動する列車砲も大々的に使用された。ドイツの38センチSKL45「ランゲ・マックス」(Bundesarchiv)

次いで、野砲の発射速度や射撃精度も大幅に向上した。とくに一八九七年にフランス軍に制式採用された七五ミリ野砲Ｍｌｅ１８９７は、液体と気体を組み合わせて用いる液気圧式駐退復座機を備えた世界初の実用的な野砲であり、一発撃つごとに照準をやりなおす必要がなくなったため、実質的な発射速度が大きく向上したのだ。

さらに**日露戦争**(一九〇四〜〇五年)の頃から、安定した連続射撃が可能な機関銃が普及し始め、やがて主要各国の歩兵師団や歩兵連隊に機関銃が配備されるようになった(ちなみに日露戦争では日露両軍が機関銃を使用している)。また、本来は要塞用や攻城用である重砲の機動力を向上させた野戦用の重砲が登場。敵に直接狙いを付ける「直接(照準)射撃」ではなく、直接は見えない遠方の目標を砲兵観測将校の誘導で砲撃する「間接（照準）射撃」が活用され始めた。野砲の射程は六〇〇〇メートルに達し、射程が一万メートルを超える野戦重砲も使われるようになった。

こうした火力の増大が「攻撃」と「防御」のどちらの側に有利に働くのか、軍事関係者の間で見解は分かれた。例えばポーランド生まれのユダヤ人で民間研究家のヤン・**ブロッホ**（一八三六〜一九〇二年）は、一八九八年に出版された『技術的・経済的・政治的側面から見た将来の戦争』（一般に『将来戦』と呼ばれる）の中で、技術の進歩によって「戦闘員の間には、両軍に同様な程度の死傷を招く、通過しがたい火力地域が存在するようになるだろう」[▼1]と予言した。

その一方で、多くの軍人の間では、火力の増大は防御以上に攻撃に寄与する、という意見が支持を得た。ただし、攻撃側の火力が防御側の火力を上回らなければ突撃が失敗に終わることも、この章の冒頭で述べたような戦例から明らかであった。したがって問題は、攻撃側の歩兵部隊が、戦闘の「最後の決」となる銃剣突撃を発起する前に防御側の歩兵部隊を圧倒できるだけの火力を発揮可能な位置（ポジション）までどうやって前進するか、であった。

散開隊形の普及

この問題に対して、主要各国の陸軍は、味方砲兵の支援射撃の下で、歩兵が伏せて敵の火力をやり過ごしたり、遮蔽物から遮蔽物へと躍進したり、兵士の間隔を広げて散開したりすることで対応した。具体例を挙げると、普仏戦争半ば以降のプロイセン軍では、歩兵部隊の主力が密集隊形で前進することはなくなり、散開した隊形で前進するようになった。またフランス軍も、普仏戦争後の一八七五年版の『歩兵操典』では、敵火力の射程内で密集隊形をとることを止めて、遮蔽物を利用するために散開することを奨励するようになった。ナポレオン戦争時代の「スカーミッシュ」（散兵隊形）は、もっぱら主力である戦列歩兵部隊の前方に軽歩兵を横広に散開させるものだったが、歩兵部隊の主力も散開するようになったのである。

ここで日本軍が一八九一年（明治二十四年）制定した『歩兵操典』（実はドイツ軍の一八八八年版『歩兵操典』をほぼ完全に翻訳したもの）から、いくつかの条項を抜粋してみよう。

第十三　歩兵戦闘ハ火力ヲ以テ決戦スルヲ常トス……
第二十二　凡ソ戦闘ハ散開ヲ以テ始メトス……
第三十　散開隊次ニ於テ射撃ハ歩兵ノ主ナル戦闘手段トス……

日本軍においても、歩兵戦闘の中心は、銃剣突撃による白兵戦ではなく、散開隊形による火力戦が常態である、と定められていたのだ。その後、日本軍の歩兵の散開間隔は、火力の増大に対応して二歩から四歩、さらに六歩へと拡がっていく。

しかし、当たり前の話だが、広く散開した隊形では、下級指揮官が部下の兵士個々人を統制することがむずかしくなる。

塹壕線至近への砲撃にすくむフランス兵（NARA）

こうして**ドイツ統一戦争**（一八六四〜七一年）の頃からの動員兵力の急速な増加とともに大衆化した軍隊の兵士を、増大する火力の恐怖の中で、どうやって逃げ隠れさせずに突撃させるのか、という問題が浮かび上がってきたのだ。

精神主義の台頭

普仏戦争直前の一八六八年に『古代以来の戦闘の研究』（一般に『戦闘の研究』として知られている）を出版したフランス軍のシャルル＝アルダン・**デュ・ピック**大佐（一八二一〜七〇年）は、戦闘における兵士の精神面の重要性を指摘し、フランス軍の将校団に大きな影響を与えた。

彼は「軍の力は物質的なものであると同時に精神的なものである」[2]とも述べており、物質的な面を決して無視していたわけではないのだが、彼の意見は、多くの軍人に「精神面での優位があれば物質面での優位を克服できる」と受けとめられたのである。

またデュ・ピックは、近代戦の戦場における恐怖の中で散開隊形をとるためには、十分な訓練を受けて連帯感を持った精神的に信頼できる兵士が必要と考えており、大衆軍ではなく軍事的なエリートの養成を主張した。

しかし、第三共和政下の「国民軍」であるフランス軍では、軍事エリートの養成という方策を採ることは政治的に困難だった。少数の軍事エリートに支えられる軍隊は「国民軍」の理念に反するのだ。事実、当時のフランスの急進左派は「軍隊の士気を支えるのは素朴な愛国感情であり、それを作るために長期の兵役など必要としない」と主張していた。

結局、フランス軍は、一八八四年には「最も猛烈な砲火の下で、強力に防御された塹壕線に対しても……損害にかかわりなく、頭を高くあげて前進し敵陣地を占領せよ」と規定。さらに一八九四年の操典では、歩兵は「肘と肘を接した密集隊形で、ラッパとドラムの響きに従って」攻撃前進することを定めた▼3。つまり、フランス軍は、密集隊形に回帰することで大衆軍の兵士を突撃させようとしたのである。

その後、**ボーア戦争**（一八九九～一九〇二年）で防御陣地の火力に手痛い目にあわされたイギリス軍が歩兵操典を改訂すると、フランス軍もこれにならって一九〇四年末に歩兵操典を改訂し、一旦は散開隊形に戻った。

ところが、**日露戦争**（一九〇四〜〇五年）を見た欧米各国の観戦武官は「旅順要塞攻略戦」でも「奉天会戦」でも日本軍の歩兵部隊による突撃が成功したと受けとめた（なお、日露戦争前のロシア軍では、ミハイル・ドラゴミロフ将軍が露土戦争（一八七七〜七八年）で成果を挙げた近距離射撃と銃剣突撃の組み合わせを推奨していた）。なかでも日本軍側のフランス軍観戦武官団長だったロンバール大佐は、日本の勝利の秘訣は精神力にあると確信した。また、フランスの陸軍大学校の校長であるフェルディナン・**フォッシュ**（一八五一〜一九二九年）は「征服の意志こそ勝利の第一条件である」と説いた。

こうした人間の精神力や意志を重視する考え方は、当時のフランスで人気を集めていた哲学者のアンリ・ベルクソンが唱えた「生命の躍進（エラン・ヴィタール）」という概念とも共鳴した。この種の精神主義は、実は当時のフランスの民衆にとっても聞こえの良いものだったのである。

そして第一次世界大戦が勃発する前年の一九一三年、フランス軍は作戦要務令の中で「フランス軍はいまや古来の伝統に回帰し、今後は攻撃以外の原則はこれを排す」（！）と定めた。さらに翌一九一四年の二月に採用された「第17号計画」と呼ばれる作戦計画は、独仏国境方面で攻勢に出て、普仏戦争の講和条約でドイツ領となっていたアルザス＝ロレーヌ地方を奪回し、ドイツ中心部への進攻を目指すものになった。

こうしてフランス軍は、どんなに大きな損害を出しても攻勢を続行して勝利を目指す「徹底攻勢」主義へと傾斜していったのである。

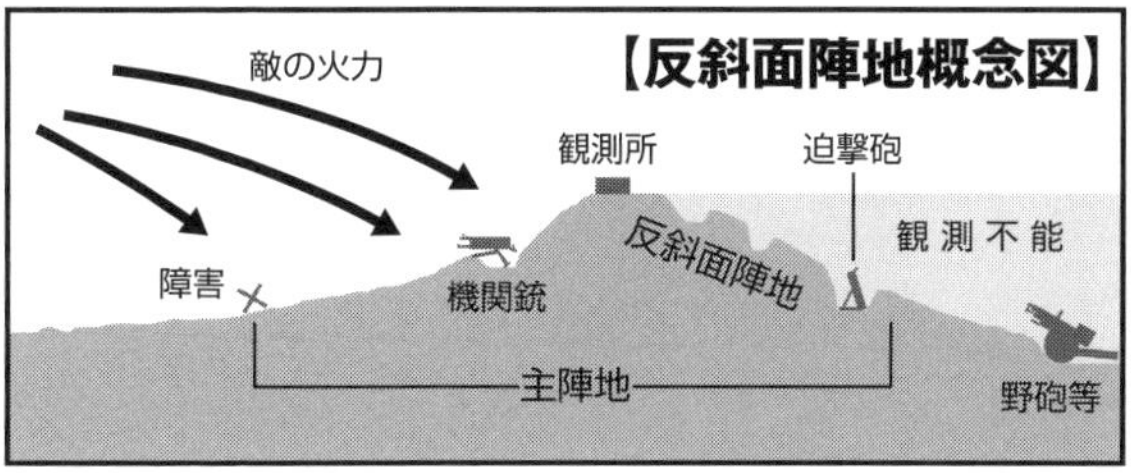

反斜面陣地と陣地帯での遊動防御

前章でも述べたが、一九一四年八月に第一次世界大戦（一九一四〜一八年）が勃発。西部戦線では、開戦初頭のドイツ軍の突進がパリ前面のマルヌ河付近で英仏連合軍に阻止されて、ドイツはフランスを短期間で打倒することに失敗した。対するフランス軍は、その南方の独仏国境方面で「徹底攻勢」主義に則って無謀な歩兵突撃を繰り返し、ドイツ軍の野砲や機関銃によって大損害を出していた。

その後、ドイツ軍と連合軍の双方が延翼競争を続けて、ついにはスイス国境から英仏海峡まで切れ目のない戦線ができあがった。そして両陣営が塹壕を掘り始め、開戦初頭の「運動戦」から動きの少ない「陣地戦」へと移行していったのである。

両陣営の防御陣地は、当初の塹壕線が一本の「一線陣地」や、拠点状の前進陣地、主陣地、予備陣地で構成される「数線陣地」から、数キロの縦深を持つ陣地一面に構築された散兵壕や塹壕で連絡された拠点で構成される「陣地帯」に発展した。

次いで、前方の陣地を攻撃した敵の砲兵部隊が展開させた火砲を前進させなければ後方陣地を攻撃できないように、第一陣地帯の後方に数キロの間隔をあけて構築された二〜三線の陣地帯からなる「数帯陣地」へと発展していった。

また、大戦当初の陣地は攻撃してくる敵を見下ろせる丘や高地の前方斜面（敵側の斜面）などに構築されていたが、やがて敵の砲撃を避けるために、敵が砲兵観測をやりにくい反対斜面（敵からは見えない斜面）に主陣地を構える「反斜面陣地」が採用されるようになった。ただし、前方斜面を完全に放棄してしまうと、稜線上に敵の砲兵観測将校を派遣されて間接射撃を反対斜面に誘導されてしまうので、前方斜面と反対斜面の両方に陣地を設けるようになった。これも「一線陣地」が廃れる大きな要因となっている**（前頁、概念図参照）**。

そして、この縦深のある「数帯陣地」での防御戦術が急速に発達していく。

大戦初頭の突進を阻止された後、もっぱら守勢にまわったドイツ軍は、当初は第一陣地帯を固守する方針を採ったが、一九一七年の春頃から、敵の砲撃による損害を抑えるために、予備隊を第一陣地帯に増援として投入せずに、第二陣地帯の前方で敵部隊を逆襲するようになった。ところが、同年の夏頃から連合軍は、ドイツ軍の第一陣地帯と第二陣地帯の間に砲兵部隊による「阻止弾幕」を展開してドイツ軍予備隊の逆襲を阻止するようになった。

これに対してドイツ軍は、予備隊を第一陣地帯の第一線部隊の直後に配置して局所的な逆襲を行おうとしたが、敵砲兵の攻撃準備射撃による損害が大きくなってうまくいかなかった。そこで今度は、第一陣地帯の兵力を減らし、攻撃を受けたら自発的に一旦後退させた後で逆襲に出るといった戦術も採るようになった。

さらに一九一七年後半には、第一陣地帯全体を「警戒地帯」とし、加えて主抵抗陣地である第二陣地帯の前方に「前哨地帯」を設定して警戒部隊を配備するようになった。そして第一陣地帯の確保にこだわらず守備隊を柔軟に後退させて敵の砲弾を浪費させるとともに、前進してくる敵の攻撃部隊を第二陣地帯から砲撃して、第二陣地帯やその前方で逆襲する戦術を採るようになった。このように防御陣地内で部隊を柔軟に移動させて防御する方法を、日本軍は「遊動防御」と呼んだ（図14参照）。

対するフランス軍も、一九一五年末に発布された教令で第二陣地を反対斜面に構築することと第三陣地の構築を指示するようになり、一九一七年末には第二陣地を主抵抗陣地とすることが定められた。

地域制圧射撃と移動弾幕射撃

こうした陣地防御戦術の発達に対抗して、陣地攻撃戦術も発達していった。

大戦初頭のドイツ軍の突進を阻止したのち、もっぱら攻撃側にまわったフランス軍は、一九一四年十二月に始まった**「シャンパーニュ冬季戦」**では、次のような攻撃戦術を用いた。

まず、砲兵部隊による攻撃準備射撃とともに、敵陣地の近くまで塹壕を掘り進める「対壕作業」によって、味方部隊の損害を抑えつつ敵陣地に接近する。次いで、工兵部隊が敵陣前の鉄条網を破壊し、そこから歩兵部隊が縦隊で前進するとともに、それを支援する砲兵部隊がその前方

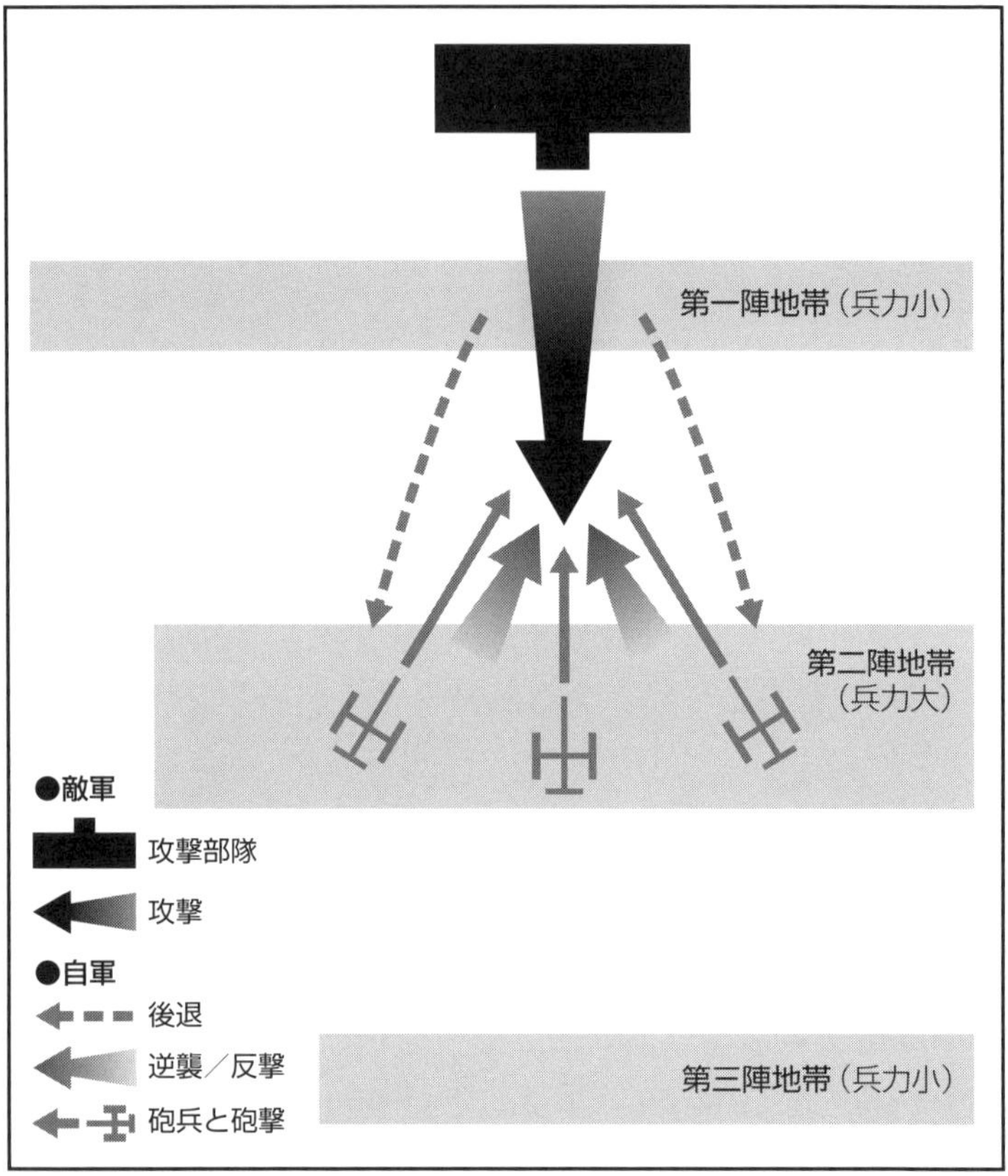

【遊動防御】

味方の被害を極限しながら敵の攻撃を撃破する手段として考えられたのが「遊動防御」と呼ばれる戦術である。本来は固守すべき第一線(第一陣地帯)の兵力を少なくし、かつその守備隊を柔軟に後退させる。敵の攻撃が勢いを失った状態でかつ、味方砲兵の掩護を欠いた状態になったら、第二陣地帯の守備部隊(そこには後退してきた部隊も含まれる)や砲兵等で逆襲する。

図 14

に射程を延ばす、という戦術だ。

しかし、攻撃側の歩兵部隊は、味方の工兵部隊によって啓開された狭い通路を通過する際に、ドイツ軍守備隊が浴びせてくる機関銃などの防御砲火によって大損害を出すのが常であった。

そこでフランス軍は、一九一五年九月の**「シャンパーニュ＝アルトワ会戦」**では、大量の火砲を集中して徹底的な準備砲撃を実施した。ところが、破壊をまぬがれたドイツ軍の反斜面陣地は強靭な抵抗力を発揮し、最後はドイツ軍の予備隊に逆襲されて退却を余儀なくされた。

一方、ドイツ軍は、一九一六年二月に攻撃を始めた**「ヴェルダンの戦い」**で、奇襲効果を増すために準備砲撃の時間を短縮し、長時間の試射を行って個々の目標を精密に狙うのではなく、短時間で大量の砲弾を目標地域一帯にばらまく「地域射撃」を試みた。砲撃の目的で分類すると、敵陣地を物理的に破壊する「破壊射撃」ではなく、砲撃の心理的なショック等によって敵兵を一時的に戦闘不能にする「制圧射撃」を目指したのである。

「ポケット砲兵」の手榴弾に続き、小銃擲弾も投入された。コップ型発射機を装置した小銃を構えるセルビア兵

さらにドイツ軍の砲兵将校であるゲオルク・**ブルフミュラー**（一八六三〜一九四八年）は、こうした考え方を推し進めて、一五分ほどの短時間の猛烈な射撃で敵兵を制圧する、いわゆる「疾風射」を編み出す。

対する英仏連合軍は、一九一六年七月に攻撃を始めた**「ソンムの戦い」**では、長期間の準備砲撃の後に歩兵部隊が前進する攻撃法を徹底した。これに対してドイツ軍は、例によって予備隊で逆襲をかけたものの、連合軍の攻撃が非常に慎重だったために成果は少なく損害は大きかった。こうして連合軍はドイツ軍の第二陣地帯を突破することに成功したのだが、それでも敵の戦線を完全に突破することはできなかった。

そこでフランス軍は、「ヴェルダンの戦い」での反撃で成果を挙げた「移動弾幕射撃」（英語ではクリーピング・バレージ）を、一九一七年四月に始まった**「エーヌ会戦」**で本格的に実施することにした。「移動弾幕射撃」とは、味方の歩兵部隊の前方に存在する敵の塹壕線に対して、味方の砲兵部隊による弾幕を展開し、これを逐次前方に移動させていく射撃法だ。

しかし、この移動弾幕射撃には大きな欠点があった。この射撃方法は弾幕の移動方法等により更に細かく区分されるが、一般的には事前の攻撃計画にしたがって時刻を基準に弾幕を機械的に前方に移動させていくため、味方の歩兵部隊の前進が障害物等に引っかかって計画より遅れると、敵陣の奥へ奥へと移動していく弾幕との乖離が生じてしまうのだ。加えて、この弾幕を地下壕に逃げ込んでやりすごした敵の守備隊が地上に出てきて、味方の歩兵部隊の前進を遅らせると、前方に移動していく弾幕との乖離がますます大きくなり、さらに苦戦することになった。要するに、当時の未熟な通信技術や観測技術では、後方に展開している砲兵部隊から前進する味方の歩兵部隊に対してきめ細かい火力支援を与えることがむずかしかったのである。

その一方で砲兵部隊は、敵の砲兵部隊を制圧する「対砲兵射撃」（英語でカウンター・バッテリー）を発達させていった。具体的には、航空機による写真偵察と、敵火砲の発砲時の閃光や砲声を観測する「火光標定」や「音源標定」によって敵火砲の位置を割り出し、砲撃を加えるのだ。そして大戦後半になると、砲兵部隊で敵戦線後方の指揮所や通信施設などを狙って指揮統制機能を麻痺ないし混乱させることも狙うようになる。

さらに新兵器である飛行機も、早い時期から両陣営で地上部隊に協力していたのだが、これについては第9章で詳述する。またイギリス軍は、前述の「ソンムの戦い」で新兵器である戦車（タンク）を史上初めて実戦に投入した。この戦車を活用する戦術については第10章で詳述する。

付け加えるとロシア軍では、南西方面軍司令官に任命されたアレクセイ・**ブルシーロフ**（一八五三～一九二六年）将軍が、時間をかけて大兵力を集中すると敵に察知されて防御を固められてしまうので、逆に攻撃箇所を分散させることで敵の裏をかいて奇襲することを考えた。そしてロシア軍は、一九一六年六月初めに東部戦線の南西方面でいわゆる**「ブルシーロフ攻勢」**を開始。縦深にわたって実施された砲兵支援の効果もあって、当初はオーストリア軍をパニックに追い込んで大損害を与えたものの、自らも大きく消耗して攻勢は息切れしてしまった。

このように第一次世界大戦では、陣地戦における防御戦術や攻撃戦術が大きく発展していったのである。

手榴弾と小銃擲弾の運用法

さて、ここでさらにミクロな部分に視点を移し、各種の歩兵支援火器の発達や歩兵の小部隊戦術についても見ておこう。

前述のように、とくに歩兵から見れば有効な支援砲撃をしてくれない砲兵に代わって、前線の歩兵たちが頼りにしたのは、自前の「ポケット砲兵」すなわち手榴弾であった。例えばドイツ軍は一九一四年末から前線の歩兵部隊への配備を始めており、対するフランス軍では一九一六年半ばの時点で歩兵一個中隊あたり三二名の擲弾兵が所属していた。

当時のイギリス軍の『擲弾兵の訓練と採用』と題されたパンフレットを見ると、攻撃班は、班長の下士官一名、着剣した小銃を持ち擲弾兵を掩護する銃剣兵二名、手榴弾を投げつける擲弾兵二名、手榴弾を運搬する運搬兵二名、予備兵二名の計九名で構成されることになっていた。

そして敵の塹壕内に突入したら、まず壕の中間部等の側面に設けられている横土《おうど》を確保する。次いで銃剣兵の先導で塹壕内のもっとも近い曲がり角まで移動し、その先の横土にいる敵兵に対して、銃剣兵が射撃を行うとともに擲弾兵が手榴弾を投擲。これを繰り返して敵の塹壕を確保することになっていた（図15参照）。対する防御側は、最前線の塹壕から後方に二〇メートルほど間隔をあけて、とくに優秀な擲弾兵が待機する擲弾壕を構築し、前方の塹壕を敵に奪取されたら

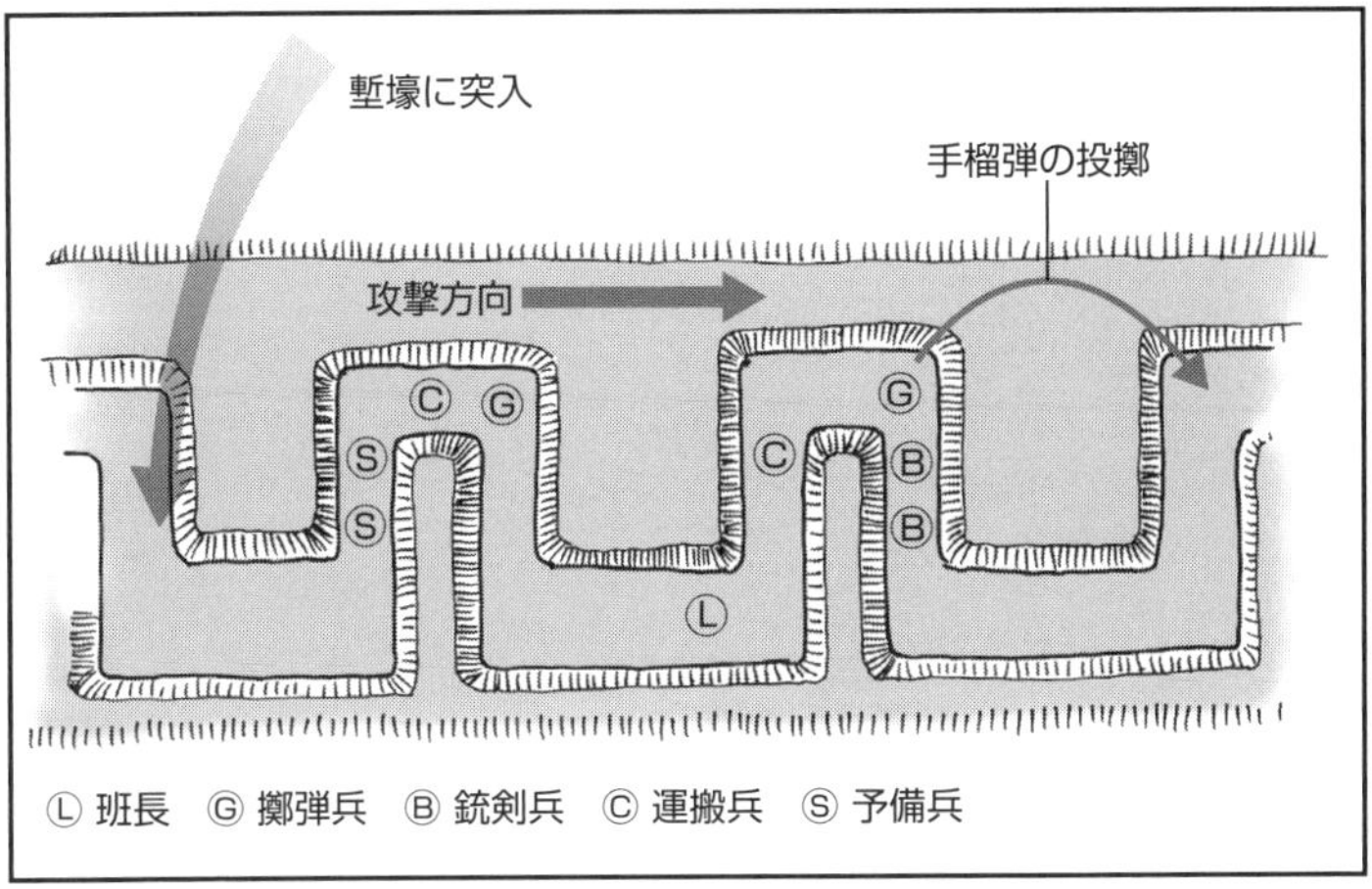

【擲弾兵チームの攻撃】

第１次世界大戦では、塹壕陣地を占領するために様々な戦術が考案されたが、これはイギリス軍の戦術で、新兵器である手榴弾を有効に使用するためのものだったが、小部隊指揮官の自主性や戦術能力もまた必要であった。

図 15

すかさず手榴弾を投げ込んで反撃した。

さらに主要各国軍は、小銃を使って擲弾を手榴弾よりも遠くに飛ばす小銃擲弾（英語でライフル・グレネード）を開発した。例えばドイツ軍では、一九一五年二月から各歩兵連隊に小銃擲弾の配備を始めている。初期の小銃擲弾は棹付の擲弾を空砲で発射するものだったが、まずフランス軍が銃口の先端にコップ型の専用発射器を取り付けて擲弾を発射する小銃擲弾を実用化し、ドイツ軍やイギリス軍でも同様の発射器が開発されて歩兵部隊に配備された。

小銃擲弾を利用した戦術の一例を挙げると、大戦後半のフランス軍では、敵の機関銃陣地を攻撃する際には、まず擲弾発射器や後述する軽機関銃で敵陣地を射撃して制圧し、敵の連続射撃が途切れた隙に擲弾兵や小銃兵を接近させて、擲弾兵が手榴弾を投擲したり、着剣した小銃兵が白兵戦を挑んだりして敵兵を排除するのが理想とされていた。

迫撃砲や歩兵砲による機関銃の制圧

小銃擲弾は、小銃を手で動かして狙いを定めるので、砲身を精密な歯車で動かして狙いを定める大砲に比べると命中精度が低かった。そこでドイツ軍は、大砲のような構造を持ち小銃擲弾よりも正確に照準できる爆雷発射機（独語でミーネンヴェルファー）を配備するようになった。

対するイギリス軍は、当初は海軍の六インチ徹甲弾をくりぬいて砲身に転用した迫撃砲（英語でモーター。臼砲とも訳される）などを配備していたが、大戦中にウィルフレッド・**ストークス**（一八六〇〜一九二七年）によって開発された近代的な迫撃砲に取って代わられた。この「ストークス・モーター」は、ミーネンヴェルファーに比べると簡素な構造で、命中精度はやや劣っていたが、高い発射速度を発揮できた。また軽量で移動も容易であり、製造に手間や費用がかからないなどの大きな利点があった。

そして、このストークス・モーターに、フランス人のエドガー・**ブラント**（一八八〇〜一九六〇年）が改良を加えて、いわゆる「ストーク・ブラン」式迫撃砲が登場した。この形式の迫撃砲は広く普及し、現代でも同形式の迫撃砲が世界各国軍の歩兵部隊に支援火器として配備されている。

一方、フランス軍は、一九一五年九月に艦載用の小口径砲を改造して使用したが、機動性に難があり隠蔽が困難で敵に発見されやすかった。そこで翌年には小型で低姿勢の三七ミリ砲を新たに開発し、これを歩兵砲（仏語でカノン・ダンファントリィ）と呼んで各歩兵大隊に二門ずつ配備した。つまり、フランス軍では、砲兵部隊ではなく歩兵部隊に自前の小口径火砲を配備することによって、よりきめの細かい密接な支援砲撃を可能にしたのである。

対するドイツ軍は、一九一八年初めから、各師団に所属する野砲兵連隊から一個中隊程度を抽出して同じ師団に所属する各歩兵連隊に随伴させるようになった。そして、野砲兵連隊の主力とは別個に運用し、敵の機関銃陣地や戦車に対する近距離射撃に加えて、敵の歩兵部隊による逆襲への対応などにも使うようになった。

第一次世界大戦末期の歩兵部隊は、こうした各種の支援火器を活用することによって、非常に大きな脅威であった敵の機関銃座を制圧していったのである。

軽機関銃と戦闘群戦法

ところで、第一次世界大戦前の主要各国の歩兵射撃は、敵前七〇〇～八〇〇メートル前後からの部隊射撃による射弾の集束が基本とされており、さらに国によっては中隊単位での一斉射撃が基本とされていた。

ところが、大戦が始まってみると、野砲の射撃精度の向上などによって、歩兵部隊には砲兵部隊が味方歩兵の頭越しに援護射撃（超過射撃）ができなくなる概ね三〇〇メートル以下での火力発揮が求められるようになった。この程度の距離では部隊射撃を行う必要性は低く、歩兵の射撃単位は中隊から小隊、さらには兵士個人へと細分化されていった。

また、突撃時に敵陣前の鉄条網を切断して開けた小さな突破口を迅速に通過する必要性が出てきたこと、塹壕内での接近戦時には部隊規模が大きいと指揮統制がむずかしいことなどから、突撃単位や指揮単位も、中隊から小隊、さらには十数人からなる半小隊や分隊へと細分化されていった。

しかし、射撃単位や突撃単位の細分化は、前述の散開隊形の導入と相まって、最前線の火力密度や突撃衝力の低下を招くことになる。そこで主要各国軍は、当初は各歩兵連隊に所属する機関銃隊に、やがて国によっては各歩兵大隊に機関銃中隊を所属させて、機関銃を増備するようになった。

だが、初期の機関銃、とくに水冷式の重機関銃は、安定した連続射撃が可能な反面、重量が大きくて一人で持ち運ぶことが困難であり、陣地に据え付けての防御には向いていたが、小銃兵の攻撃前進に随伴するような運用には向いていなかった。

そこでフランス軍は、前述の「ソンムの戦い」から、小銃兵の攻撃前進に随伴可能な軽機関銃の先駆けともいえる軽量の（それでも約九キロあったが）Ｃ．Ｓ．Ｒ．Ｇ．Ｍｌｅ１９１５（通称「ショウシャ」）を大量に配備するようになった。また、ドイツ軍も水冷式のＭＧ08重機関銃を軽量化したＭＧ08／15軽機関銃や、これを空冷化したＭＧ08／18軽機関銃を配備し、イギリス軍も空冷式のルイスＭｋ．Ｉ軽機関銃を配備した。

そしてフランス軍では、当初は軽機関銃を先頭の第一波や敵の塹壕内を掃討する第二波ではなく、後続の第三波以降に配備し、敵の第一線陣地の奪取直後に軽機関銃を進出させて、敵の逆襲の阻止や第二線陣地への前進の援護に使った。次いで一九一六年九月に発布された教令では、第一波に軽機関銃を配備して第一波の擲弾兵が敵の塹壕に手榴弾を投げ込んで追い出した敵兵を掃射し、第二波の軽歩兵が敵の塹壕に突入して敵兵を掃討するといった、より攻撃的な用法に改めた。

小銃兵の攻撃前進に随伴できる軽機関銃、C.S.R.G.Mle1915。ただし、装弾不良などの不具合が多かった（NARA）

またフランス軍では、一九一七年九月に発布された新しい教令で、歩兵部隊の最小の戦闘単位が半小隊と正式に認められ、各半小隊には軽機関銃が配備されて下士官の指揮で戦闘することになった。

それまでは、突撃隊形を組む歩兵部隊が（とくに左右方向に）自由に機動することができず、敵の防御砲火による被害が大きくなりがちで、柔軟に機動して敵の機関銃座を包囲するといったこともやりにくかった。

これに対してフランス軍の採用した新戦術は、半小隊が独立した戦闘単位として前後左右に柔軟に機動し、戦場の地物を利用して敵の砲火を避けたり、そこからわずかなチャンスを摑んで突撃したり、敵の機関銃座を個別に包囲したりするようになった。こうした戦術を日本軍では「戦闘群戦法」と呼んだ。

そして、この「戦闘群戦法」は、のちに各国軍で小部隊戦術の基礎となる。

滲透戦術とその限界

一方、ドイツ軍では、膠着した陣地戦を打破するための新戦術や新兵器の実験部隊として、一九一五年三月から「突撃部隊（シュトースストルッペン）」の編成に正式に着手した。この突撃部隊は、前述の「ヴェルダンの戦い」で有効性を実証し、一九一七年九月には東部戦線のリガ付近で、同年十月にはイタリア戦線のカポレット付近で成果を挙げ、さらに一九一七年十一月に始まった**「カンブレーの戦い」**（詳細は第10章で述べる）での反撃ではイギリス軍陣地の突破に成功した。

突撃部隊の兵士は、鉄条網を切断するためのワイヤー・カッター、拳銃弾を連続発射する短機関銃MP18（ただし配備が進んだのは大戦末期）や手榴弾、白兵戦用に刃を付けたスコップなどを携行しており、砲身を短く切り詰めて軽量化した野砲やミーネンヴェルファー、火炎放射器に支援されていた。準備砲撃には多数の砲兵部隊が集められ、大量の毒ガス弾による疾風射が活用された。

1918年の「カイザーシュラハト」攻勢で連合軍陣地を掃討するドイツ兵（NARA）

突撃部隊は、ごく小規模な部隊に分かれて、敵の強力な防御拠点を強襲せずに迂回し、迂回できない場合には敵の弱点に攻撃を集中して戦線に隙間をこじ開け、その隙間から敵戦線の後方奥深くに滲透していくよう訓練されていた。残された敵拠点の攻撃は、より規模の大きい後続部隊の任務である。

突撃部隊に滲透されて後方を遮断された敵の防御拠点は、後方の上級司令部との連絡を絶たれて混乱し、後続の歩兵部隊の包囲攻撃や、砲兵部隊あるいは航空部隊の集中攻撃にさらされると士気を喪失し、しばしばあっさりと降伏した。その結果、敵の戦線により大きな穴があき、さらに多くの部隊の滲透が可能になって、最後は広い範囲で敵の戦線が崩壊することになる。これが「滲透戦術」（浸透戦術とも書かれる）である。

そして一九一八年春のドイツ軍最後の大攻勢「カイザーシュラハト」では、この滲透戦術を活用してパリの手前九〇キロまで迫った。しかし、そもそもの戦略構想の欠如に加えて、兵士の疲労や消耗、砲兵部隊や補給部隊の追随がむずかしかったことなどが重なって、決定的な勝利を得ることはできなかったのである。

攻撃戦術や防御戦術の大きな発達

それでは、この章の最後に、ここまで述べてきた、おもに戦術次元での用兵思想の発展を振り返ってみよう。

十九世紀の後半頃から、小銃や大砲の火力の増大に対して、各国軍は砲兵支援の下での歩兵の躍進や散開で対処しようとした。しかし、広く散開した隊形では兵士の統制がむずかしくなるため、大衆化した軍隊の兵士をどうやって突撃させるのかが問題であった。

これに対してフランス軍は、密集隊形に回帰するとともに人間の精神力や意志を重視。やがて「徹底攻勢」主義へと傾斜していった。ところが、第一次世界大戦が始まると、フランス軍は独仏国境方面で無謀な歩兵突撃を繰り返して大損害を出した。

その第一次世界大戦は、開戦初頭の「運動戦」から「陣地戦」へと移行。当初の「一線陣地」や「数線陣地」から「陣地帯」や「数帯陣地」へと発展し、「反斜面陣地」も採用されるようになった。さらにドイツ軍は、守備隊を陣地内で柔軟に移動させる「遊動防御」を行うようになった。

そして砲兵部隊は、「破壊射撃」だけでなく「制圧射撃」や「移動弾幕射撃」、さらには「対砲兵射撃」なども行うようになった。

また、歩兵部隊は、迫撃砲や歩兵砲などの支援火器を活用して敵の機関銃座を制圧するようになった。歩兵の突撃単位や指揮単位は中隊から半小隊や分隊へと細分化され、射撃単位も兵士個人まで細分化されていった。

大戦後半のフランス軍では、各半小隊に軽機関銃が配備され、下士官の指揮で柔軟に機動し突撃したり敵の機関銃座を包囲したりするようになった。この「戦闘群戦法」は、のちに各国軍で小部隊戦術の基礎となる。

対するドイツ軍では、特別な訓練を受けた突撃部隊が「滲透戦術」（浸透戦術）を展開。最後の大攻勢「カイザーシュラハト」では滲透戦術を活用してパリに迫ったが、戦略構想の欠如と、兵士の疲労や砲兵部隊の追随困難などにより、決定的な勝利を得ることができずに終わった。

注

▼1　『現代戦略思想の系譜』より引用。
▼2　『戦略思想家辞典』収録の三浦一郎執筆「ドゥ・ピック」より引用。
▼3　カギカッコ部分は『現代戦略思想の系譜』より引用。

第９章　航空用兵思想の発展

第一次世界大戦では偵察機や戦闘機、爆撃機だけでなく観測用（写真）や爆撃用の飛行船等も使用された（I.W.M.）

航空機の軍事利用の始まり

この章では、第二次世界大戦前までの航空用兵思想の発展について見てみたい。

そもそも「航空機」とは大気中を飛行する機械の総称であり、熱せられた空気や水素ガス等の浮力で浮揚する「気球」や「飛行船」などの空気よりも軽い「軽航空機」と、翼の発生する揚力で浮揚する「飛行機」や「滑空機（グライダー）」などの空気よりも重い「重航空機」の二つに大きく分けられる。

このうち、軽航空機の軍事利用は十八世紀末に始まっている。**フランス革命戦争**（一七九二〜一八〇二年）中の**「フルーリュスの戦い」**（一七九四年）では、フランス革命軍が水素気球を使って偵察を行っており、これが歴史上初めて戦いに影響を与えた航空機の利用といわれている。しかし、ナポレオンは一七九九年に気球隊を廃止してしまった。

軽航空機が初めて爆撃に用いられたのは、十九世紀中頃の**第一次イタリア独立戦争**（一八四八〜四九年）で、オーストリア軍が無人の小さな熱気球に爆弾を吊るしてヴェネツィアを爆撃しようとしたが失敗に終わった、と伝えられている。

十九世紀後半の**アメリカ南北戦争**（一八六一〜六五年）では南北両軍が気球を使用し、とくに北軍は水素気球を偵察や砲兵観測に活用した。北軍気球軍団（ただし運営は民間）設立の立役者

南北戦争で北軍は気球を偵察や砲兵観測に活用した（NARA）

で指揮官に任命されたサディウス・**ロウ**（一八三二〜一九一三年）は、史上初めて気球から地上に有線電報を送信しており、三〇〇〇回以上も飛行している。

この気球軍団はロウの除隊とともに廃止されたが、アメリカ陸軍は一八九一年に通信隊に偵察や通信用の気球を配備し、**米西戦争**（一八九八年）では**「サン=ファン・ヒルの戦い」**などで偵察に活用している。ちなみに、この戦いは、のちにアメリカ大統領となるセオドア・ルーズヴェルト中佐が義勇騎兵連隊（通称「ラフ・ライダーズ」）を率いて活躍したことで知られている。

十九世紀の末頃までに、主要各国の軍隊は気球部隊を保有するようになった。前述のアメリカ以外の例を挙げると、例えばイギリスでは**トランスヴァール戦争**（一八八〇〜八一年。第一次ボーア戦争とも呼ばれる）直前の一八七八年に陸軍が気球学校を創設し、一八八二年には陸軍の工兵軍団内に気球の工場と訓練学校の機能を併せ持つ気球工場（バルーン・ファクトリー）と呼ばれる部隊が新設されている。

飛行船や飛行機の軍事利用

一八五二年、フランス人技術者のアンリ・ジファールが、気球に出力三馬力の蒸気機関を搭載して動力飛行に成功した。地上につながれた繋留気球や気流に乗って飛行する自由気球とちがって、自前の動力で推進力を発揮できる飛行船の登場である。もっとも、このジファールの飛行船は、離陸した地点に必ず戻ってこられるだけの飛行性能は無かったようだ。

普仏戦争（一八七〇〜七一年）後の一八八四年には、フランス陸軍のシャルル・ルナールとアルチュール・クレーブスが、電池駆動のモーターを搭載した飛行船で八の字飛行を行って離陸地点に帰還した。これが操縦可能な飛行船の先駆けとされている。

一九〇三年には、アメリカのライト兄弟が飛行機の初飛行に成功。一九〇七年にはアメリカ陸軍の通信軍団内に航空機の軍用利用を研究する航空部が創設され、翌年にはヴァージニア州のフォート・マイヤーでライト・モデルAのテスト飛行が行われた。さらに翌年にはこれに改良を加えたライト・ミリタリー・フライヤーが採用され、偵察任務などに使われている。つまり、このライト・ミリタリー・フライヤーが世界初の軍用飛行機ということになる。

こうして重航空機でも軍事利用が始まった。

もっとも、当時のアメリカは大規模な常備軍を持たなかったこともあって、陸軍の航空部隊もごく小規模なものにとどまったまま、**第一次世界大戦**（一九一四～一八年）の勃発を迎えることになる（アメリカの大戦参戦は一九一七年）。

一方、世界有数の陸軍国であるフランスでは、一九〇九年に陸軍が初めて飛行機を購入し、翌年には軍事航空学校を創設。同年にドイツ陸軍もパイロットの訓練を開始し、一九一一年までに編制の大枠が固められて、輸送部隊の管轄下に航空隊が創設された。

独仏両国軍が飛行機を導入した理由としては、第5章で述べたように、普仏戦争の頃から従来の前装式の青銅砲よりも射程が長く発射速度が速い後装式の施条鋼製砲が普及し始め、十九世紀末には実用的な駐退復座機を備えた格段に発射速度の速い野砲が登場したこと。二十世紀始めには火砲から直接見えない目標を砲撃する間接射撃が普及し始めたこと。こうした進歩にともなって戦場における砲兵火力の重要性が大きくなり、従来の繋留気球よりも機動性が高くて、より遠くまで見通せる砲兵観測手段が求められていたこと、などが挙げられる。

また、普仏戦争の緒戦では両軍の捜索能力の不足から予期せぬ遭遇戦が多発し、状況がよくわからないまま戦闘がエスカレートして損害が大きくなりがちだったため、捜索能力の向上が求められていたことも挙げられる（一般に、「捜索」とは敵部隊の有無や現在位置を確認すること、「偵察」とはすでに存在が確認されている敵部隊の行動や陣地の編成等の詳細を探ることを指す。ただし、こうした定義も国や時代によって大きく異なる）。

しかし、フランス陸軍では、砲兵部隊への協力を考える砲兵科と、敵部隊の捜索や偵察を含むより広い分野への活用を考える工兵科が、それぞれ独自に飛行機を導入したため、軍全体の運用構想を早期にまとめることができなかった。結局、この対立は砲兵科の勝利に終わり、第一次世界大戦前のフランス陸軍では飛行機の砲兵協力に力が入れられることになった。

一方、ドイツ陸軍では、陸軍省を中心に飛行船を重視する一派と、参謀本部を中心に飛行機を重視する一派が存在していたのだが、ドイツではツェッペリン式の硬式飛行船やパルセファル（日本では「パルセバル」とも呼ばれていた）式の半硬式飛行船など世界最高レベルの性能を持つ飛行船が実用化されたこともあって、飛行機よりも飛行船の生産に力が注がれた（軟式飛行船とはガスの圧力で船体の形を保つもの、硬式飛行船とは船体に金属等の骨組みを持つもの、半硬式飛行船とは船体の一部に金属等の骨組みを用いたものを指す）。

その中でもドイツ陸軍では、参謀本部を中心として、飛行機による捜索や砲兵観測に加えて、早くから敵の地上部隊の攻撃や軍事施設の破壊、さらには敵の飛行機との戦闘なども考えられており、運用思想に関してはフランスより進んでいたといえる。事実、のちの第一次世界大戦の勃発時には、フランス陸軍が約一三〇機の第一線機を保有していたのに対して、ドイツ陸軍はその二倍近くにあたる約二二〇機の第一線機を保有しており、野戦飛行中隊三三個、要塞飛行中隊六個を保有していた。

フランスやドイツと同じ陸軍国のロシアも、一九一〇年に陸軍がフランス製の飛行機を輸入し、軍用機パイロットの訓練を始めた。しかし、工業基盤が貧弱だったロシアでは、高性能の航空機用エンジンを量産することができず、陸軍航空隊は旧式のフランス製の輸入機やライセンス生産機を、海軍航空隊はアメリカからの輸入機を、それぞれ主力とした。

一方、イギリスでは、一九一一年に陸軍工兵隊で航空大隊が、次いで海軍で航空分遣隊が創設され、一九一二年にはこれらを合併して王室飛行軍団が編成されたが、海軍国だったこともあって洋上航空兵力の整備に力が注がれた。事実、第一次世界大戦直前の一九一四年七月に独立した海軍航空隊は、同時期の陸軍飛行軍団よりも指揮下の航空機の数が多かった。また、一九一三年に起工間もない商船を購入して改造を施し、翌年には水上機一〇機を搭載可能な水上機母艦『アーク・ロイヤル』を就役させるなど、艦載機の運用でも他国をリードした。

このように、主要各国軍は第一次世界大戦前から航空隊の整備を進めていたが、その用兵思想は国ごとにやや異なっていたのである。

伊土戦争では、イタリア軍が飛行機や飛行船で爆撃を行った（NARA）

伊土戦争（一九一一～一二年）では、イタリア陸軍の航空隊が、飛行船や飛行機をトルコ軍地上部隊の捜索や偵察だけでなく、史上初めて爆撃にも使用した。また、**第一次バルカン戦争**（一九一二～一三年）では、ブルガリア軍の飛行機がトルコ西部のアドリアノープル郊外の駅上空で爆弾を投下しており、これが史上初の飛行機による都市爆撃とされている。

もっとも、この頃の飛行機による爆撃は手投げ弾を投下する程度で、専用の爆撃機は無かったし、敵の飛行機と戦うための戦闘機も無かった。飛行機はすでに敵地の爆撃にも使われており敵機との戦闘も考えられていたのだが、それを効果的に実行できる専用の飛行機はまだ存在していなかったのである。

捜索、偵察、砲兵協力への活用

第一次世界大戦の初頭、飛行機はおもに敵部隊の捜索や偵察に使われた。

西部戦線では、ドイツ陸軍の野戦飛行中隊が、右翼で突進を続ける地上部隊によく追随して、敵部隊の有無や現在位置を探る捜索兵力として活躍した。これは、もともとドイツ軍が機動力を重視する「運動戦」志向の軍隊であり、大戦前から飛行機の空中躍進と地上支援部隊の自動車移動の組み合わせによる野戦飛行中隊の迅速な推進を準備していたことが大きい。つまり、緒戦におけるドイツ軍機の活躍には、同軍の用兵思想が影響していたのだ。

対する英仏連合軍の航空部隊も、ドイツ軍の航空部隊にやや遅れて成果を挙げ始めた。八月末にはイギリス軍の偵察機がドイツ軍最右翼の第1軍がオアーズ河に向かって左旋回していることをいち早く発見し、ドイツ軍主力がパリの西側を大きく回り込まずにパリの東側に向かう可能性が大きいことに気づくなど大きな成果を挙げたのだ。その一方でフランス軍の偵察機は、当初は戦線中央部に重点を置いたこともあって、このような大きな成果は挙げられなかった。

東部戦線に目を移すと、こちらでもドイツ軍機が捜索兵力としてかなりの活躍を見せている。とくに「タンネンベルクの戦い」で大勝利を収めたドイツ第8軍司令官のヒンデンブルクは「飛行機がなければタンネンベルクは無かった」とまで言っている。これは前述した普仏戦争の緒戦における遭遇戦の経過を見れば納得できる話だ。

ただし、東部戦線では、ロシア軍の航空隊の主力が旧式機だったため、ドイツ軍の航空隊は西部戦線で時代遅れになりかけた飛行機を投入するようになっていく。そのため、東部戦線の航空戦は西部戦線に比べて低調となり、航空戦術の発達は西部戦線が中心となる。

その西部戦線では、ドイツ軍の突進が英仏連合軍に阻止されて両陣営が塹壕を掘り始めると、敵味方の地上部隊が活発に機動する流動的な「運動戦」から、双方の地上部隊が陣地を築いて対峙する固定的な「陣地戦」へと移行していった。これにともなって敵部隊の有無や現在位置を確認する「捜索」の価値が低下する一方で、すでに存在が確認されている敵部隊の行動や陣地の編成などの詳細を探る「偵察」の価値が上がっていった。

とくに西部戦線で両陣営の塹壕線がスイス国境から英仏海峡まで切れ目なくつながり、その陣前に鉄条網などの障害物が設置されるようになると、従来の偵察手段の主力であった騎兵では障害物を越えて偵察することができなくなった。そのため、その先を見通せる繫留気球や飛行機による偵察の重要性が格段に大きくなったのである。

そして味方陣地の防御力や火力を生かして戦う「陣地戦」では、機動力を生かして戦う「運動戦」以上に砲兵火力が重要になる。そのため、繫留気球や飛行機による砲兵協力の重要性がさらに大きくなっていった。

もっとも、第一次世界大戦当初は機上無線機がまだ実用化されていなかったので、飛行機による砲兵協力は目標の発見や指示が中心であり、投下する火箭の色や飛行機の旋回方向（右旋回なら狙いが遠過ぎ、左旋回なら近過ぎなど）で指示するなど、まだ原始的なものであった。また砲兵観測で多用された繫留気球では、もっぱら有線電話が使用された。

その後、一九一四年九月から一九一五年二月頃までに主要各国軍で機上無線機が実用化されると、砲兵観測機では火光によるモールス信号などと併用されるようになっていく。

要するに「運動戦」から「陣地戦」へという地上戦の様相の変化に応じて、航空機に対する用兵上のニーズも変化していったのだ。

爆撃への活用

第一次世界大戦では、早い時期から飛行機が爆撃を行っている。一例を挙げると、一九一四年八月末にはドイツ軍機がパリに爆弾を投下している。

それでも、大戦初頭は各国軍とも「敵の砲兵部隊の射程外は後方」という意識が強く、戦線のすぐ後方には無防備な宿営地や弾薬集積場などの好目標が多数存在していた。そのため、爆撃用の照準器はもちろん専用の爆撃機も無かったのだが、相当の戦果を挙げることができた。爆撃作戦の例を挙げると、フランス陸軍の航空隊は、同年十一月には戦線後方約八〇キロにあるライン河流域の交通の要衝だったフライブルクの停車場やさらに東方のロットヴァイルの火薬工場を爆撃。対するドイツ陸軍の航空隊も、十一月にフランス北部の重要な港湾都市であるパ・ド・カレーを四回爆撃し、一九一五年一月には同じく港町のダンケルクに対して夜間爆撃を実施している。

これらの攻撃は、現代の用兵思想に基づいて分類すると、戦線後方の交通の要衝などを狙う「航空阻止」（英語でエア・インターディクション）や、軍需品の生産工場の破壊を目的とする「戦略爆撃」（英語でストラテジック・ボミング）の先駆けといえる。現代の用兵思想で言うと、すでにこの頃から目の前の敵部隊を撃破するなどの「戦術次元」における戦果だけでなく、よりマクロな「作戦次元」や「戦略次元」で効果を発揮するような航空攻撃が早くも行われているのだ

（「戦略次元」「作戦次元」「戦術次元」については第11章や第12章を参照のこと）。

　加えて、フランス陸軍の航空隊は、一九一四年八月九日に独仏国境に近いメッツのツェッペリン飛行船の格納庫を攻撃。イギリス海軍の航空隊も、同年十月にベルギーからケルンとデュッセルドルフの繋留場を攻撃してツェッペリン飛行船一隻を撃破し、翌十一月にはフランス東部のベルフォールからツェッペリン飛行船の生まれ故郷であるフリードリヒスハーフェンを攻撃して別の一隻を撃破している。

パリもツェッペリン飛行船に爆撃されている。写真は 1917 年のパリ爆撃（I.W.M.）

　これらの攻撃は、一見すると、敵の航空戦力の撃滅を狙った航空戦、すなわち「航空撃滅戦」と捉えることができそうに思える。しかし、これらの攻撃は、搭載能力や航続力が大きいツェッペリン飛行船を恐れたがゆえのものであって、後述する「ヴェルダンの戦い」の時のように、味方の航空作戦をスムーズに実施するために「制空権の確保」を目指したものではなかった。その意味では、やはり「航空撃滅戦」とは言いがたい。

そのツェッペリン飛行船は、一九一五年一月に初めてイギリス本土のイングランド東部を爆撃し、同年五月末には首都ロンドンへの爆撃を開始した。これらの爆撃による物理的な損害は限られたものだったが、イギリス国民の受けた心理的な打撃は大きく、弾薬工場等では欠勤が広がった。これらの攻撃は、広い意味では戦略爆撃に含まれるのだが、とくに敵国民の心理面への打撃を目的とした「恐怖爆撃」（英語でテラー・ボミング）のはしりともいえよう。

このように第一次世界大戦では、比較的早い時期から現代まで続くさまざまな航空攻撃の萌芽が見られるのだ。

戦闘機の登場と集中運用

第一次世界大戦初頭の飛行機は、基本的に固有の武装を持っていなかったが、やがて乗員が不時着時の自衛用に持ち込んでいた拳銃や騎銃（カービン）などで撃ち合うようになり、すぐにエスカレートして機関銃が搭載されるようになった。そして十月五日にはフランス軍のヴォアザンⅢが史上初といわれる航空機関銃による敵機の撃墜を記録している。

さらに一九一五年四月、フランス軍の操縦士ローラン・ギャロスは、モラン・ソルニエLの機首に機関銃を固定装備し、銃口の前を通過するプロペラの根本部分に弾丸をそらす金具を取り付けた。この固定機関銃は、従来の旋回機関銃に比べて格段に命中率が高く、ギャロスは空中戦で

同調装置付きの前方固定機関銃の装備により「フォッカーの懲罰」と呼ばれる活躍をしたフォッカーE（NARA）

次々と戦果を挙げた（ちなみにギャロスの名はテニスの全仏オープンの会場名に今も残っている）。

対するドイツ軍は、同年六月にプロペラ圏内から機関銃を発射できる同調装置付きの前方固定機関銃を搭載する単座戦闘機フォッカーE（アインデッカーの略で単葉機の意）系列を登場させ、フランス軍の爆撃飛行隊では同年八月のザールブリュッケン爆撃を皮切りに損害が続出した。フランス軍の爆撃飛行隊は、密集編隊で防御砲火の強化を図ったり援護機を付けたりするなど、その後もしばしば用いられる対策を採ったが功を奏せず、ついには爆撃飛行隊の三分の一だけをおもに夜間爆撃用として残し、それ以外は砲兵協力部隊などに改編することにした。この大損害は「フォッカーの懲罰」として知られている。

そして一九一五年末には航空部隊の用兵思想に大きな変化が起き始めた。ドイツ軍がヴェルダン方面での大攻勢に備えて、ひそかに偵察機による敵陣地の写真撮影を始めるとともに、味方の地上部隊の攻撃準備を探りに来る敵の偵察機の阻止を目指したのである。

具体的な戦術としては、旋回機関銃搭載の複座機を主力とする大量の航空部隊を集中し、当該の戦線に沿って哨戒飛行を実施させて遮断幕（英語でスクリーン）を形成する「空中阻塞」を行った。この戦術は大量の航空部隊を必要とするうえに各飛行隊の負担も大きかったが、この時は一九一六年に入ってヴェルダン周辺の天候が悪化したために、その合間にかろうじて阻塞を続けることができたのだった。そして同年二月に地上部隊の攻撃が始まった時、ドイツ軍の航空部隊は空中阻塞により敵の偵察機の活動を封殺して、味方の地上部隊の移動や集結を秘匿するとともに、味方の砲兵観測機を自由に活動させて攻撃を有利に進めることができたのだ。

第6章で述べたように、アメリカ海軍のJ・C・ワイリーは、海洋戦略を「海でのコントロールの確立」と「陸でのコントロールの確立のために、海でのコントロールを利用」することの二大要素に整理したが、この時のドイツ軍の航空戦術は「陸でのコントロールの確立のために、空でのコントロールを利用」するものだったのである。

さらにドイツ軍の撃墜王（エース）であるオスヴァルト・ベルケ（一八九一〜一九一六年）は、戦闘機を集中して敵機を積極的に駆逐する「ヤークトシュタッフェル」（戦闘飛行中隊などと訳される）略して「ヤシュタ」の編成を提案し、一九一六年八月には自らが選抜した熟練操縦士を集めたヤシュタ2（第2戦闘飛行中隊）の指揮官に就いた。同年十月にベルケは味方機との空中衝

戦闘機の組織的集中使用を実現したオズヴァルト・ベルケ（NARA）

突事故で死亡するが、ドイツ軍のヤシュタは猛威を振るい続け、一九一七年四月にはとくにイギリス軍の航空隊に「ブラッディー・エイプリル（血の四月）」と呼ばれるほどの大打撃を与えている。

こうして第一次世界大戦の半ばには戦闘機の集中使用が一般化し、現在に続く「制空権」ないしは「航空優勢」（英語でエア・スペリオリティ）の獲得を目指す航空戦術の基礎がかたち作られていったのである。

近接航空支援の一般化

ところで、大戦初期のイギリス陸軍の航空隊では、偵察を行うすべての飛行機は爆弾を携行し、適当な目標を見つけた時に投下することが定められていた。しかし、これらの飛行機のパイロットに何らかの特別な訓練が施されたわけではなかった。

これに対してドイツ軍では、爆撃飛行隊や偵察飛行隊とは別に、低空からの敵拠点への爆弾投下や敵兵への機関銃掃射などの特別訓練を積んだ「シュラハトシュタッフェル（地上攻撃飛行中隊）」を創設し、一九一七年のフランダースでの航空戦から本格的に投入し始めた。この地上攻撃飛行中隊は、通常は歩兵師団の作戦指揮下に入って、現代で言う「近接航空支援」（英語でクローズ・エア・サポート）を実施した。

対するイギリス軍も、例えば「ソンムの戦い」では一個師団当たり一機の歩兵協力機を割り当てて、歩兵部隊に先立って前方の敵陣地等を偵察して攻撃を誘導するとともに、これまでのように好目標を発見したら攻撃を行った。

さらにドイツ軍は、同軍による第一次世界大戦最後の大攻勢となった「カイザーシュラハト」で地上攻撃飛行中隊を大量投入した。ドイツ軍の地上攻撃機は、進撃する歩兵師団を先導して敵陣地に激しい機関銃掃射や爆撃を実施し、敵陣地の制圧に威力を発揮したのである。

ドイツ軍のユンカースＪ・Ⅰは、世界で初めて量産された全金属製の実用機（厳密には胴体後部は鋼管フレームに羽布張り）として知られている。同機は、単発複葉複座の地上攻撃機で、前方に固定機関銃を二挺、後席に旋回機関銃を一挺装備しており爆弾も搭載できた。また、機体の各部に敵の対空砲火から乗員やエンジンなどを護る装甲を備えていた。

こうして第一次世界大戦の末期には地上部隊の支援のために航空機を大量投入することが一般化した。そして、のちの第二次世界大戦ではドイツ軍による空地一体のいわゆる「電撃戦」に結実する。

戦略爆撃から独立空軍へ

ドイツ軍は、前述のように一九一五年から陸海軍航空隊の飛行船でイギリス本土に爆撃を加えていた。その後、イギリス軍機の迎撃によって飛行船による爆撃がむずかしくなると、一九一七年五月から大型爆撃機に切り替えてイギリス本土への爆撃を継続した。

こうした戦略爆撃作戦では、近接航空支援や洋上偵察のように航空部隊が地上部隊や海上部隊に直接協力するのではなく、基本的には航空部隊が単独で作戦を遂行する。そして航空部隊が陸軍や海軍の一部として同一の作戦目標を達成するために作戦を遂行するのではなく、航空部隊が独自の戦略目標を達成するために単独で作戦を遂行するのであれば、地上部隊や海上部隊と同じ軍に所属している必要はない。むしろ空軍として独立すべき、という意見が出てくるのは当然のことといえよう。

実際、ドイツ軍では、一九一六年初め頃から、陸海軍の航空隊をまとめて陸軍や海軍と同等の独立部隊とすることを求める声も上がっていたのだが、航空部隊への影響力の低下を懸念する海軍側の反対で実現しなかった。そこで陸軍側は、同年十月に陸軍の航空部隊や関係機関の大部分を集めて、自前の総司令部と参謀部を持つ総司令官を置き、これらを集中的に統括させることにした。

一方、ドイツ軍に本土を爆撃されていたイギリスでは、本土防空の強化を求める声が高まり、一九一八年四月には陸軍飛行軍団と海軍航空隊が統合されて「空軍（ロイヤル・エアー・フォース）」として独立した。そして同年六月には空軍の派遣航空隊が編成されて、第一次世界大戦終結までのおよそ五か月間に、ドイツ西部のケルンやフランクフルト、マンハイムなどに対して昼夜にわたって爆撃を加えた。さらにドイツの首都ベルリンに対する爆撃も計画されたが、こちらは実施前に休戦を迎えている。

こうして航空部隊は、第一次世界大戦中に大きく発展し、さらに一部の国では陸軍や海軍に次ぐ第三の軍種として独立するまでになったのである。

ドゥーエとミッチェル、セヴァスキー

次に、著名な航空用兵思想家たちを見ていこう。

第一次世界大戦後の航空用兵にもっとも大きな影響を与えた用兵思想家として、イタリアのジュリオ・**ドゥーエ**（一八六九～一九三〇年）が挙げられる。

ドゥーエは、一八八八年に砲兵学校を卒業し、一九〇〇年に陸軍参謀本部に配属された。そして一九〇九年（既述のように伊土戦争でイタリア軍が航空機を実戦投入する前）には、将来は制海権よりも制空権の獲得がより重要になることを予言している。第一次世界大戦前の一九一二年に新

『制空』を著したジュリオ・ドゥーエ（NARA）

編の第1飛行大隊に配属され、一九一四年にミラノ師団の参謀長となり、軍上層部に全面的な航空攻撃が可能な航空部隊の編成を意見具申したが受け入れられなかった。そこで軍の方針を厳しく批判する文書を閣僚の一人に送付したところ、一九一六年に軍法会議にかけられ、予備役に編入されて一年弱にわたって投獄されている。その後、一九一八年に現役に復帰して陸軍航空局技術部長となるが、実質的な権限の無さに失望して辞職。一九二一年には少将に進級して航空委員に任命されるものの再び短期間で辞職し、以後は著作と啓蒙に注力した。

そのドゥーエは、一九二一年に『制空権――航空戦技術論』（一般に『制空』と呼ばれる）を著し、のちの航空用兵に大きな影響を与えている。

彼は、第一次世界大戦の地上戦ではおもに歩兵火力の向上によって明らかに防御側が優位を確保したと認識しており、将来の戦争では火力の向上によって防御側がますます有利になると考えた。その一方で、航空機は、三次元のすぐれた運動性を備えており、効果的な防御手段が予測できず、比類ない潜在能力を持った攻撃兵力である、と指摘。この航空戦力で敵国の人口の中心や産業施設を攻撃し戦争継続の意思を粉砕することによって、地上や海上の戦いと関係なく勝利できる、と主張した。そして、この航空攻撃の成否は制空権の掌握にかかっており、その制空権は空中戦ではなく、おもに敵の地上施設や航空機産業への爆撃によって掌握される、とした。こうした思想により、ドゥーエは「戦略爆撃の父」ともいわれる。

しかし、現代の目から見ると、その後の機甲用兵の発展等によって実際には第一次世界大戦時以上に防御側が有利になるようなことはなかったし、レーダーの出現等による爆撃機に対する迎撃能力の向上を予見できておらず、戦略爆撃の効果を過大評価しているなどの問題点を指摘できる。ただし、少なくとも戦略爆撃の効果に関しては、ドゥーエが通常の爆弾や焼夷弾に加えて毒ガス弾の使用を前提としていたことも考慮すべきだろう。

ドゥーエとほぼ同時代の航空用兵の思想家に、アメリカのウィリアム・**ミッチェル**（一八七九～一九三六年）がいる。

ミッチェルは、フランスのニースで生まれ、米西戦争に陸軍の二等兵として参加。その後、少尉に任官して陸軍通信隊に配属となり、参謀大学校を経て、一九一五年に航空隊に転属となった。第一次世界大戦では一九一八年八月にアメリカ派遣軍航空隊司令官と英仏伊の航空部隊を統一指揮する連合航空隊司令官に任命され、同年九月に始まった**「サン＝ミエル攻勢」**では約一二〇〇機の航空部隊を指揮して勝利に大きく貢献している。つまり、二等兵から出世した叩き上げの将軍である。

第一次世界大戦後の一九二一年には、アメリカがドイツから賠償として得たド級戦艦『オストフリースラント』への爆撃実験を行って、これを撃沈。さらに独立空軍の創設を主張して、これを受け入れない陸海軍上層部を強く批判したため、一九二五年に軍法会議にかけられて五年間の停職処分を受けた。すると翌年に除隊し、以後は執筆や啓蒙活動に力を注いだ。

ミッチェルの主張のうち、陸海軍戦力に対する航空戦力の優位や独立空軍の創設、制空権の重要性などに関してはドゥーエと大差ない。ただし、ミッチェルは、ドゥーエほど戦略爆撃を絶対視しておらず、（とくにドゥーエと会う前の一九二〇年代半ばまでは）陸海軍の支援も軽視していなかった。また、エア・パワーの構成要素を、空軍だけでなく、民間航空を含む幅の広いものと捉えていたことも見逃せない。

右記の二人に加えてもう一人、重要な航空用兵思想家としてアレクサンダー・**セヴァスキー**（一八九四〜一九四七年）がいる。セヴァスキーは、ロシア出身でロシア海軍航空隊の搭乗員として第一次世界大戦に参加したが、ロシア革命後にアメリカに渡って市民権を得ると、航空機メーカーを創業している。

セヴァスキーの主張も、陸海軍戦力に対する航空戦力の優位や独立空軍の創設、制空権の重要性といった点に関しては、ドゥーエやミッチェルとあまり変わらない。ただし、セヴァスキーは、航空機の長大な行動半径を重視しており、敵の軍事目標への精密な爆撃を主張していた点が注目される。

いずれにしても、彼らの用兵思想は、のちの第二次世界大戦で大規模な戦略爆撃作戦に結実する。

地上戦への協力から独立空軍と戦略爆撃へ

では、この章で述べてきた航空用兵戦術の発展についてまとめてみよう。

十八世紀末にはフランス革命戦争で気球が偵察に使われ、十九世紀後半のアメリカ南北戦争では南北両軍が気球を活用し、十九世紀の末頃までに主要各国軍が気球部隊を保有するようになった。二十世紀に入るとライト兄弟が飛行機の初飛行に成功し、その八年後に始まった伊土戦争ではイタリア軍が飛行船や飛行機を捜索や偵察だけでなく史上初めて爆撃にも使用した。

第一次世界大戦が始まると、飛行機は捜索や偵察、砲兵協力や爆撃に活用され、やがて敵機との戦闘を主任務とする戦闘機が登場する。そしてドイツ軍のベルケは戦闘機の集中運用を提唱し、大戦半ばには参戦各国軍で戦闘機の集中使用が一般化。現在に続く「制空権」ないしは「航空優勢」の獲得を目指す航空戦術の基礎がかたち作られた。

また、ドイツ軍は大戦の早い時期から飛行船でイギリス本土を爆撃しており、大戦後半には大型爆撃機でイギリス本土を爆撃。大戦末期には主要各国軍で、地上部隊の支援のために航空機を大量投入する「近接航空支援」も一般化した。

そしてドイツ軍は、大戦半ばに陸軍の航空部隊や関係機関の大部分を集めて一人の総司令官に統括させるようになった。さらにイギリス軍では、大戦末期に陸軍飛行軍団と海軍航空隊が統合されて「空軍」として独立した。

航空用兵思想家を見ると、イタリアのドゥーエは、航空戦力で敵国の都市や工場を攻撃し戦争継続の意思を粉砕することによって、地上や海上の戦いと関係なく勝利できる、と主張した。また、アメリカのミッチェルも、陸海軍戦力に対する航空戦力の優位や独立空軍の創設を主張した。ただし、ドゥーエほど戦略爆撃を絶対視しておらず、陸海軍の支援も軽視していなかった。さらにセヴァスキーは、航空機の長大な行動半径を重視し、敵の軍事目標への精密な爆撃を主張した。

そして彼らの思想は、のちの第二次世界大戦で大規模な戦略爆撃作戦として実現する。

第10章　機甲用兵思想の発展

初陣ではドイツ兵をパニックに追い込んだ、イギリスのMk. I「菱形重戦車」(I.W.M.)

戦車の登場

この章では、第一次世界大戦中に始まった機甲用兵思想の発展について見ていこう。

第一次世界大戦勃発直後の一九一四年十月、イギリス陸軍のアーネスト・**スウィントン**（一八六八～一九五一年）中佐は、アメリカのホルト社が製造していたキャタピラ（無限軌道、履帯）を持つトラクターにヒントを得て、不整地を走破する戦闘車両のアイデアを思いついた。このアイデアは、帝国防衛委員会を通じて陸軍大臣のホレイショ・キッチナーに上申されたが、無視されてしまった。

しかし、海軍大臣のウィンストン・**チャーチル**（一八七四～一九六五年）はこれに着目し、一九一五年二月に「陸上艦（ランドシップ）委員会」を設立して戦闘車両の開発を推進した。当時、イギリス海軍は航空隊を欧州大陸に派遣しており、飛行場警備用のロールスロイス装甲車を攻撃的に活用して戦果を挙げていた。これを知っていたチャーチルは、この新しい戦闘車両の開発を後押ししたのだ。

当初、陸上艦委員会は、ペドレイル式無限軌道装置を持つ「ペドレイル・ランドシップ」や、ウィリアム・トリットンらが設計した「トリットン・マシーン」（「リトル・ウィリー」あるいはメーカーの所在地から「リンカーン・マシーン」とも呼ばれた）などの試作車を開発。さらに陸軍側の協力も得て陸上艦ＨＭＬＳ[1]「センテピード」（ムカデの意。「ビッグ・ウィリー」とも呼ばれた）を開発した。これがのちのすべての戦車の母体となり「マザー」と呼ばれることになる。

戦車の実戦投入

この「マザー」をベースに量産された最初の戦車（タンク）Ｍｋ．Ⅰは、巨大な菱型（というよりは平行四辺形）の車体を持っており、「菱型重戦車」として知られている。その左右の外周には無限軌道が巡らされており、車体本体の後ろに操向を補助する一組の車輪が備えられていた。

このＭｋ．Ⅰは、武装によって、もともと艦載砲から転用された六ポンド砲（口径五七ミリ）と機関銃を搭載する「雄型（メイル）」と、火砲を搭載せずに機関銃のみを多数搭載する「雌型（フィメイル）」の二種類に大きく分けられる。このうち、六ポンド砲は敵陣前の障害物や掩蓋陣地等の破壊に適しており、機関銃は敵兵の掃射に適していた。現代の戦車のような回転砲塔（ターレット）は持っておらず、これらの武装はおもに車体側面両側の低い位置にある張り出し部（スポンソン）に装備されていた。

Ｍｋ．Ⅰの雄型は車重二八トンで、乗員は八名。装甲は雄型も雌型も最大一二ミリほどだった。最高速度は六キロ／時に過ぎなかったが、車体前方の誘導輪の位置が高く、鉄条網等の障害物を乗り越えられる超堤能力を持っており、また全長も十分に長く、一般的な歩兵用の塹壕を超越できる超壕能力も備えていた。
イギリス軍は、一九一六年七月に始まった**「ソンムの戦い」**で、九月十五日にフレール方面で史上初めて近代的な戦車（タンク）を実戦に投入した。当初は六〇両を投入する予定だったが、輸送時の不手際や前線までの移動時の故障等によって、攻撃発起位置に到着したのは三二両だけ。そこから歩兵部隊を先導してドイツ軍の最前線までたどりついた戦車はわずか九両に過ぎなかった。

戦車の生みの親であるスウィントンは、戦車が最初の戦いで集中投入されなかったことを嘆いたが、この時点では歩兵と戦車の協同戦術も手探りだった。おそらく、イギリス欧州遠征軍（BEF）のダグラス・ヘイグ総司令官らにとっては、戦車も塹壕戦に対応して開発された数多くの新兵器の中の一つに過ぎなかったのであろう。それでも、鉄条網を踏み潰して機関銃弾を跳ね返す戦車は、陣地を守るドイツ兵をパニック状態に追い込み、イギリス軍の攻撃部隊はドイツ軍陣地に幅約八キロ、深さ約二キロにわたって食い込んだ。

こうして戦車は塹壕突破兵器としての価値を実戦で証明し、ヘイグ総司令官は一〇〇〇両の生産を要求することにした。ただし「ソンムの戦い」におけるイギリス軍の攻勢全体は失敗に終わり、戦車部隊の秘匿名称である「機関銃軍団重部門」の初代指揮官となっていたスウィントン大佐はその後の議論で反感を買って解任されてしまう。
対するドイツ軍は、「ソンムの戦い」で初めて戦車に攻撃された兵士が、実際にはそれほど大

1918年に少数が実戦投入されたドイツのA7V（Bundesarchiv）

きな損害が出ていないにもかかわらずパニック状態に陥ったのを見て、戦車の火砲や機関銃による物理的な打撃よりも、どちらかというと将兵の士気に与える心理的な打撃に注目したようだ。そして各部隊の兵士に対して、精密狙撃用の特殊銃弾である「K弾」（正確にはSpitzgeschoss mit Kern 略してSｍK。尖頭徹甲芯弾の意）を使えば戦車の装甲を容易に貫通できること、集束手榴弾等による近接攻撃やミーネンヴェルファー（爆雷発射機）の猛射で戦車の戦闘力を喪失させられることなどを大々的に教育した。同時にK弾を、歩兵一人当たり装弾子（クリップ）一個分五発、機関銃一挺当たり弾薬帯（ベルト）一連分二五〇発をそれぞれ支給した。

要するにドイツ軍は、前線の兵士に「戦車、恐るるに足らず」という意識を植え付けることに力を注いだのだ。

対戦車手段の発展

一方、フランス軍は、イギリス軍に次いで、砲兵大佐のジャン・ウージェーヌ・エティエンヌ（一八六〇～一九三六年）の発案で、ホルト社のトラクターをベースに、有名な火砲メーカーであるシュナイダー社とともにシュナイダーCA突撃戦車を開発した（CAはChar d'assault の略。Char は車の意、Assault は突撃の意。のちに改良型のCA－2、CA－3が開発されるとCA－1に改称された）。この戦車はイギリスの菱型重戦車よりも小型で、主砲の七五ミリ砲を車体前部右側の張り出し部に搭載していた。

次いでフランス軍は、陸軍の自動車を管轄する自動車管理部の主導でサン・シャモン突撃戦車を開発（名称はメーカーの所在地にちなんでいる）。この戦車は主砲の七五ミリ砲を車体前部中央に搭載していた。

シュナイダー突撃戦車もサン・シャモン突撃戦車も、車体長に比べて履帯の接地長が短く、とくにサン・シャモンは車体前部のオーバーハングが長かったため、塹壕や砲弾孔などに嵌まるとつかえて脱出しにくかった。

一言で言うと、初期のフランス戦車は「装甲を備えた自走野砲」とでも言うべきものであり、

“自走野砲”的な性格の強いフランスのシュナイダーCA突撃戦車（NARA）

もともと塹壕突破兵器として開発されたイギリスの菱形重戦車に比べると超壕能力や超堤能力が低く、不整地での機動力も良くなかったのだ。事実、フランス軍では戦車は砲兵科の管轄とされ、戦車部隊は「突撃砲兵部隊」と呼ばれた。そしてエスティエンヌ大佐は、一九一六年九月に突撃砲兵部隊の司令官に任命されて翌月には准将に昇進し、その指揮下に戦車部隊である「特殊砲兵大隊」が編成された。つまり、当時のフランス軍では、戦車部隊は砲兵部隊の一種だったのである。

そしてフランス軍は、一九一七年四月十六日に始まった**「エーヌ会戦（第二次エーヌ戦）」**で、シュナイダー突撃戦車を初めて実戦に投入した。当初の計画では、味方の砲兵部隊が砲撃しにくい反対斜面に構築されたドイツ軍の第二線陣地を攻撃する際に、砲兵部隊の代わりとして投入されるはずだったが、フランス軍の上級司令部は敵の第一線陣地に対する味方砲兵の攻撃準備射撃が不足していると判断し、戦車部隊を敵の第一線陣地の攻撃支援に投入することを急遽決定したのだった。

ところが、フランス軍の戦車は、ドイツ軍が準備していたK弾などの対応策によって、投入された一三二両のうち五七両を撃破され、戦車兵の四分の一が戦死するという大損害を出してしまった。

次いでフランス軍は、五月五日にサン・シャモン突撃戦車一六両を投入。このうち戦闘で撃破されたのは三両だけだったが、砲弾孔などに嵌まって動けなくなる車両が出て超壕能力の低さを露呈してしまった。

戦車の集中投入と歩戦協同戦術

イギリス軍は、戦車（タンク）Mk．Ⅰに続いて、小改良を加えたMk．ⅡやMk．Ⅲを開発。さらにK弾に耐えられるように装甲を強化したMk．Ⅳを開発した。また、この間に戦車部隊の名称は「機関銃軍団重部門」から「戦車軍団」に変更されている。

そしてイギリス軍は、一九一七年十一月二十日に始まった**「カンブレーの戦い」**で、新型のMk．Ⅳを含む四七六両もの菱型重戦車を集中。航空部隊の支援の下、歩兵二個軍団計八個師団を主力として、ドイツ軍陣地前の障害物を破壊するための準備砲撃（破壊射撃）を行わずに攻撃を開始した。戦車の集中投入による奇襲である。

この頃にイギリス軍は、戦車部隊と徒歩移動の歩兵部隊を密接に協力させて敵の塹壕陣地を攻撃する本格的な「歩戦協同戦術」を編み出した。それが「カンブレー・タクティクス」だ。例えば、歩兵二個大隊による陣地攻撃を戦車一二両で支援する場合、敵陣への接近時の隊形例を挙げると以下のようなものになる。

まず「前衛戦車(アドヴァンスド・ガード・タンク)」四両が横一列になって前進し、その後方一〇〇ヤード(約九一メートル)の間隔をあけて「主力戦車(メイン・ボディ・タンク)」八両(前衛戦車一両につき二両)が横一列で続行する。

その後方には、主力戦車一両ごとに、歩兵各一個小隊からなる「掃討隊」と「塹壕阻絶隊」が一列ないし二列程度の縦隊で続行する。このうち「掃討隊」は、おもに敵の第一線塹壕(射撃壕)や第二線塹壕(支援壕)の掃討を担当する。また「塹壕阻絶隊」は、敵の第一線塹壕と第二線塹壕を結ぶ交通壕内にバリケード(阻絶)を構築して敵兵の交通路の使用を阻止する役目を担う。そのさらに後方には、主力戦車三両ごとに、歩兵一個中隊からなる「塹壕守備隊」が続行し、奪取した塹壕の守備を担当する。▼2

なお、この頃になるとドイツ軍は、菱形重戦車が超越できないような幅広の壕を掘るようになっていたので、イギリス軍は対抗策として直径約一・五メートルの巨大な粗朶(細い木の枝を束ねたもの)束を製作し戦車の車体上に搭載した。これを壕内に投下して戦車が通過できる通路を開設するのだ。

そして敵陣地の攻撃手順は、おおむね以下のようなものであった。

まず最前列の「前衛戦車」が、敵の砲座や機関銃座等を砲（銃）撃して破壊ないしは制圧し、後続部隊の接近を援護しつつ敵陣地に接近。敵陣前に設置された鉄条網等の障害物を踏み潰して後続部隊の通路を啓開する。そのまま敵の第一線塹壕に近づいて九〇度旋回し、塹壕に沿って移動しつつ壕内の敵兵を機関銃で掃射して後続の「主力戦車」の塹壕超越を掩護する。

続いて一両目の「主力戦車」が、先行する「前衛戦車」が啓開した通路を通って敵の第一線塹壕の縁まで移動し、粗朶束を投下して塹壕を超越。第一線塹壕に沿って移動しつつ、今度は塹壕の背後から壕内の敵兵を機関銃で掃射し、後続の「掃討隊」を先導して塹壕内の敵兵の掃討を支援する。

次いで二両目の「主力戦車」が、一両目の「主力戦車」が開設した通路を通って第二線塹壕に粗朶束を投下し塹壕を超越したら、第二線塹壕に沿って移動しつつ背後から塹壕内を機関銃で掃射して「掃討隊」を先導する。

また一両目の「主力戦車」も、第二線塹壕に沿って移動しつつ機関銃で掃射するので、第二線塹壕も前後両側から掃射されることになる。そして先行する「掃討隊」に続く「塹壕阻絶隊」は、敵の第一線塹壕と第二線塹壕を結ぶ交通壕内にバリケードを構築して敵の交通壕の使用を阻止する。

一方、「前衛戦車」は、第一線塹壕の制圧を完了したら、第一および第二線塹壕に開設された通路を通って第三線塹壕に向かう。そして、同様に粗朶束を投入して塹壕を超越したら塹壕に沿って移動しつつ背後から壕内を機関銃で掃射。二両目の「主力戦車」も第三線塹壕に沿って移動しつつ機関銃で掃射するので、第三線塹壕も前後両側から掃射されることになる。

最後に「塹壕守備隊」が奪取した敵の塹壕陣地に入って敵の逆襲に備えるのだ（図16参照）。

このように、世界初の本格的な歩戦協同戦術といえる「カンブレー・タクティクス」は、あくまでも敵の塹壕陣地を奪取するための戦術であった。その意味では「陣地戦」の戦術であり、現代の機甲戦術で当たり前となっている「機動戦」の戦術ではなかったのだ。

話を「カンブレーの戦い」全体に戻すと、イギリス軍の作戦計画では、敵陣後方奥深くに突破して戦果を拡張するのは騎兵軍団（騎兵三個師団）の役目とされていた。

ところが、この戦いでは、イギリス軍の騎兵部隊がドイツ軍戦線の後方奥深くまで突破して戦果を十分に拡張することができなかった。歩兵に比べると標的となる面積が格段に大きい騎兵は、戦車の支援が無い歩兵以上に敵の機関銃に対して脆弱であり、その多くがドイツ軍の機関銃などに阻止されてしまったのだ。

対するドイツ軍は、ちょうど東部戦線から輸送されてきた増援部隊が到着しつつあったうえに、運河などの障害地形を利用して戦線の大崩壊を防ぐことができた。そして、イギリス軍の勢い（モメンタム）を止めると、続々と到着する予備兵力をまとめて反撃を開始し、滲透戦術（第8章

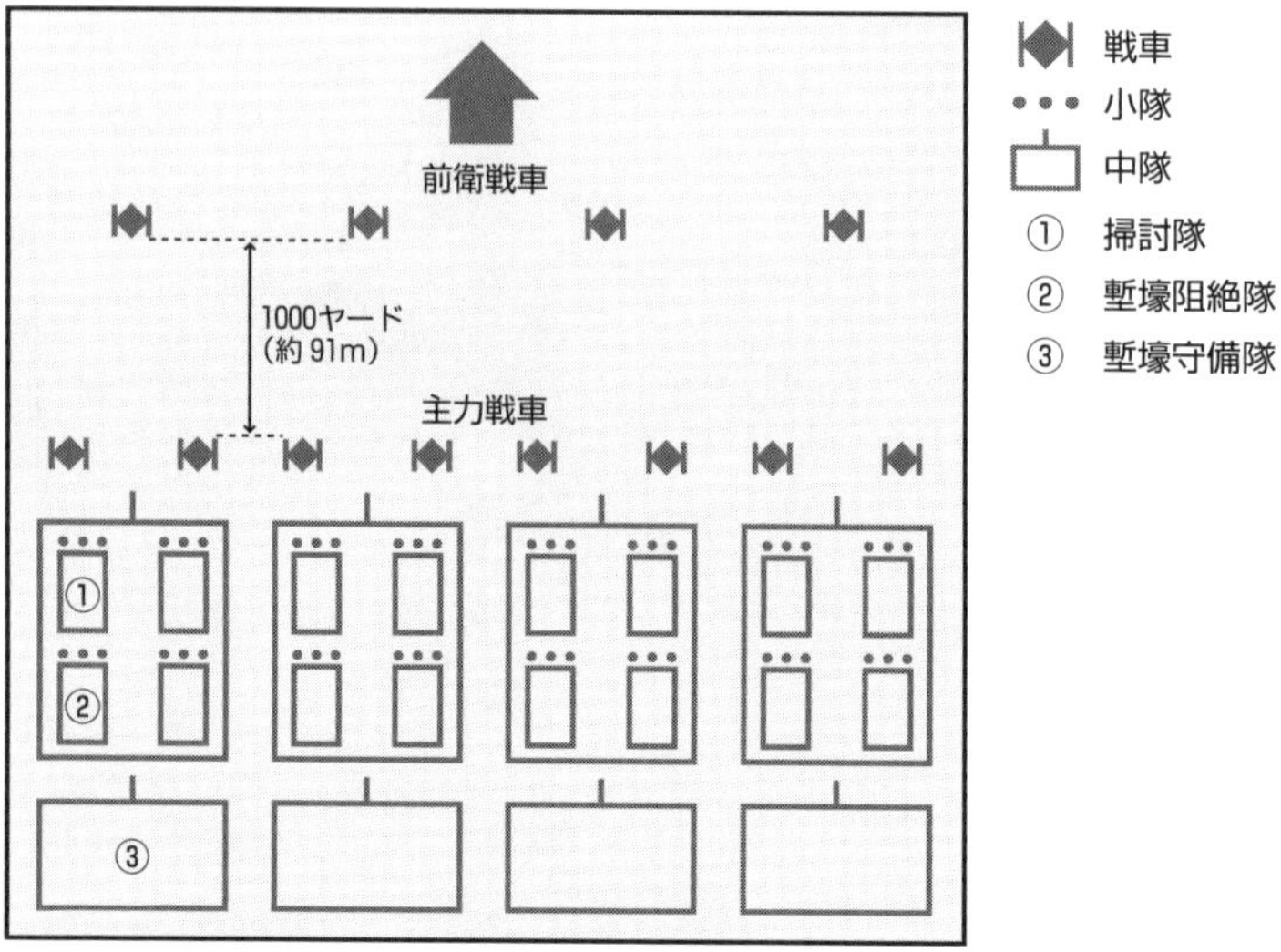

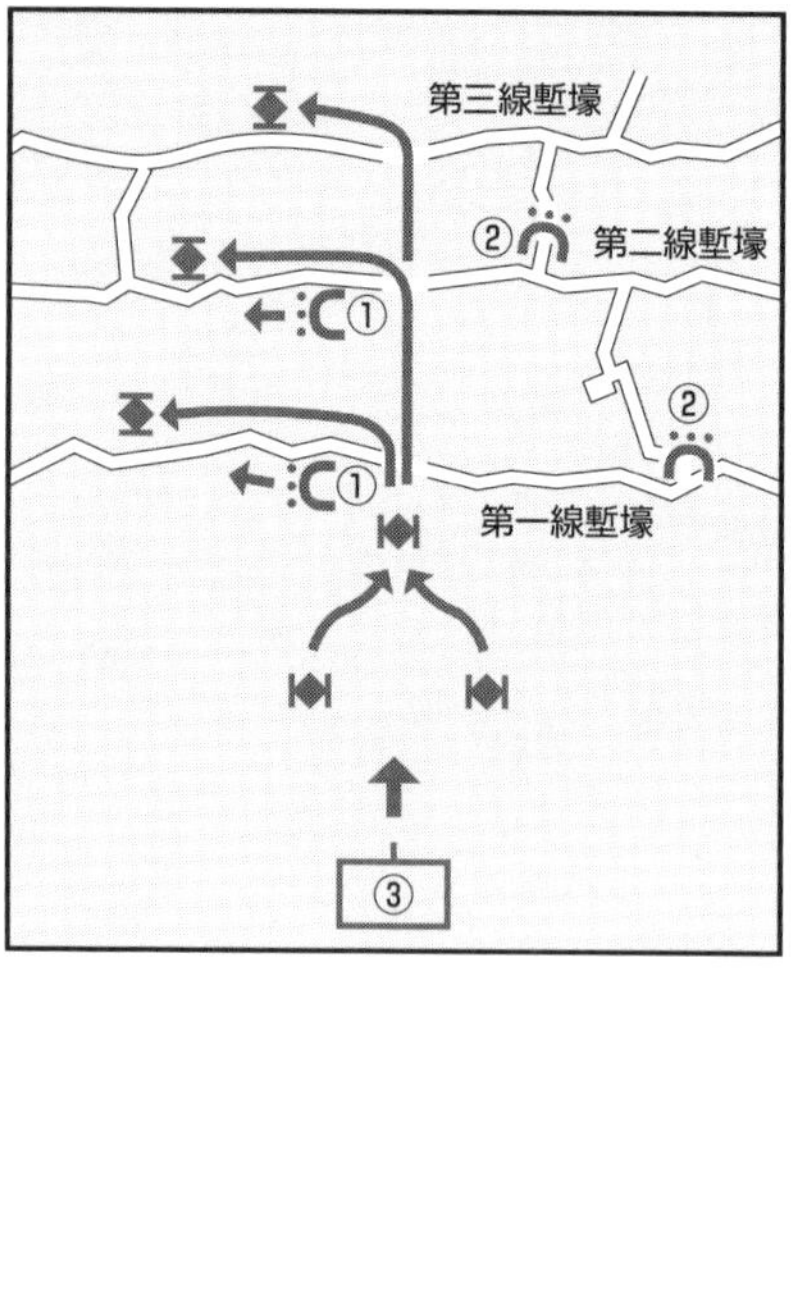

【カンブレー・タクティクス —歩兵と戦車の協同—】

カンブレー・タクティクスは世界最初の歩兵と戦車の協同戦術であった。基本は12両の戦車が歩兵２個大隊を支援した。上図は基準隊形である。下図は、敵の陣地帯への突入要領で、火力支援任務の前衛戦車に後続して主力戦車が突入。主力戦車の機関銃による塹壕内への掃射の掩護で「掃討隊」が塹壕を掃討。この間、「塹壕阻絶隊」は敵の増援を阻止。やがて「塹壕守備隊」が制圧した塹壕を確保・占領する。

図 16

を参照）も活用して失った地域のほとんどを奪回したのである。

また、この戦いで、味方の歩兵や砲兵の支援無しにフレスキエール高地の尾根を単独で越えたイギリス軍の戦車は、近距離からドイツ軍の砲兵部隊に狙い撃ちされた。この時、ドイツ軍のある砲兵将校が一人で一六両の戦車を撃破したという「フレスキエールの射手」と呼ばれる逸話が生まれている。もっとも、この地点で放棄された戦車は五両だけで、付近に三門分の砲座の形跡があったというから、どうやら伝説に過ぎないようだ。

フランス軍では、サン・シャモン突撃戦車は砲兵科の管轄だった。ちなみにサン・シャモン突撃戦車はエンジンで発動機を回し、その電力で電動モーターを駆動させるハイブリッド機関だった（NARA）

とはいえ、野砲による対戦車射撃は十分な効果があり、第一次世界大戦末期のドイツ軍は、各師団の守備地区内に野砲数門を前進させて対戦車射撃専用としたり、砲兵一個中隊を予備として牽引状態にしておき、戦車の攻撃が始まったら直ちに前進させて対戦車射撃を行わせたりするようになる。

画期的なルノーFTの登場

一方、フランス軍は、シュナイダー突撃戦車やサ

操縦席 - 戦闘室 - 機関室というレイアウトに全周旋回式回転砲塔を搭載した、画期的なフランスのルノー FT（NARA）

ン・シャモン突撃戦車に次いで、自動車メーカーであるルノー社の設計による軽戦車ルノーＦＴを開発した。車重はわずか六・五トンで、乗員は車長と操縦手の二名のみ。装甲は最大二二ミリで、最高速度は八キロ／時だった。もともとシュナイダーやサン・シャモンの指揮用として開発されたが、操縦性の良さや軽快な走行性能など優れた性能が認められて、歩兵部隊を支援するフランス戦車部隊の主力として大量生産されることになった。

　このルノーＦＴは、世界で初めて大量生産された全周旋回式の回転砲塔を搭載する実用戦車である。その車内レイアウトは、前部に操縦手席、中央部に砲塔が載った戦闘室、後部に機関室というもので、その後の戦車の基本レイアウトを確立した。イギリスの菱型重戦車ではエンジンが車内の真ん中にむきだしで鎮座しており、戦車兵はすぐそばのエンジンが発する騒音や振動で戦闘後は疲弊しきったが、乗員室と仕切られた車体後部の機関室内にエンジンを納めたルノーＦＴは、エンジンの騒音や振動が格段に小さくなり、乗員は非常に楽になった。

ルノーＦＴの武装は、当初は機関銃一挺だったが、のちに三七ミリ歩兵砲に変更したものも量産されている。これらの武装は砲塔（銃塔）に装備されて車長が射撃した。このうち機関銃搭載型は、第一次世界大戦後半にフランス軍の歩兵部隊で最小の戦闘単位となった半小隊の軽機関銃兵を装甲化したものと捉えることができる。いうなれば、敵の機関銃弾に耐えられる「装甲化された機関銃兵」である。また、三七ミリ歩兵砲搭載型は、歩兵連隊や歩兵大隊に自前の支援火砲として配備されるようになった歩兵砲に、装甲と機動力を与えたものと捉えることができる。いわば「装甲を備えた自走歩兵砲」だ。言い方を換えると、七五ミリ野砲搭載のシュナイダーやサン・シャモンが砲兵部隊の野砲の代わりだったのに対して、ルノーＦＴは歩兵部隊の軽機関銃や歩兵砲の代わりだったのである。

そしてフランス軍は、一九一八年七月十八日に始まった**「ソワソンの戦い」**で、シュナイダー一二一両、サン・シャモン八四両、ルノーＦＴ一三五両、計三四〇両（戦車数は異説あり）を集中し、パリに向かって突出していたドイツ軍の喉元を突くように反撃を開始した。この時のフランス軍は、「カンブレーの戦い」のイギリス軍と同様に、長時間の準備砲撃を実施せず、短時間の弾幕射撃に続いてパリ北東のコンピエーニュの森やレッツの森から戦車をともなった歩兵部隊が攻撃前進を開始。急襲を受けたドイツ軍は混乱状態に陥った。

フランス軍の戦車部隊は歩兵部隊を超越して攻撃を先導し、とくに軽快なルノーＦＴは黍畑や麦畑の間を逃げまどうドイツ兵を機関銃で掃射して大打撃を与えた。そして夕刻までに一万人もの捕虜と二〇〇門もの火砲を得るとともに、砲兵部隊がパリ東方のシャトー・ティエリーに向かう道路を火制範囲（火力で制圧できる範囲のこと）に捉えた。側背に危険を感じたドイツ軍はパリに向かって突出していたマルヌ河南岸の部隊を後退させ始めた。

こうしてフランス軍の反撃は成功を収めたのである。

中戦車や装甲車による戦果拡張

ところでイギリス軍は、「カンブレーの戦い」が始まる一年ほど前から、それまで騎兵が担当していた追撃任務を担当する戦車の開発に着手していた。この戦車の制式名称は中戦車Ｍｋ．Ａ（Medium Mark A の略）で、設計者であるトリットン自ら「ホイペット」というニックネームを付けた。ホイペットとは、狩猟用の足の速い中型犬の犬種名で、追撃用戦車にふさわしいものといえよう。

試作車はオースチン装甲車と同じ回転砲塔を搭載していたが、量産車では生産性の向上を狙って固定戦闘室となり、その四方に機関銃を計四挺装備した。最高速度は一三キロ／時と初期の菱形重戦車の二倍に達した。この快速の中戦車の登場によって、イギリス軍は装甲化された追撃兵力を手に入れたのである。

そしてイギリス軍は、一九一八年八月八日に始まった**「アミアンの戦い」**で、ホイペットを含む戦車四五六両を集中。菱形重戦車を先頭にドイツ軍陣地を突破すると、騎兵部隊に加えてホイペットや装甲車を投入し戦果の拡張を図った。

ところが、騎兵部隊と組み合わされたホイペットは騎兵の乗馬機動に随伴するには速度が遅く、逆に騎兵部隊は敵の機関銃に掃射されるとホイペットに随伴して前進できず、中戦車と騎兵の協同作戦はうまくいかなかった。こうした状況の中で、例えば第1騎兵師団第9騎兵旅団所属の第15軽騎兵連隊は、カナダ軍団の戦区でギニクールの攻撃時に乗馬突撃を実施し、歩兵部隊より一マイル先の敵陣地を奪取したものの多数の死傷者を出している。

その一方で、戦車軍団の第6大隊B中隊に所属するホイペットの「ミュージック・ボックス」号は、同じ中隊の他の戦車が次々と移動不能になる中、たった一両でドイツ軍戦線後方の奥深くに突入。ドイツ軍の砲兵陣地に踏み込んで観測気球まで撃破し、歩兵の宿営地に殴り込みをかけて約六〇名を死傷させ、さらに一時間以上も周辺を走り回って逃げ出したドイツ兵に機関銃弾を浴びせかけた。次いで輸送段列に突入して大打撃を与えたが、ドイツ軍の機関銃に射撃されてついに炎上。操縦手は脱出時に撃たれて戦死し、車長と機関銃手は捕虜になったが、およそ九時間にわたってドイツ軍戦線の後方で暴れ回った。

また、戦車軍団の第17大隊に所属するオースチン装甲車は、ドイツ軍戦線後方の輸送段列に突入。次いで道路沿いのドイツ軍の物資集積所を襲撃し、さらにドイツ第51軍団の戦闘指揮所を襲撃して指揮系統を寸断するなど、ドイツ軍の後方地区を荒らし回ってから帰還した。

つまり、防御側が戦線後方の整備された道路網などを利用して予備隊を迅速に投入し、戦線に開いた穴を塞いだり後方に新しい戦線を張ったりする前に、攻撃側が快速の中戦車や装甲車を活用して迅速に戦果を拡張できるようになったのだ。この「アミアンの戦い」で、ドイツ軍の第一兵站総監であるルーデンドルフは「ドイツ軍暗黒の日」と回想録に記すほどの大きな衝撃を受けている。

実は、ドイツ軍も一九一六年十一月に「A7V委員会」を設立して路外走行車輛の開発に着手し、一九一七年五月には固定武装を備えた突撃戦車（独語でシュトゥルムパンツァーヴァーゲン）A7Vの量産を決定していた。もっとも、当初の計画では、発注された一〇〇両のうち、戦車型のA7Vは一一両（木製車体の試作車を含む）だけで、残りの八九両は共通の車台だが非武装で装甲を持たない輸送型のA7U（Überlandwagen の略。不整地輸送車の意）だった。また、そもそもA7Vとは陸軍省の運輸担当第七課（Abteilung 7 Verkehrswesen）の頭文字であり、ドイツ軍ではこの種の装軌車両をおもに輸送用として考えていたことが感じられる。

A7VやA7Uの足回りは、ドイツの同盟国であるオーストリアでライセンス生産されていたホルト社のトラクターがベースになっている。A7Vは車重三〇トンで乗員は一八名。武装は五七ミリ砲一門と機関銃六挺。装甲は最大三〇ミリで、最高速度は一三キロ／時だった。A7Vの部隊配備は一九一七年十月に始められたが、第一次世界大戦終結までの生産数は試作車を含めて二一両に過ぎず、戦局に大きな影響を与えることはできなかった。

ちなみに世界初の戦車戦は、一九一八年四月二十四日に始まった「第二次ヴィエル＝ブルトヌ戦」で生起している。この戦いで、イギリス軍のＭｋ．Ⅳがドイツ軍のＡ７Ｖを砲撃し数名が死傷して数名が脱出。残った乗員がＡ７Ｖを後退させたが二キロほど後退したのちに燃料切れで放棄された。また、同日にドイツ軍の歩兵や砲兵、それにＡ７Ｖ二両に攻撃されたイギリス軍のホイペット七両のうち四両が撃破されているが、どれがＡ７Ｖの戦果かはハッキリしない。

いずれにしてもドイツ軍の戦車はごく少数であり、戦車戦は滅多に生起しなかったのである。

電撃戦への道

第一次世界大戦末期の一九一八年五月、イギリス戦車軍団参謀長のジョン・フレデリック・チャールズ・フラー（一八七八〜一九六六年）中佐は、翌年春の大攻勢を想定した作戦計画『プラン１９１９』を案出した。

その構想の骨子は、中戦車Ｍｋ．Ａ、Ｍｋ．Ｂ、Ｍｋ．Ｃに続いて開発予定の新型中戦車Ｍｋ．Ｄ二四〇〇両と、重戦車二六〇〇両を集中する。そして、まず快速の中戦車部隊を敵の各司令部に向かって急進させる。次いで重戦車部隊が歩兵部隊や砲兵部隊とともにドイツ軍戦線を攻撃して本格的な大突破を図る。最後にその突破口から別の中戦車とトラック乗車の歩兵からなる追撃部隊が前進して最初の中戦車部隊と合流し、ドイツの心臓部に向かって進撃する、というものであ

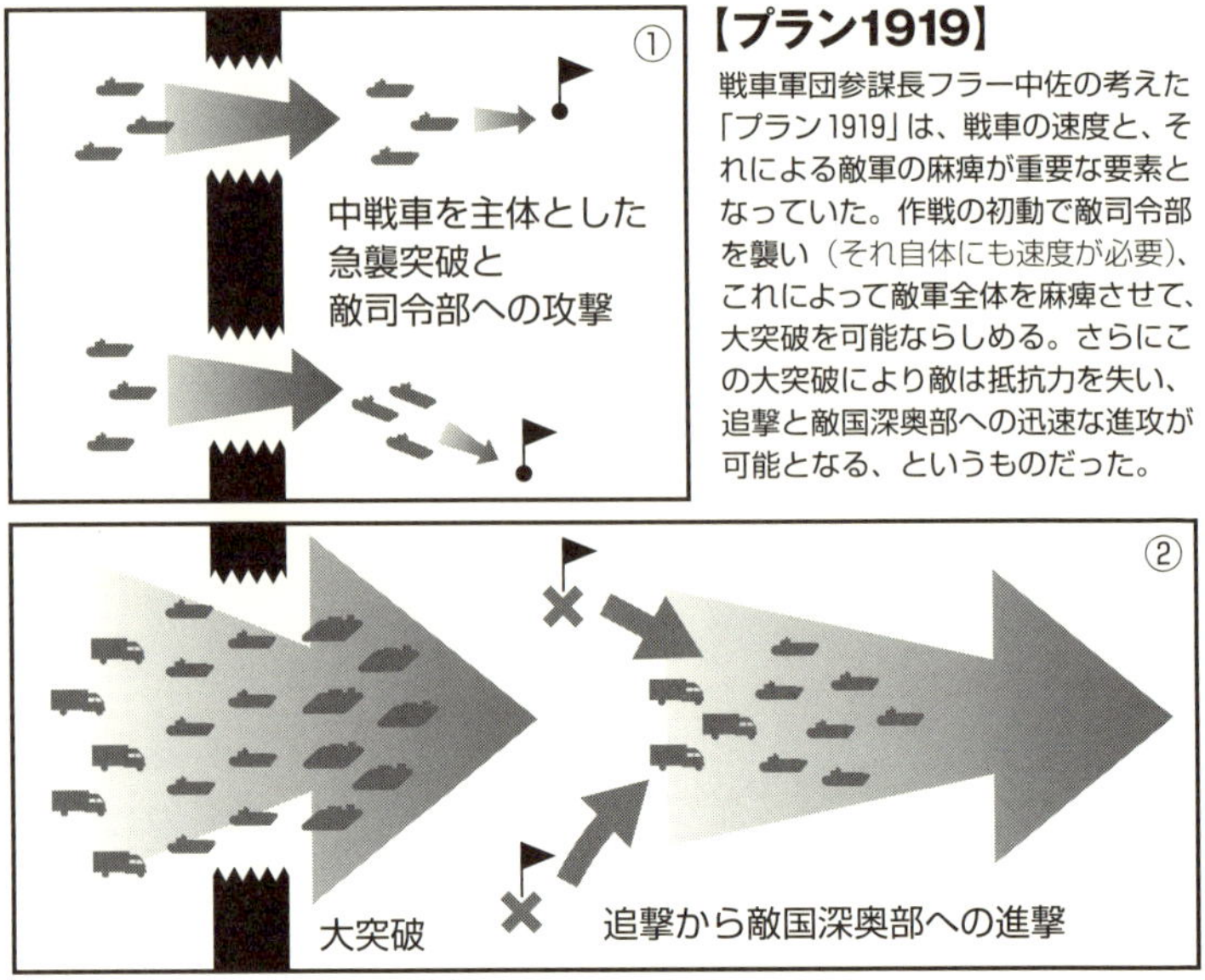

【プラン1919】
戦車軍団参謀長フラー中佐の考えた「プラン1919」は、戦車の速度と、それによる敵軍の麻痺が重要な要素となっていた。作戦の初動で敵司令部を襲い（それ自体にも速度が必要）、これによって敵軍全体を麻痺させて、大突破を可能ならしめる。さらにこの大突破により敵は抵抗力を失い、追撃と敵国深奥部への迅速な進攻が可能となる、というものだった。

図 17

った**（図17参照）**。この作戦計画では、第8章で述べたドイツ軍の「滲透戦術」と同様に、敵の指揮系統を麻痺させることを重視していた。

しかし、この計画を実行する前に第一次世界大戦は終結し、画期的な高速を目指した中戦車Ｍｋ．Ｄの開発も失敗に終わってしまうのだが、フラーは大戦終結後も計画を発展させていった。

また、イギリス陸軍の将校として第一次世界大戦に参加したバジル・**リデル＝ハート**（一八九五～一九七〇年）は、戦場で正面から敵の戦闘力の破砕を狙う直接的アプローチではなく、敵に心理的なダメージなどを与えて勝利することを狙う「間接的アプローチ」を提唱した。

これらの思想は、後述するドイツのグデーリアンにも影響を与えることになる。

一方、第一次世界大戦で敗北したドイツは、連合国との講和条約である「ヴェルサイユ条約」で、陸上兵力を一〇万人に制限され、機雷処理用の少数の航空機を除く航空機や戦車の保有も禁止されてしまった。その中で、一九二〇年にドイツ軍の統帥部長官となったハンス・フォン・ゼークト（一八六六〜一九三六年）将軍は、連合国の監視の目をかいくぐって、近い将来に軍を拡張していくための基礎を密かに作り上げていった。

ところで、第8章で述べたドイツ軍による第一次世界大戦最後の大攻勢「カイザー・シュラハト」が失敗に終わった原因の一つとして、砲兵部隊の機動力不足により歩兵部隊に十分に追随できなかったことが挙げられる。この問題に対してゼークトは、師団から軍レベルを中心として指揮や戦闘の原則などをまとめた教範『連合兵種の指揮及戦闘』を一九二一年に発布し、一九二三年にその続編を発布した。この教範は、歩兵部隊や砲兵部隊を中心とする諸兵種の協同が決定的に重要、という考え方に基づいて編纂されており、陣地の火力を生かす「陣地戦」ではなく、機動力を生かす「運動戦」を志向していた。

敵軍の指揮系統の麻痺を重視していたイギリスのジョン・F・C・フラー（I.W.M.）

一九三五年には、ヒトラーが「ヴェルサイユ条約」の破棄と再軍備を宣言。その直前には密かに準備されていたドイツ空軍の創設も公表されている。

また、これに先立ってドイツ軍は、戦車の開発を密かに進めていた。ドイツ軍のハインツ・グデーリアン（一八八八

写真左側の車体前部に機関室、その後に固定式の戦闘室というレイアウトのイギリスの追撃用の中戦車 Mk.A「ホイペット」。たった 1 両でドイツ軍戦線後方を混乱に陥れた（I.W.M.）

八～一九五四年）らの先進的な将校は、徒歩移動の歩兵部隊を主力として、鈍足の歩兵支援用戦車を装備する戦車部隊を配属するのではなく、快速の戦車を装備する戦車部隊を主力として各兵科の支援部隊を編合した「装甲師団」（独語でパンツァーディヴィズィオーン）の編成を提唱していたのである。従来の歩兵支援用の戦車部隊の機動力は徒歩移動の歩兵部隊を基準にしていたが、「諸兵科連合部隊」である装甲師団の機動力は快速の戦車部隊を基準にしており、この点で決定的なちがいがあった。

戦車部隊を支援する各部隊に、路上で快速の戦車並みの移動速度を与えるにはトラックに乗せる必要がある。また、荒れた戦場で戦車部隊に随伴できる機動力を与えるには、トラックを超える不整地走破能力を持つ装甲兵員輸送車や自走砲を配備する必要がある。同じ師団に所属するすべての支援部隊を機械化（各種の自動車や装甲車両に乗せること）することによって、師団全体の作戦テンポを大幅に向上させることができるのだ。

これによって敵軍は、装甲師団の作戦テンポの速さに付いていくことができず、主導権を失って効果的な対応を取ることができなくなる。より具体的には、防御陣地を固める前に攻撃を受けて戦線を突破され、戦線後方の司令部や兵站組織を蹂躙され、反撃部隊の投入は手遅れになって戦線の穴をふさぐことができず、増援部隊は後方を移動中に移動隊形のまま攻撃されて戦闘力を失ってしまう。

つまり、装甲師団の作戦テンポの速さ自体が大きな武器となるのだ。こうした作戦テンポの優越による主動性（イニシアチブ）の確保は、第二次世界大戦後にアメリカ軍が導入するドクトリン「エアランド・バトル」にも受け継がれていく。

「装甲師団」の編成を提唱したドイツのハインツ・グデーリアン（Bundesarchiv）

そして一九三五年にドイツ軍は快速の戦車部隊を中心とする装甲師団を正式に新編。加えて**スペイン内戦**（一九三六〜三九年）の経験などから、空軍の急降下爆撃機等による対地支援能力を向上させていった。

第二次世界大戦（一九三九〜四五年）が始まると、ドイツ軍は、装甲部隊と航空部隊を組み合わせた空地協同のいわゆる「電撃戦（ブリッツクリーク）」で大きな戦果を挙げることになる（「電撃戦」という言葉はドイツ側が言い出したものではないとされている）。その中身を見ていこう。

一九三九年九月に始まったポーランド進攻作戦は歩兵部隊を主力とする作戦だったが、装甲師団と自動車化歩兵師団を主力とする自動車化軍団が敵戦線の後方に突進した。

次いで一九四〇年五月に始まった西方進攻作戦では、自動車化軍団を集中したクライスト集団を編成。同集団は、ベルギー南部付近のアルデンヌの森を突破して英仏海峡に達し、連合軍の主力部隊を包囲撃滅してフランスを短期間で屈服させることに成功した。

さらに一九四一年六月に始まった独ソ戦の緒戦では、自動車化軍団（のちに装甲軍団に改称）を集中した計四個の装甲集団（のちに装甲軍に改称）を活用し、キエフやミンスク等でソ連軍の大軍を包囲して大打撃を与えた。

これらの戦いでは、ドイツ空軍が、まず敵の飛行場などを攻撃して敵の空軍を撃滅する「航空撃滅戦」を展開して制空権を掌握。続いて、敵戦線後方の集結地点や鉄道操車場などを攻撃して前線への移動を阻止し、敵の司令部や通信施設などを攻撃して指揮系統を混乱させ麻痺させた。ドイツ軍の地上部隊は、空軍の支援の下で敵戦線を突破。装甲部隊は、敵の強固な拠点は後続の歩兵部隊にまかせて迂回し、側面を気にせず敵戦線の後方奥深くに突進して敵主力を包囲殲滅したのである。

実はフランス軍も、第二次世界大戦前から前述のエティエンヌやシャルル・ド・ゴール（一八九〇～一九七〇年）らが大規模な機械化部隊の編成を主張しており、ドイツ軍の進攻前に、戦車を主力とする装甲予備師団（Division Cuirassée de Réserve 略してＤＣＲ）と、軽戦車や装輪装甲車を装備する軽機械化師団（Division Légère Mécanique 略してＤＬＭ）を各三個編成していた。

このうち、ＤＣＲは、その名のとおり上級司令部の予備として戦線後方に置かれ、敵の戦車部隊に味方戦線を突破された時に反撃に出ることなどが考えられていた。また、ＤＬＭは、騎兵師団に軽戦車や装甲車等を配備して機械化したもので、かつては騎兵師団が担当していた捜索や警戒、追撃などを担当することになっていた。フランス軍全体では火力を中心とする「陣地戦」を志向しており、これらの師団をドイツ軍の装甲師団のように集中して攻撃的に運用することは考えられていなかったのである。そしてドイツ軍の進攻が始まると、戦車を主力とするＤＣＲの大部分は、運用のまずさから大きな戦果を挙げることなく消耗してしまった。

アメリカでは、第二次世界大戦前に小規模な機械化部隊を編成したものの、常備軍の規模が小さいこともあって、大戦勃発まで大規模な機械化部隊は編成されなかった。

日本では、昭和九年（一九三四年）に初の機械化兵団である独立混成第一旅団を編成するが、昭和十三年（一九三八年）に廃止されてしまった。

ソ連では、ミハイル・トハチェフスキー（一八九三～一九三七年）らが機械化部隊の活用を含む用兵思想を発展させて、独ソ戦前に大規模な機械化軍団を編成していたが、これについては次章で述べよう。

カンブレーから電撃戦へ

では、この章で述べてきた機甲戦術の発展についてまとめてみよう。

第一次世界大戦では、イギリス軍が一九一六年の「ソンムの戦い」で史上初めて近代的な戦車（タンク）Ｍｋ．Ⅰを実戦に投入。一九一七年の「カンブレーの戦い」では同種の菱形重戦車を集中投入し、また歩戦協同戦術を発達させていった。そして一九一八年の「アミアンの戦い」では、菱形重戦車を先頭にドイツ軍陣地を突破すると、騎兵部隊に加えて快速の中戦車や装甲車を活用して戦果を拡張。ドイツ軍に大きな衝撃を与えた。

一方、フランス軍は、一九一七年の「エーヌ会戦」からシュナイダー突撃戦車を実戦に初めて投入。さらにフランスが開発したルノーＦＴ軽戦車は、世界で初めて大量生産された全周旋回式の回転砲塔を搭載する実用戦車で、その後の戦車の基本レイアウトを確立した画期的な戦車であった。

対するドイツ軍は、少数のＡ７Ｖ突撃戦車を投入しただけに終わっている。

第一次世界大戦末期には、イギリス戦車軍団参謀長のフラーが、大規模な戦車部隊を中核とする作戦計画『プラン１９１９』を案出。また、イギリス軍出身のリデル＝ハートは「間接的アプローチ」を提唱した。

これらに影響を受けたドイツ軍のグデーリアンらの先進的な将校は、第二次世界大戦前に、快速の戦車を装備する戦車部隊を主力として各兵科の支援部隊を編合した「装甲師団」の編成を提唱。第二次世界大戦の初期にドイツ軍は、装甲部隊と航空部隊を組み合わせた空地協同のいわゆる「電撃戦」で大きな戦果を挙げたのだ。

注

▼1 His Majesty's Land Ship の略で、国王陛下の陸上艦の意。
▼2 各歩兵部隊の名称の訳語は陸軍技術本部高等官集会所編『戰車戰』(兵用圖書株式会社、一九三五年)文中のものに従った。

第11章　ロシア・赤軍の用兵思想の発展

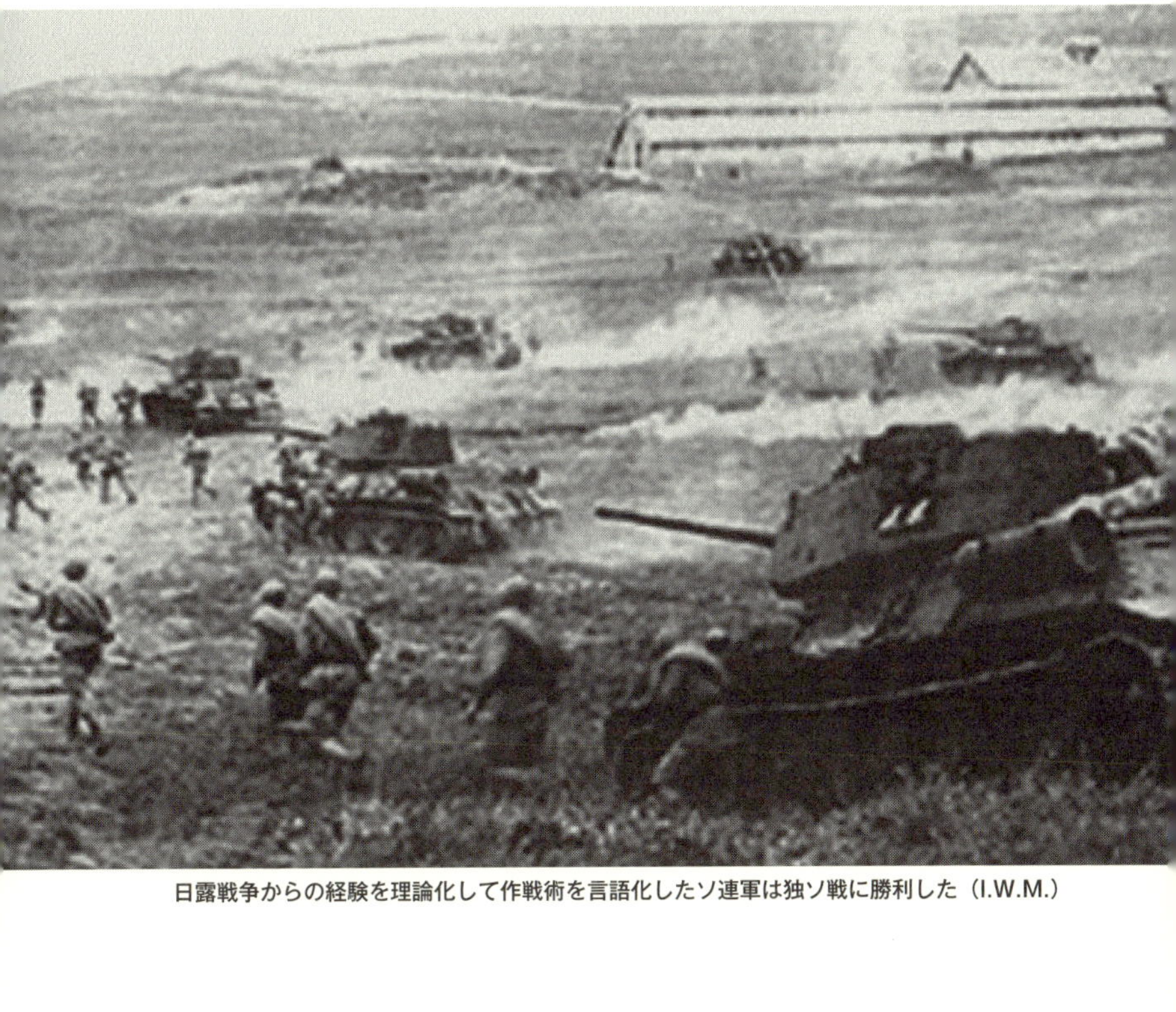

日露戦争からの経験を理論化して作戦術を言語化したソ連軍は独ソ戦に勝利した（I.W.M.）

決勝会戦と軍の連携の困難性

この章では、現代の世界の用兵思想にも非常に大きな影響を与えているロシア軍／ソ連軍（以下「赤軍」と記す）の用兵思想の発展について見てみたい。

二十世紀初頭の**日露戦争**（一九〇四～〇五年）では、日露両国の陸軍はともに決勝会戦を行おうと作為し、それに勝つことで戦争全体の勝利を得ようとした。それ以前の戦争でも、例えばナポレオン戦争の時代では「アウステルリッツの戦い」（一八〇五年）のように、またドイツ統一戦争の時代では普墺戦争中の「ケーニヒグレーツの戦い」（一八六六年）のように、戦争全体の勝敗を決定づける「決勝会戦（決戦）」で勝った側が、戦争全体の勝利を収めていたからである。

ところが、日露戦争に先立つドイツ統一戦争（一八六四～七一年）の頃から動員兵力が急激に増大し、鉄道の活用などによって戦場が広域化したことなどから、一回の会戦（英語ではバトル）で戦争全体の勝敗を決定づけることがむずかしくなっていた。実際、日露戦争中の陸戦ではそのような決勝会戦は生起せず、「遼陽会戦」や「奉天会戦」などの大規模な会戦を経ても戦争全体の決着はつかなかった。結局、日露戦争は、陸上決戦ではなく、「日本海海戦」という艦隊決戦で日本海軍が圧倒的な勝利を収めたことにより、戦争の終結に向けて大きく動き始めたのであった。

こうした経験は、ロシア軍やのちの赤軍の進歩的な将校の間に、現在の戦争では単一の決勝会戦によって戦争全体の決着がつくことは稀であり、いくつかの会戦の連続になる、といった認識が生まれる大きな要因となった。

ここで再びドイツ統一戦争の例を挙げると、この戦争の立役者となったプロイセン軍参謀総長のモルトケ（大モルトケ）は、各軍に派遣された参謀長や参謀との間の独自の連絡系統や電信などを活用し、例えば前述の「ケーニヒグレーツの戦い」では三個軍による外線作戦を成功させている。

しかし、日露戦争時のロシア軍には、広域化した戦場で複数の軍を効果的に指揮統制できる仕組みがなく、日本軍の五個軍とロシア軍の三個軍が参加した「奉天会戦」では、ロシア軍が日本軍に包囲される危険にさらされて、奉天を日本軍に明け渡して後退することになった。そして日露戦争後のロシア軍は、最高司令部の指示に基づいて複数の軍を指揮統制する中間の指揮結節として「正面軍」（方面軍あるいは戦線とも訳される）司令部を置くようになった。

だが、**第一次世界大戦**（一九一四〜一八年）緒戦の「タンネンベルクの戦い」（一九一四年）では、ロシア軍のジリンスキー将軍率いる北西正面軍は指揮下の第1軍と第2軍をうまく連携させることができず、ドイツ軍の第8軍に各個撃破されてしまった（第7章参照）。その一方で、大戦半ばの「ブルシーロフ攻勢」（一九一六年）では、ロシア軍のブルシーロフ将軍率いる南西正面軍が指揮下の四個軍をうまく指揮統制して、敵に攻勢正面を悟られることなく広い正面で奇襲的に

ソ連は1920年代から巨大な機械化軍団の創設に動いていた。写真はBT快速戦車（I.W.M.）

攻勢を開始。事前の綿密な偵察や攻撃訓練、砲兵による短時間だが正確な準備射撃などと相まって、オーストリア軍に大打撃を与えることに成功した（第8章参照）。

こうした経験は、のちの赤軍の「作戦術」において、その重要な構成要素である、異なる正面の「連携（シンクロナイズ）」という考え方に発展していく。

縦深戦闘と連続作戦の端緒

第一次世界大戦後半の一九一七年にロシア革命が勃発してソヴィエト政権が成立し、翌一九一八年に労働者・農民赤軍、いわゆる赤軍が創設された。

ソヴィエト政権の陸海軍人民委員（他国の国防相に相当）兼最高軍事会議（のちに共和国革命軍事会議に改称）議長に就任したレフ・**トロツキー**（一八七九～一九四〇年）は、赤軍の立ち上げを主導。革命以来の慣行であった選挙による将校の選出をやめさせ、旧ロシア帝国軍の将校を採用するとともに、一種の「お目付け役」として各師団、旅団、連隊に共産党から政治将校（コミッサール。政治委員とも訳される）を派遣して各師団長、旅団長、連隊長と対等な責任を負わせ、各正面軍や軍にも各司令官、参謀長、政治将校からなる合議制の革命軍事会議を設置するなど、数々の改革を実行して革命後の内戦でいわゆる白軍に勝利を得る立役者となった。

その内戦と諸外国による干渉戦争（一九一七〜二二年）では、白軍の第4騎兵軍団が、航空偵察に支援されて赤軍戦線の後方奥深くに侵入し、赤軍側が備蓄していた軍需物資を破壊するなどして暴れ回った。これに刺激された赤軍も騎兵部隊を編成し、やがて軍規模に拡張。赤軍のセミョーン・**ブジョンヌイ**（一八八三〜一九七三年）将軍率いる第1騎兵軍は、ウクライナやクリミア、カフカスなどを転戦して伝説的な戦果を挙げた。西欧諸国に比べると道路や鉄道などの交通インフラが未整備なロシアでは、騎兵の大部隊による敵戦線後方での機動戦が大きな威力を発揮したのである。これが赤軍における「縦深戦闘」（英語ではディープ・バトル）の端緒となった。

そしてポーランド軍の大規模なウクライナ進攻から始まった**ソヴィエト・ポーランド戦争**（一九二〇年）では、当初は赤軍が守勢に立たされた。その後、騎兵四個師団を基幹とし装甲車隊や装甲列車まで所属する第1騎兵軍の増援を得た西南正面軍（同正面軍の革命軍事会議議長はヨシフ・スターリン）と西部正面軍は攻勢に転移。ミハイル・**トハチェフスキー**（一八九三〜一九三七年）将軍率いる西部正面軍は、ポーランドの首都ワルシャワに迫った。

この時トハチェフスキーは、第1騎兵軍がワルシャワ南方のルブリン方面から圧力をかけることを望んでいたが、第1騎兵軍はポーランド軍に拘束されてトハチェフスキーの西部正面軍とう

『赤軍野外令』の制定で中心的な役割を担ったミハイル・トハチェフスキー

まく連携できなかった（これがのちのスターリンとの確執の一因となる）。

逆に、それまでの進撃で疲弊し補給線が伸びきっていたトハチェフスキーの西部正面軍の主力は、ソヴィエトの勢力拡大を望まないフランスから送り込まれた援助物資や軍事顧問のマキシム・**ウェイガン**（一八六七〜一九六五年）将軍の指導もあって、奇跡的に立ち直ったポーランド軍に南側面から反撃されて敗退した。要するに赤軍は、西南正面軍と第1騎兵軍や西部正面軍をうまく連携（シンクロナイズ）させることができなかったのである。

この「ヴィスワ河の奇跡」といわれるポーランド軍の勝利によって、戦局はポーランド軍の優位に大きく傾き、最終的にはソヴィエト側がポーランド側に領土面で大きく譲歩することで講和が成立した。

その後、トハチェフスキーは、一九二三年刊行の著書『ヴィスワ河畔進攻作戦』の中で、現代の広正面の戦いでは一回の打撃で敵を壊滅させることはできないので、連続して複数の撃破作戦を行う必要がある、と主張し、のちの本格的な「連続作戦」理論の萌芽の一つとなった。

その一方で、一九二八年にトハチェフスキーの後任の参謀部長となる**ボリス・シャポシニコフ**

（一八八二〜一九四五年）は、この戦いについて、クラウゼヴィッツの『戦争論』を引用して「攻撃の限界点」を超えて西部正面軍が進撃を続けたことなどを批判している。

ドクトリン制定への動き

ところで、赤軍の立ち上げを主導したトロツキーは、トハチェフスキーやこれから述べるフルンゼらが目指した正規兵からなる軍隊ではなく、企業や農場などを編制の基礎とする民兵制を主張していた。兵士を、一般社会から隔絶された兵営の中ではなく、日常の労働の場と大差ない環境で訓練することによって、軍隊が保守反動的な性格を帯びることを防ぎ、いついかなる時も人民の側に立って行動できるようになる、と考えていたのである。こうした思想は、フランスの社会主義者である**ジャン・ジョレス**（一八五九〜一九一四年）の思想に影響を受けたものといわれている。

またトロツキーは、ジョミニ的な「不変の原則」に基づく「軍事科学」を否定し、マルクス主義がそうした原則を掲げるドクトリンを提供するという思想に反対した。彼は「一般に、戦争の理論もしくは軍事科学と称されるものは、客観的な事柄を説明する科学的法則をすべて網羅したものというのではなく、それは、実際に行われた臨機応変の対応や、熟練の結果なされた方法を集めたもの」[▼1]と考えていたのである（ちなみに、クラウゼヴィッツの思想を受け継ぐモルトケは「戦

ソ連軍のドクトリンの制定に大きな影響を与えたミハイル・フルンゼ（I.W.M.)

略とは臨機応変の体系である」と述べている。つまり、過去の戦例の単なる集積などではなく、ある概念に基づいて「体系」化したもの、と捉えていたのであろう）。

これに対して、内戦中に東部正面軍の司令官などを務めて大きな活躍を見せたミハイル・**フルンゼ**（一八八五〜一九二五年）は、一九二一年に『統一軍事ドクトリンと赤軍』と題した論文を発表し、軍全体で統一されたドクトリンの必要性を訴えた。当時の赤軍には公式のドクトリンがなく、軍の戦略が不明確、と考えていたのだ（ちなみにモルトケは、普仏戦争前の一八六九年に、来るべき戦争で協同して作戦する南ドイツ諸邦軍にプロイセン軍と共通のドクトリンを示すために『高級指揮官に与える教令』を書き上げている。これこそが「体系」化の実例といえよう）。

またフルンゼは、赤軍は国益のための軍隊ではなく世界の労働者を守るための軍隊であり、プロレタリアートで構成される積極的な軍隊は攻勢主義を採って主導権を握り機動戦を展開すべき、と主張した。

そもそもフルンゼは、プロレタリアート国家とブルジョア国家との戦争を不可避と捉えており、それは生死をかけた戦争であるがゆえに長期の持久戦になると予測していた。また、将来の戦争は国民のほとんどを動員する総力戦となり、その戦争の帰趨を決するのは大衆である、と唱えた。そして、総力戦に備えて、初等学校や中等学校で軍事の学科教育や教練をほどこし、さらにアメリカの予備将校訓練部隊をモデルに将校教育を行うことや、トラクターやトラックなどを平時には民間に貸し出し戦時には軍に徴発する制度の導入を提案した。ただし、農民的な性格を持つ民兵は防勢作戦には向いていても攻勢作戦には向いておらず、赤軍の基礎は職業軍を核とすべき、とも主張していた。

フルンゼは、一九二四年に共和国革命軍事会議議長代理（他国の国防次官に相当）に任命され、翌年にはトロツキーに代わって陸海軍人民委員兼革命軍事会議議長となった。そして政治将校制度を改めて部隊の指揮系統を一本化する「単一指揮制」を導入するなどの「軍制改革」を進めたが、同年に胃潰瘍の手術中に急死する。

ただし、その一九二五年には戦術の原則などをまとめたドクトリン文書である『赤軍野外教令草案』が起案されており、後述する一九二九年制定の『赤軍野外教令』を経て、一九三六年には極端な攻勢主義を明記し戦車部隊の機動力を活用することなどを定めた『赤軍野外教令』（厳密には『一九三六年発布臨時労農赤軍野外教令』）が発布されることになる。

また、赤軍は、ソ・ポ戦争後に正規軍と民兵を組み合わせた編制に移行して一旦は民兵組織の占める割合が増加したものの、一九三五年には完全な正規軍への改編が決定されることになる。

これを見るとわかるように、フルンゼの主張はのちの赤軍のドクトリンや軍制を先取りしたものだったのである。そして、赤軍将校の軍事教育の充実にも力を注いだフルンゼの名は赤軍の軍事アカデミーに冠され、「M・V・フルンゼ名称軍事アカデミー」（改称前の教育内容から陸軍大学校とも意訳される）として冷戦終結後の一九九八年まで受け継がれていくことになる。

機械化への動き

一方、トハチェフスキーは、フルンゼの下で一九二四年に赤軍参謀部第一次長となり、翌年には参謀部長となって、一九二九年版『赤軍野外教令』の起案時に中心的な役割を果たした。この『赤軍野外教令』では「戦略戦術機動力は軍の戦闘力の重要な部分を占めるもの」とされており、機動力の重要性が強調されていた。ただし、赤軍はまだ機械化の途上にあって、軍の主兵は歩兵とされており、戦車は常に歩兵および騎兵と行動をともにすることになっていた。

そのトハチェフスキーは、一九二八年に打ち出される第一次五カ年計画に関する議論の中で、大規模な機甲兵力と長距離航空兵力を持つ機械化された強大な軍隊を創設するための第一歩として、ソヴィエト経済の軍事化を主張した。その第一次五カ年計画は戦車五〇〇〇両、航空機三五〇〇機の生産を目標としていたが、トハチェフスキーの構想は戦車五万両、航空機四万機、狙撃師団（他国でいう歩兵師団）および騎兵師団二六〇個からなる巨大な軍隊の整備を目指すものだった。

しかし、共産党書記長のスターリンはトハチェフスキーの主張を拒絶。トハチェフスキーは「赤い軍国主義者」のレッテルを貼られてレニングラード軍管区司令官に転出し、後任の赤軍参謀部長には既述のようにシャポシニコフが就いた。

ただ、いずれにしても赤軍は機械化に向けて大きく動き始めており、一九二八年には実験的な機械化連隊が初めて編成され、翌年には赤軍兵器本部に自動車化機械化監督局の新設が決定されて、一九三一年には最初の機械化旅団が編成される。

一方、レニングラード軍管区司令官となったトハチェフスキーは、一九二〇年代末から実験的に空挺部隊を運用し、空輸可能な豆戦車や軽トラック、サイドカーなどを導入することによって、敵戦線後方奥深くに作戦する「縦深作戦」（英語ではディープ・オペレーション）に空挺作戦を組み合わせることを考えた。

そしてトハチェフスキーは、一九三一年には中央に戻って陸海軍人民委員代理兼赤軍兵器本部長となり、赤軍の機械化を強力に推進していくことになる。

連続作戦理論や縦深作戦理論の発展

後述するスヴェーチンとともにフルンゼ軍事アカデミーの教官などを務めたニコライ・**ファロフォロメーエフ**（一八九〇〜一九四一年）は、第一次世界大戦中のドイツ軍の作戦を分析するなどして、『戦争と革命』誌に多数の論文を発表し、一九三三年に『打撃軍』を著すなど、赤軍における「連続作戦」理論の基礎を作り上げた。

一九三一年五月にシャポシニコフの後任の参謀部長に就任（ただし七月に航空機事故で急死）したウラジミール・**トリアンダフィーロフ**（一八九四～一九三一年）は、それ以前から、将来の戦争は機動戦になると予測し、機械化された大衆軍が戦場を支配すると考えていた。そして、強力な砲兵部隊に支援された四～五個の狙撃軍団を基幹とする打撃軍数個による作戦を提唱した。

具体的には、まず事前の綿密な偵察により入念に選定された二つ以上の地点で敵戦線を突破し、最初の五～六日で三〇～三六キロ進撃して敵部隊を分断包囲して各個撃破する。続いて、後退する敵部隊を追撃し一八日～二〇日で一五〇～二〇〇キロ進撃。さらに最後の五～六日で三〇～五〇キロ進撃して敵の予備兵力の合流を阻止しつつ敵野戦軍主力を殲滅する、と三段階の作戦である。約三〇日間の「連続作戦」であり、敵の縦深およそ二〇〇キロにもおよぶ「縦深作戦」である。この作戦案を見ると、第一次世界大戦中の「ブルシーロフ攻勢」の影響が強く感じられる。

さらにトリアンダフィーロフは、打撃軍の主力となる機械化された高い機動力を持つ狙撃部隊に加えて、大規模な空挺部隊の編成を提案した。

このうち、空挺部隊に関しては、一九三〇年に狙撃（他国でいう歩兵）三個中隊を基幹とする赤軍初の空挺隊の創設が陸海軍人民委員部に認可され、国産落下傘の量産も始められて、モスクワ軍管区やヴォロネシ軍管区で落下傘降下演習が行われた。そして、一九三二年の『縦深作戦のための暫定的教程』では、空挺部隊は地上部隊と連携して敵戦線後方の飛行場や補給処、鉄道の破壊などを実行することになった。同年にはレニングラードに置かれていた空挺訓練部隊が特殊空中突撃旅団に改編されており、翌一九三三年にはレニングラード軍管区で落下傘、自動車化狙撃、野砲の各一個大隊と輸送機中隊三個を基幹とする第3空輸旅団が編成された。

その後も空挺部隊の拡張は続き、一九三六年までにキエフおよびベラルーシ軍管区にも空挺旅団が置かれて計三個となり、さらに極東方面にも空挺連隊三個が置かれることになる。空挺部隊の総兵力は、一九三三年に約一万人となり、一九三六年には約一万五〇〇〇人に達する。

また空挺部隊と並行して、既述のようにトハチェフスキーが強く主張していた機械化部隊の拡張も進められていった。一九三二年には赤軍初の機械化軍団が編成され、翌年のメーデーまでに機械化軍団二個と独立機械化旅団六個が編成された。

これらの部隊に配備される戦車に関しては、これに先立つ一九三一年に、イギリス製のヴィッカーズ六トン戦車をベースにしたT－26軽歩兵戦車や、アメリカ製のクリスティーM１９３０をベースにしたBT－２快速戦車が採用されていた。そして、一九三四年には赤軍自動車化機械化監督局が赤軍装甲車戦車局に改編され、T－26やBTの大量生産が進められていく。

こうして赤軍は、「連続作戦」理論や「縦深作戦」理論の発展とともに、それを実行するための機械化部隊や空挺部隊の拡充を進めていったのである。

全縦深同時打撃と梯団攻撃

赤軍は、一九三五年に空挺一個旅団を含む三個軍が参加するキエフ大演習を成功させ、一九三六年にはベラルーシ（白ロシア）で一個旅団規模の空挺部隊で飛行場を確保して、増援の狙撃一個師団を空輸する機動演習を成功させた。

さらに、その一九三六年には既述のように『赤軍野外教令』を改訂した。この教令では、攻撃部隊を打撃部隊と拘束部隊の二つに分けて、それぞれを二線または三線に配置し、主攻正面と他の正面の二正面で攻撃を発起することになっていた。つまり、複数の梯団が連続的に攻撃する「梯団攻撃」と、異なる正面の「連携（シンクロナイズ）」という概念の組み合わせがハッキリと盛り込まれたのである。

また、例えば敵陣地が三つの陣地帯で構成されている場合には、敵の第一陣地帯だけでなく、第二陣地帯や第三陣地帯の各守備隊や予備隊、それを支援する砲兵部隊、さらには敵戦線後方の増援部隊等も含む敵の戦闘部署の全縦深を、味方の航空機や砲兵部隊、戦車部隊を組み合わせて同時に打撃し、それぞれの敵部隊を孤立させる「全縦深同時打撃」が基本とされた。

これによって、味方の第一線部隊はもちろん第二線部隊や第三線部隊に対しても、敵の砲兵部隊が砲撃してきたり、敵の予備隊や増援部隊が逆襲をかけてきたりすることもなくなるので、味方の各部隊は敵の各陣地帯の守備隊だけを相手にすればよいことになる。敵の守備隊は、砲兵支援を受けられなくなり、予備や増援が来ることもなくなり、事実上孤立するので包囲が可能になるのだ。

そして攻撃側の打撃部隊は、まず第一線部隊が敵の第一陣地帯を攻撃して突破する。ここで第一線部隊が激しく消耗しても、無傷の第二線部隊が第二陣地帯を攻撃して突破する。もし、第一線部隊が敵の第一陣地帯をうまく突破できなかったら、第二線部隊が第一線部隊を支援して敵の第一陣地帯を突破する。敵の第二陣地帯以降の攻撃も同様に攻撃し、必要に応じて予備隊も投入する。こうして敵戦線を突破したら、敵の後方に戦車部隊や自動車乗車の狙撃部隊等を進出させて敵の退路を遮断し、さらに飛行機や機械化部隊、騎兵等で退却中の敵部隊を襲撃して敵の退却を阻止し、敵を殲滅するのだ（図18参照）。

作戦術の言語化

ところで、第4章でも述べたように、元プロイセン軍の将校ビューロー（一七五七〜一八〇七年）は、「戦略」や「戦術」という軍事用語の意味を明確化したことで知られている。繰り返しになるが、具体的には、戦略を「敵の砲の射程外ないし視界外におけるすべての軍事行動」とし、戦術を「この範囲内のすべての行動」と定義したのだ。つまり、「戦略」と「戦術」を、マクロ

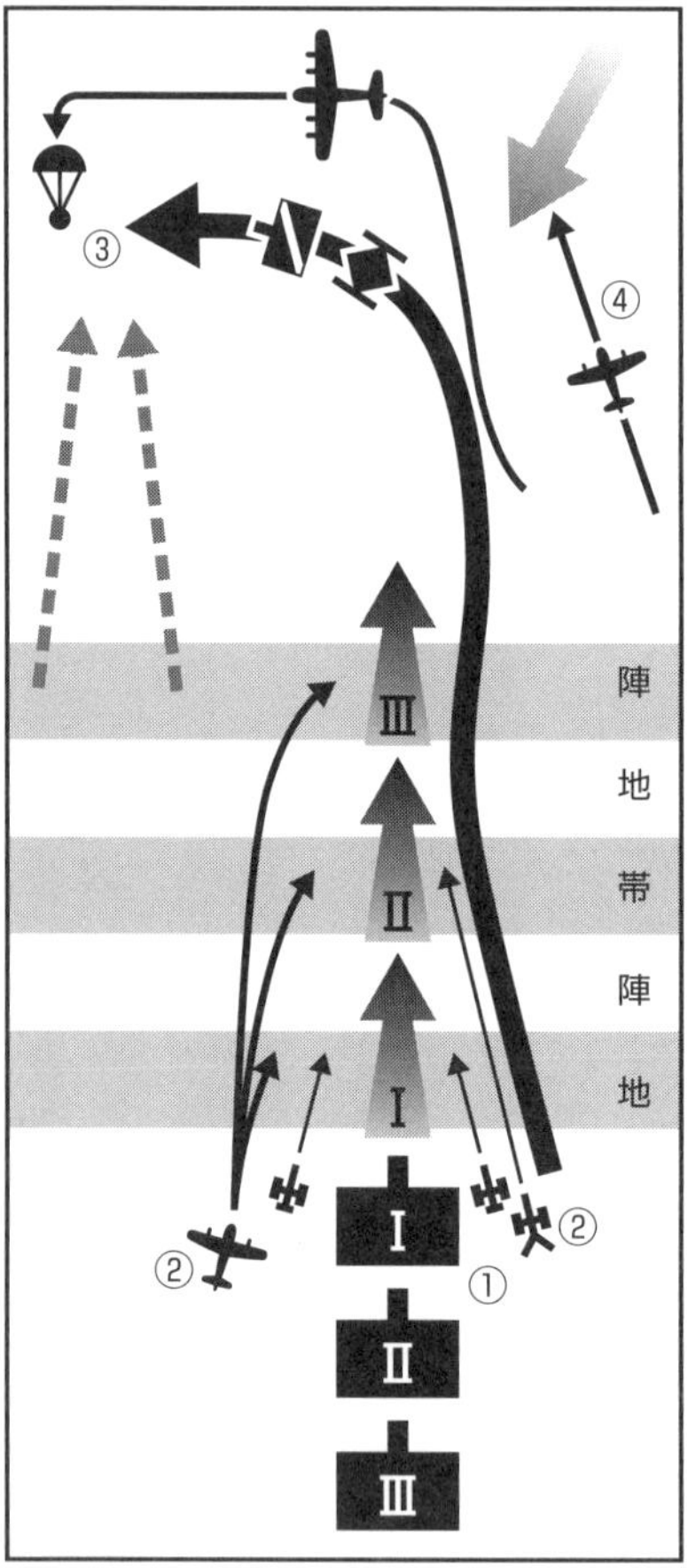

【全縦深同時打撃と梯団攻撃】

下図にあるように第１次世界大戦のような陣地突破の攻撃方法では、攻撃部隊は、陣地帯陣地の抵抗や敵の予備隊の逆襲などにより戦力を擦り減らし、最終的には敵の増援部隊に突破を阻止されてしまう。これに対して赤軍の全縦深同時打撃と梯団攻撃は、敵の全縦深を同時に叩くことで敵陣地帯陣地の抵抗力を弱め、かつ予備隊の行動を妨害する。そして梯団攻撃によって突破後まで自軍の戦力を保持することができた。さらに騎兵、戦車、空挺部隊によって追撃と包囲により敵軍を殲滅する。①三個梯団に区分された突破兵団　②敵陣地帯を砲爆撃する長距離砲兵と航空部隊　③敵を包囲する騎兵、戦車、空挺部隊　④敵の増援を妨害・阻止する航空部隊。

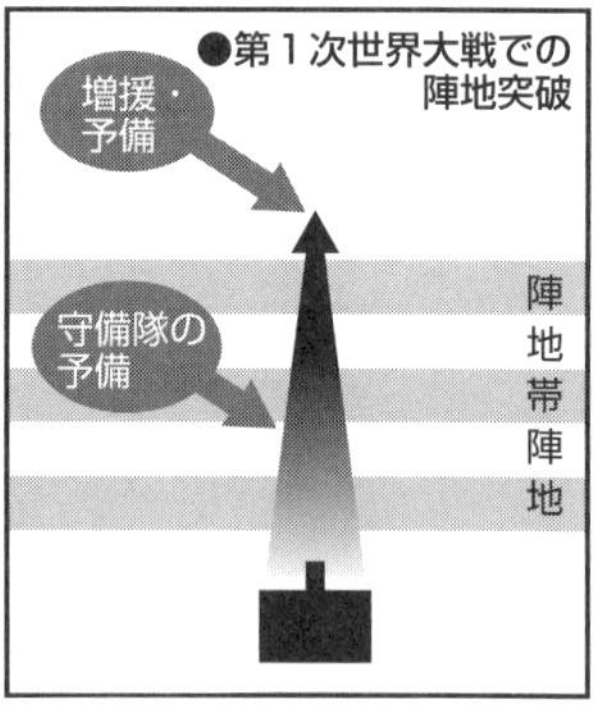

図18

な「戦略」とミクロな「戦術」という階層構造に整理したのである。

さらにビューローは、「戦略としては低級、戦術としては高級」な戦略と戦術の中間領域を意味する用語が必要という認識から「若干の戦術行動を調整して単一の行動へと融合させること、もしくは若干の些細な行動を統合することによって最終的な目標を達成する際の中間の段階を実現すること」[2]という意味で「作戦」という言葉を用いるようになった。

また、プロイセン軍参謀総長のモルトケ（大モルトケ）は、戦争の目的を規定するのは「戦略」であり、その戦略目的を達成する手段として連隊や中隊など個々の部隊を用いる「戦術」がある、と考えていた。そして、戦略と戦術の中間領域で、決勝会戦に向けて準備した兵力を用いて戦うことを「作戦的」（独語でオペラティーフ）と形容した。実際にモルトケは、ドイツ統一戦争において複数の軍をそのように用いて決勝会戦を作為し、「ケーニヒグレーツの戦い」のような決勝会戦を実現して勝利を収め、戦争全体の帰趨を決定づけている。

一方、ロシア軍／赤軍では、これまで述べてきたような日露戦争や第一次世界大戦、革命後の内戦の経験などから、単一の会戦の勝利によって戦略目的を達成することはできない、と認識されるようになり、やがて相互に関連した連続する複数の「作戦」からなる「戦役」（英語ではキャンペーン）の勝利によって戦略目的を達成する、という考え方が出てきた。

その先駆けとして、例えばロシア軍将校のアレクサンドル・**ネズナモフ**（一八七八〜一九二八年）は、第一次世界大戦前から、会戦より上位の戦闘規模を指す「交戦」（露語の綴りはсражение）

「作戦術」を初めて明確に言語化したアレクサンドル・スヴェーチン（I.W.M.）

という新たな軍事用語を用いており、ロシア軍の軍事ドクトリンの発展には作戦的な視点が必要と主張していたことが伝えられている。

そして、第一次世界大戦中はロシア軍最高司令部の幕僚や北部正面軍の参謀長などを務めていたアレクサンドル・**スヴェーチン**（一八七八〜一九三八年）が、ついに「作戦術」（英語ではオペレーショナル・アート）という言葉を案出する。スヴェーチンは、帝政ロシア軍から赤軍に転じて、一九一八年八月から共和国革命軍事会議の下で主に後方支援を担当していた全ロシア中央本部の参謀長に就任し、その後はフルンゼ軍事アカデミーの戦略学部の教官などを務めた。そして一九二三〜二四年の戦略学の講義の中で「作戦術」という新しい軍事用語を作りだし、自著『戦略』の中で、個々の戦闘のためのミクロな「戦術」と、戦争全体を対象とするマクロな「戦略」を結ぶ両者の中間概念として「作戦術」を明確に定義した。これ以前にも、モルトケのように実質的には「作戦術」的な概念に気付いていたと思われる軍人が見受けられるのだが、その概念を初めて明確に言語化したのはスヴェーチンなのだ。

作戦術とは何か

そのスヴェーチンは、作戦術を「戦略の示す道筋に沿って戦術的成功を接合している架け橋」と表現している。

また、第二次大戦後にソ連で出版された兵語辞典では「作戦術」を次のように定義している。「地上部隊の方面軍作戦、軍作戦ならびに各軍種の準備と実行の理論と実際を研究する兵術の構成部分、作戦術は戦略と戦術を結ぶ環である。戦略の諸要求に立脚し作戦術は戦略目的達成のため必要な作戦準備と実行の方法を定め、且つ作戦目的と作戦任務に合致するように諸兵連合部隊を準備し、実施するため必要な戦術の基礎諸元を与える[▼3]」。

これこそが赤軍における「作戦術」なのだ。当たり前の話をすると「作戦術」の厳密な定義は時期や国によって微妙に異なるが大枠では変わらない。これは前述のビューロー以降の「戦術」や「戦略」という言葉の定義と同様である。

さて、右記のように「戦略目標を達成するために必要な諸作戦を実行する」あるいは「戦術的成功を接合して戦略目標を達成する」ための具体的な手法の一つとして「フェイズ管理」がある。ある「戦役」（英語ではキャンペーン）全体を、いくつかのフェイズに分割し、各フェイズの目標（具体的には個々の作戦の作戦目標と捉えてもよい）を段階的に達成していくことで、最終的に戦略目標の達成を目指すのだ（**図19参照**）。この場合、適切な中間目標の決定が重要となる。

この「戦役（キャンペーン）」の実例を挙げると、太平洋戦争（一九四一～四五年）中の「ガダルカナル・キャンペーン」などが挙げられる。アメリカ軍のガ島上陸から日本軍がガ島から撤退

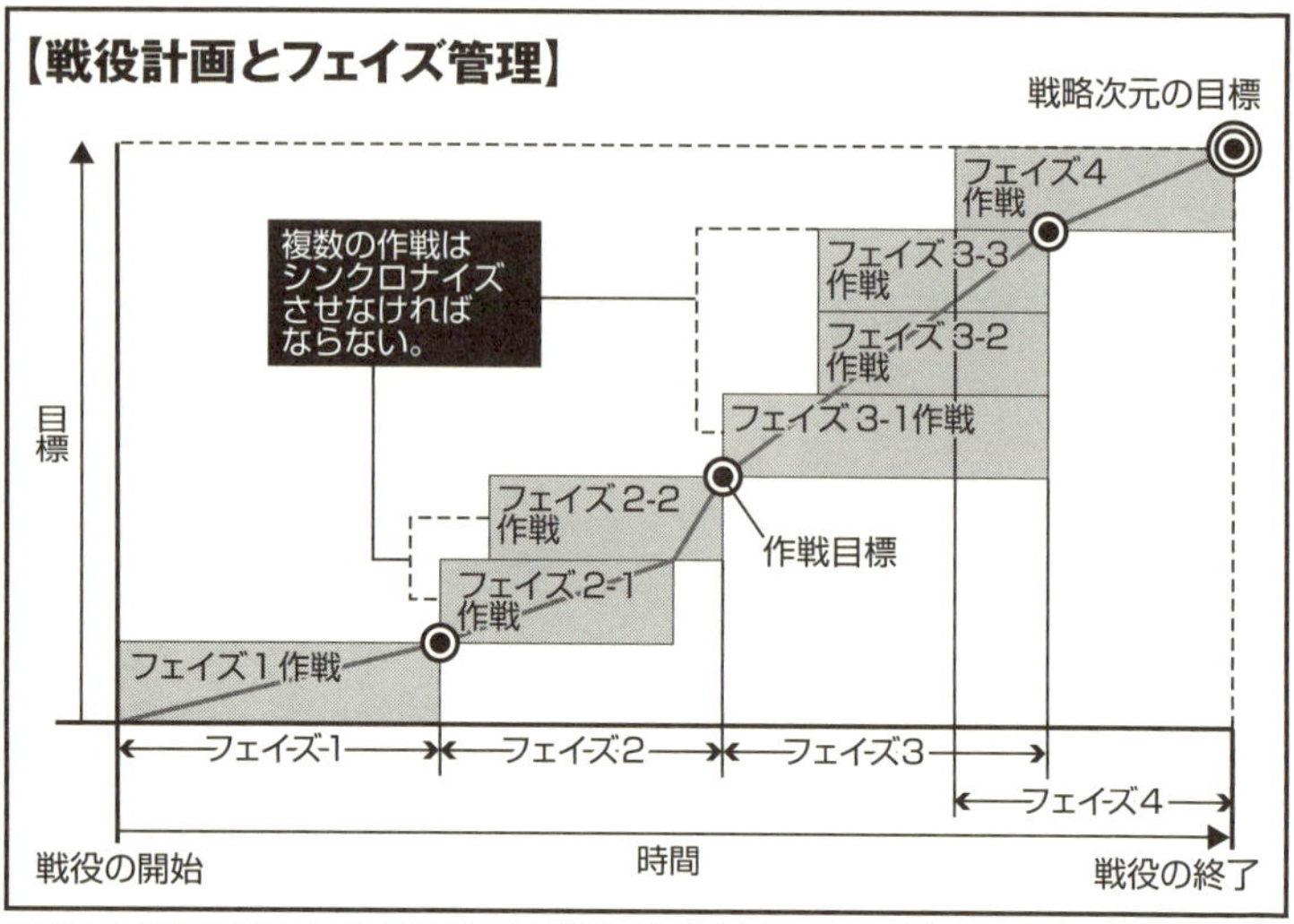

複数の作戦を相関連させて戦術次元と戦略次元を繋ぐための具体的な術策が「作戦術」である。複数の作戦行動は時間的に長期にわたるが、その際に用いられる手法が「フェイズ管理」である。

図 19

するまで、ガ島の周辺では「第一次ソロモン海戦」や「サボ島沖海戦」「第十七軍主力による総攻撃」など多数の海戦や陸戦、航空戦が行われており、これらを総称して一般に「ガダルカナル・キャンペーン」と呼ぶ。

前述の「フェイズ管理」の手法を用いると、例えば、フェイズ1「ガ島周辺の制空権の確保」、フェイズ2「ガ島周辺の制海権の確保」、フェイズ3「強力な陸上兵力の揚陸」、フェイズ4「敵陸上兵力の排除」といった中間目標が考えられる（もっとも、当時の日本軍では「作戦術」の発想が明確に言語化されておらず、個々の作戦を相互に関連付けて一連の戦役とし戦略目標の達成につなげていくことを、実行していくことができなかった）。

こうした手法を見ると、「作戦術（オペレーショナルアート）」は、個々の「作戦」を関連付けて一連の「戦役」として組み立てていくという意味で「戦役術」とでも訳すべきもののように思えるかもしれない。たしかに、個々の作戦を関連付けて一連の「戦役」とし戦略目標の達成を目指すことは「作戦術」の重要な要素であり、その点に関して「作戦術とは一連の戦役を組み立てていく術策を含むもの」と理解するのはかまわない。だが、それでは「作戦術」という言葉が本来持っている、「戦術」と「戦略」をつなぐ術策をすべて包含する幅の広さが失われてしまう。一例を挙げると、ある正面での攻勢作戦と同時期に発動される別の正面での攻勢作戦を関連付けて戦略的勝利につなげていくことも、「戦略目標を達成するために必要な諸作戦を実行する」という意味で「作戦術」に含まれる。個々の作戦を関連付けて組み立てていくことの中には、時間的な関連付けだけでなく、空間的な関連付けも含まれるのだ。

さらに念を押しておくと、「作戦術」とは、なにかの特定の個別具体的な手法を指すものではない。例えば前述の「フェイズ管理」は、作戦術において活用される手法の一つに過ぎない。繰り返しになるが、「作戦術」とは「戦術」や「戦略」と同様に幅の広い概念なのだ。

作戦術の発展と適用

話を第二次世界大戦前の赤軍に戻そう。

一九二四年にフルンゼ軍事アカデミーを卒業したゲオルギー・**イセルソン**（一八九八～一九七

六年）は、第10狙撃軍団の参謀長などを経て軍事アカデミーに戻ると作戦学部長などを務め、一九三二年に『作戦術の発達』を著すなどして「作戦術」や「縦深作戦」理論のさらなる発展に貢献した。

こうして赤軍では一九三〇年代前半頃まで「作戦術」や「縦深作戦」理論が大きく発展していくのだが、トハチェフスキーやスヴェーチンらは一九三〇年代後半にスターリンによって粛清されて、発展も一旦止まってしまう（ただしイセルソンはスターリンによる大粛清も生き延びて、彼らの功績が再評価される一九七〇年代まで生き長らえることになる）。

それでも、一九四一年にドイツ軍のソ連進攻によって独ソ戦が始まると、赤軍は「作戦術」の概念に基づいて、複数の作戦を相互に関連付けて一つの「戦役」として計画し、最終的に勝利を手にすることになる。一例を挙げると、独ソ戦中の一九四三年には、同年夏の東部戦線中央のクルスク方面でのドイツ軍による夏季攻勢作戦「ツィタデレ」から始まる一連の戦いで、

クルスク戦での防勢

そのすぐ北での「クトゥーゾフ」作戦（とオリョール奪回）

ハリコフ南方のイジュムと東部戦線南部のミウス川付近での牽制攻撃

ハリコフ付近での「ルミャンツェフ」作戦（とハリコフ奪回）

戦線中央での「スヴォーロフ」作戦（ただしスモレンスク奪回には失敗）

ドニエプル河に向けての連続攻勢作戦（とスモレンスク奪回）

と、複数の正面軍を時には時間差をつけて「連携（シンクロナイズ）」させるなど、相互に関連付けられた複数の作戦を実施して、はるか西方のドニエプル河にまで達している（図20参照）。

そして、この「作戦術」の概念は、（次章で詳しく述べるが）現在では世界の主要な国の軍隊のほぼすべてで（それぞれの概念規定に若干の差異はあるものの）欠くことのできない重要な用兵思想の一つとなっている。

核戦争に対応したＯＭＧ

作戦術を活用して独ソ戦に勝利を収めた赤軍は、その後も基本的には一九三六年版『赤軍野外教令』で確立された「縦深作戦」を発展させ続けていく。

赤軍は、一九五〇年代半ばから大規模な部隊改編に着手し、わずかに残っていた騎兵師団を完全に廃止するとともに、重装備の機械化師団と軽装備の狙撃師団を改編して、バランスのとれた自動車化狙撃師団に一本化した。また、第二次世界大戦中の赤軍は、アメリカ軍やドイツ軍のように歩兵を輸送するための半装軌式（前輪はタイヤで、後ろに無限軌道を備えた、いわゆるハーフトラック）の装甲兵員輸送車を大量生産せず、もっぱら軍用トラックに乗せたり、戦車に歩兵を跨乗させて敵陣地に突っ込ませたりしていた（これをタンク・デザントと呼ぶ）が、第二次世界大戦後は装輪式や全装軌式の装甲兵員輸送車を量産して自動車化狙撃師団等に配備するようになった。

【ソ連軍1943年夏季攻勢 ―戦役の具体例―】

ソ連軍はクルスク突出部の防衛を第１フェイズとして、相互に連携する作戦を連続して実施してドイツ軍を圧倒すると、９月後半にはドニエプル河のラインにまで進出した。

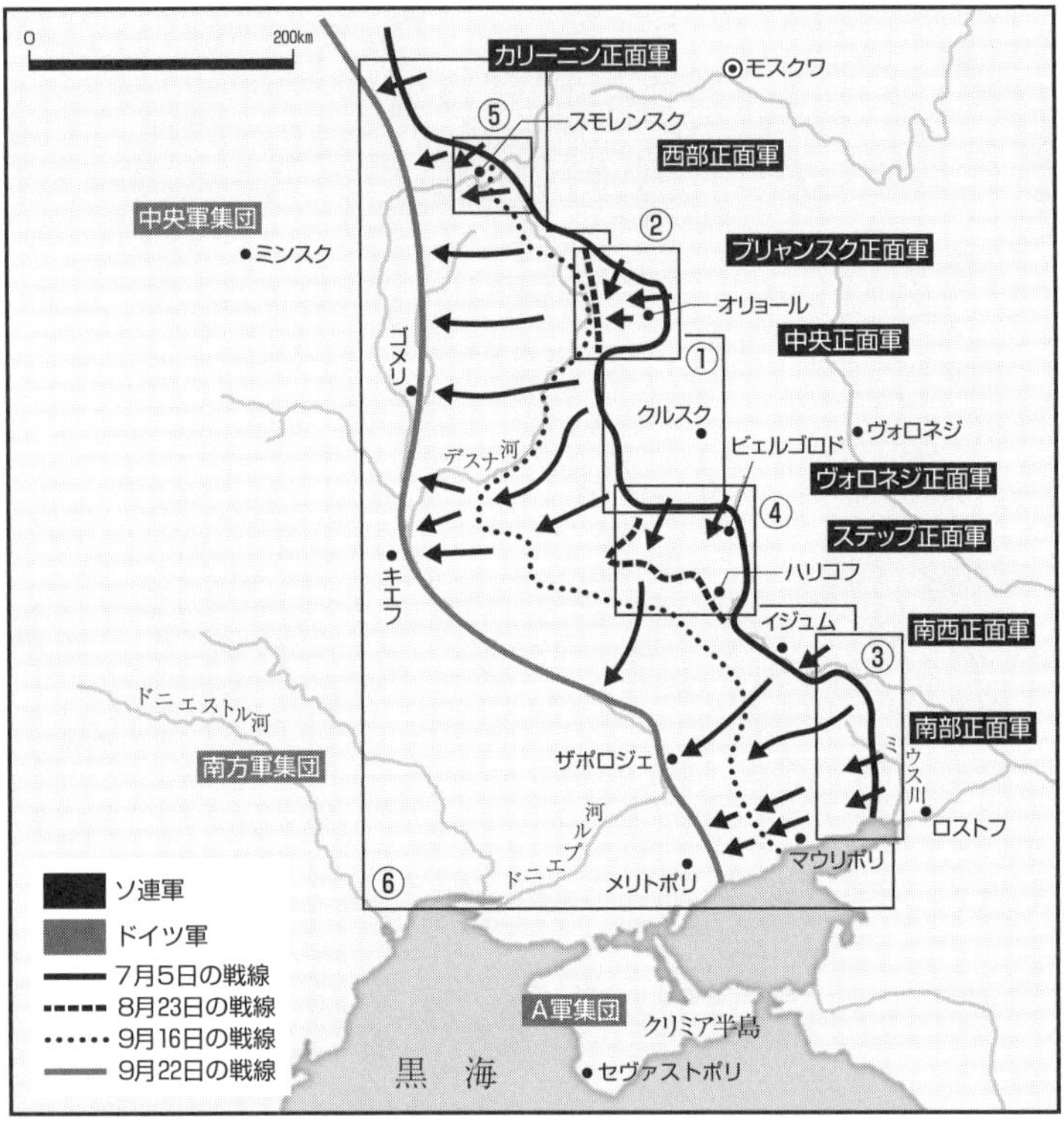

①第１フェイズ：クルスク防衛戦（7月5日～13日）
②第２フェイズ：「クトゥーゾフ」作戦（7月12日～8月17日）
③第３フェイズ：イジュムとミウス河での牽制攻撃（7月17日～8月3日）
④第４フェイズ：「ルミャンツェフ」作戦（8月3日～8月23日）
⑤第５フェイズ：「スヴォーロフ」作戦（8月7日～8月中）
⑥第６フェイズ：ドニエプル河への連続攻撃（8月24日～9月22日）

図 20

次いで一九六〇年頃から、核攻撃で多くの部隊が一挙に撃破されるのを防ぐために、各部隊がより広い範囲に展開してより流動的に戦うようになり、これと並行して核戦争に対応した密閉式の兵員室を持つ装甲兵員輸送車が自動車化狙撃師団等に配備されていった。

さらに一九六六年には、乗員三名と歩兵八名が乗車し、強力な武装と高い機動性に加えて、放射性物質に汚染された地域内でも密閉された車内の歩兵が車体各部に設けられた銃眼から携行する軽火器で射撃できる「乗車戦闘能力」を備えた画期的なBMP歩兵戦闘車を制式採用し、戦車師団や自動車化狙撃師団に所属する自動車化狙撃連隊等に配備を進めていった。

このBMP（のちに改良型のBMP－2が登場するとBMP－1に改称）は、歩兵をいちいち下車展開させずに戦闘を継続できるので、核戦争だけでなく通常戦争においても機械化部隊の機動力をさらに向上できる、と考えられた。また、一九七〇年代初め頃から、各種の自走砲や攻撃ヘリコプターなどを開発、配備していった。

こうして赤軍は、機械化部隊の火力や機動力を大きく向上させて敵戦線のより奥深くまで迅速に突破進撃できる能力を磨いていったのだ。

さらに一九八〇年代になると、赤軍は、戦車師団や自動車化師団を基幹として、空挺師団や空中機動部隊、特殊部隊等を統合した「作戦機動部隊」（英語ではOperation Maneuver Group 略してOMG）を編成し、「縦深作戦」に活用するようになった。とくに欧州正面では、各正面軍がOMGをNATO軍戦線の後方奥深くまで迅速に進撃させて、特殊部隊（スペッツナズ）等によるN

ATO軍核関連施設への急襲とあわせて、通常兵力で劣勢に立つNATO軍による戦術核兵器の使用をむずかしくすることを狙っていた。

このように赤軍は、第二次世界大戦前に作り上げた「縦深作戦」理論を、ソ連崩壊まで発展させ続けていったのである。

連続作戦や縦深作戦から作戦術へ

それでは、この章の最後に、ここまで述べてきた二十世紀初頭からのロシア軍／赤軍の用兵思想の発展を振り返ってみよう。

日露戦争では大規模な陸上会戦を経ても決着がつかず、ロシア軍やのちの赤軍で、現在の戦争では単一の決勝会戦によって戦争全体の決着がつくことは稀であり、いくつかの会戦の連続になる、という認識につながっていった。

この日露戦争の後、ロシア軍は、複数の軍を指揮する正面軍司令部を置くようになり、第一次世界大戦中の経験などから、のちの赤軍の「作戦術」の重要な構成要素である、異なる正面の「連携（シンクロナイズ）」という考え方へと発展していく。

そして、ロシア革命に続く内戦と諸外国による干渉戦争では、騎兵の大部隊による敵戦線後方での機動戦が威力を発揮し、赤軍における「縦深戦闘」の端緒となった。また、ソ・ポ戦争では、赤軍は異なる正面軍の「連携」に失敗。この時、西部正面軍司令官として戦ったトハチェフスキーは、連続して複数の撃破作戦を行う必要がある、と主張し、のちの「連続作戦」理論の萌芽の一つとなった。さらに赤軍のトハチェフスキー、ファロフォロメーエフ、トリアンダフィーロフらは、「連続作戦」理論や「縦深作戦」理論を発展させるとともに、機械化部隊や空挺部隊の拡充を進めていった。

加えて赤軍では、相互に関連した連続する複数の作戦からなる「戦役」の勝利によって戦略目的を達成する、という考え方が出てきた。そしてスヴェーチンは「作戦術」という新しい軍事用語を作り出し、個々の戦闘のためのミクロな「戦術」と、戦争全体を対象とするマクロな「戦略」を結ぶ、両者の中間概念として「作戦術」を明確に言語化して定義した。

一九三六年にはドクトリン文書である『赤軍野外教令』が改訂され、「全縦深同時打撃」や「梯団攻撃」、異なる正面の「連携」などの概念がハッキリと盛り込まれた。

しかし、トハチェフスキーやスヴェーチンらは一九三〇年代後半にスターリンによって粛清され、ソ連における用兵思想の大きな発展も一旦止まってしまう。それでも、一九四一年にドイツ軍のソ連進攻によって独ソ戦が始まると、赤軍は「作戦術」を活用して最終的に勝利を手にすることになる。

さらに赤軍は「縦深作戦」理論をソ連崩壊まで発展させ続けていく。

注

▼1　カギカッコ部分は『戦略思想家辞典』収録の三浦一郎執筆「トロツキー」より引用。

▼2　カギカッコ部分は『軍事の辞典』より引用。

▼3　陸上幕僚監部第二部訳『ソ連兵語辞典』の訳による。

第12章　アメリカ軍の現代用兵思想の発展

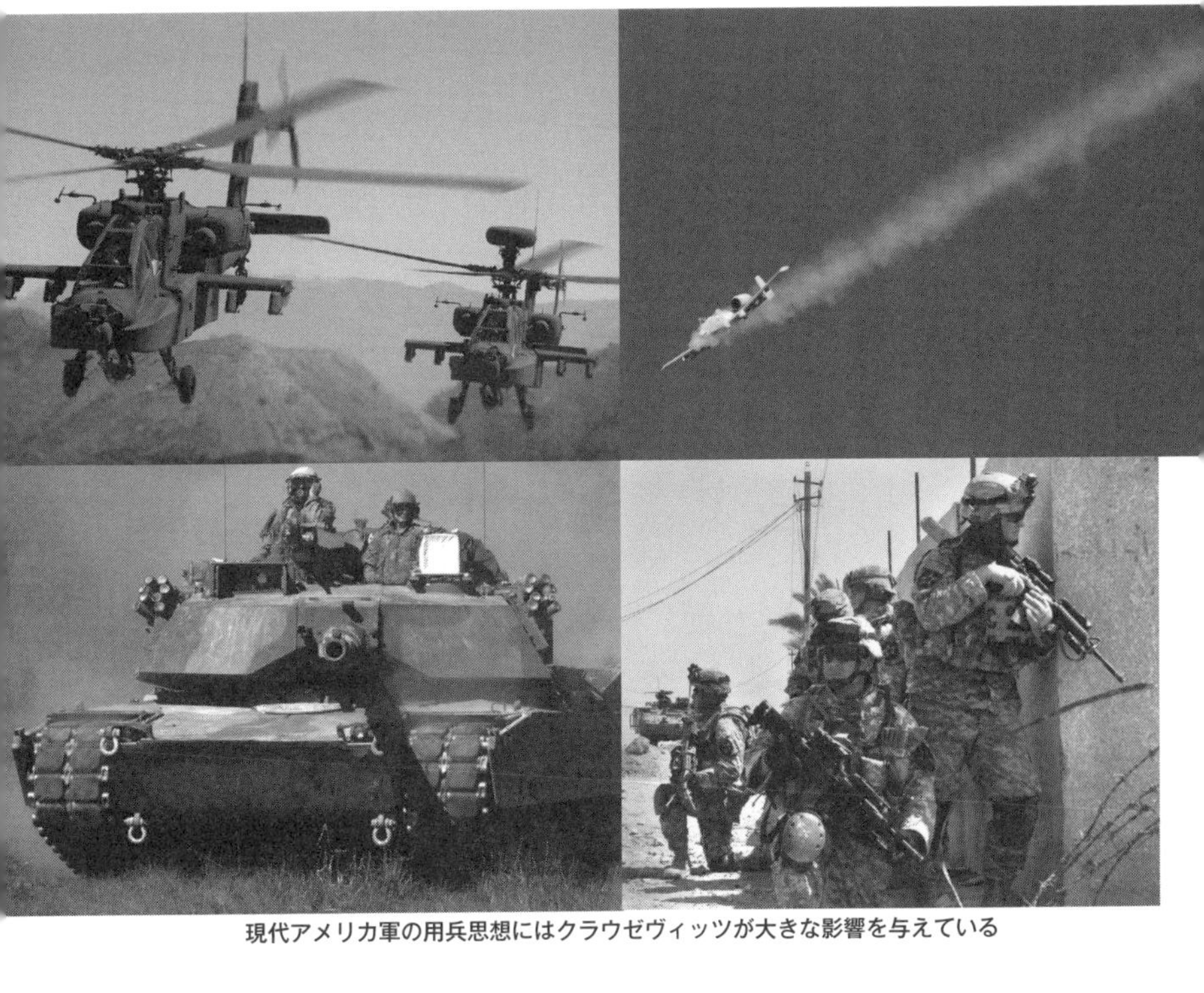

現代アメリカ軍の用兵思想にはクラウゼヴィッツが大きな影響を与えている

ドイツの用兵思想の影響

最終章では、第二次世界大戦後のアメリカ軍における用兵思想の発展、その中でもとくに第二次世界大戦後に編纂されたドクトリンの代表例といえるアメリカ陸軍の「エアランド・バトル」と、アメリカ海兵隊の「マニューバー・ウォーフェア」を中心に述べてみたい。

第二次世界大戦後、いわゆる西側陣営の中核兵力となったアメリカ陸軍は、大戦中の戦訓などを反映して、一九四九年に作戦に関する野外教令（Field Manual）ＦＭ１００－５『オペレーションズ（作戦）』を改訂した。そして、この改訂の翌年に**朝鮮戦争**（一九五〇～五三年。厳密にいうと現在も休戦状態に過ぎないが、これまでに記した他の多くの戦争と同様に休戦で区切った）が勃発する。

さて、かのクラウゼヴィッツは、不確実な情報や将兵の過失、天候など、事前に確実に予測することが困難な事象や偶発的な事象が、指揮官の意思決定や部隊の行動などに及ぼす影響を「摩擦」（独語でフリクツィオーン）と表現した（第4章参照）。また、第二次世界大戦中のドイツ陸軍が準拠した戦術教範『軍隊指揮』では、とくに遭遇戦では、状況が不確実な中で決心し行動しなければならないこと、敵の機先を制すれば成果が挙げられること、そのためには状況が不明でも迅速に行動して即座に命令を与えること、などを定めていた。

そしてアメリカ陸軍の一九四九年版ＦＭ１００－５でも「摩擦」（英語でフリクション）という言葉をクラウゼヴィッツの言うような意味で使っていた。また、情報が不確実であることを常態とし、状況不明の中でも機を失せず行動を起こすことを求めていた。これを見てもわかるように、当時のアメリカ陸軍の作戦に関する野外教令には、クラウゼヴィッツに代表されるドイツの用兵思想と、それを反映したドイツ陸軍の戦術教範の影響が感じられるのだ。

もっともアメリカ陸軍は、そもそも**アメリカ独立戦争**（一七七五〜八三年）の頃からドイツ（厳密にはプロイセン軍）の用兵思想の影響を受けており（第４章参照）、その影響がまだ残っていた、と捉えることもできるだろう。

定量化の過度の重視

朝鮮戦争後の一九六一年、フォード・モーター社の社長から政界に転身してジョン・Ｆ・ケネディ政権の国防長官に就任したロバート・**マクナマラ**（リンドン・ジョンソン政権途中の一九六八年まで在任）は、システム・アナリシスによる科学的な意思決定方法を導入するなど、高等数学を駆使する経営管理（マネジメント）の手法を軍事の世界に持ち込んだ。その代表例がＰＰＢＳ（Planning programming budgeting system の略。効用計算予算運用法）で、軍事力とコストの両面から軍備計画を立案して軍事予算の効率化を進めていった。

ロバート・マクナマラが導入した経営管理的な手法は定量化の偏重を呼んだ

こうした手法の導入は、一九六五年から始めたアメリカ軍（一九六〇〜七五年）に本格的な介入を始めた**ベトナム戦争**（ここでは陸軍だけでなく海兵隊を含む陸上兵力の総称として「アメリカ軍」と記す）の戦い方にも大きな影響を与えた。もう少し具体的に言うと、戦場におけるさまざまな事柄の定量化や計画の過度の重視、前線のこまごまとした事柄まで上層部が決定する中央集権化などの傾向が出てきたのだ。

このうち、定量化の過度な重視の象徴的な例としてよく挙げられるのが、軍事作戦の進捗状況を定量的に測定するため、「ボディ・カウント」すなわち敵の死体の数を用いようとしたことだ。

ベトナム戦争でアメリカ軍が展開した「サーチ＆デストロイ（捜索と撃破）」戦術は、ベトコン部隊との接触を目的として各地に小兵力のパトロールを積極的に出し、それを奇襲しようとする敵部隊と接触したら、味方の本隊をヘリコプターによる空中機動等を活用して急速に展開させ、敵部隊を捕捉し撃破する、というものだった。そして、その成果を測る尺度となったのは、敵の死体や捕虜の数、鹵獲した兵器や破壊した地下トンネルの数などだったのである。

たしかに軍事行動において（とくにミクロな「戦術次元」において）は、敵に与えた損害も重要な要素なのだが、作戦の進捗状況を測定する手段としては、それだけでは十分とはいえない。大きなところでは、敵の士気に与えた打撃（クラウゼヴィッツ言うところの「精神的な要素」）など定量化のむずかしい要素を無視しているからだ。それどころかベトナム戦争では、折り重なった死体の写真がベトコンの継戦意欲とアメリカ国内の反戦運動を燃え上がらせて、マクロな「戦略次元」ではかえってアメリカを勝利から遠ざけることになった。

ベトナムでアメリカ軍は「戦闘に勝利しても戦争に勝てない」現象に直面した（NARA）

中央集権化の進展

また、アメリカ軍の中央集権化の具体例としては、以下のような教範の条文の改訂が挙げられる。

ベトナム戦争に本格介入する前の一九六二年に改訂されたＦＭ１００－５『作戦』では、第三章「指揮」の第二節「イニシアチブ（主動性）」の中に「命令の不在による無活動は許しがたい」と記されており、下級指揮官の積極的な行動を強く求めていた。

ところが、ベトナム戦争中の一九六八年に実施されたＦＭ１００－５の改訂で、この一文が削除されてしまったのだ。

第５章で述べたように、**ドイツ統一戦争**（一八六四～七一年）の時代に、プロイセン軍参謀総長のモルトケ（大モルトケ）は「委任戦術」（独語でアウフトラークタクティーク、英語でミッション・コマンド）という分権的な指揮統制方法を導入した。繰り返しになるが、この「委任戦術」では、上級の指揮官が下級の指揮官に対して、全般的な企図と達成すべき目標のみを示した「訓令」のかたちで命令を下す（そのため「訓令戦法」とも呼ばれる）。そして命令を受けた下級指揮官は、上級指揮官が示した企図の範囲内で、与えられた目標を達成するための方法を決定し実施する。つまり、各部隊の戦場における具体的な行動については、上級指揮官から下級指揮官に自主裁量の余地が与えられるのだ。

戦場では、たとえ上級指揮官が事前に綿密な計画を立てて命令を下しても、クラウゼヴィッツ言うところの「摩擦」によってさまざまな齟齬が生じることは不可避であり、現場の下級指揮官がその場の判断ですぐに対応できる「委任戦術」は「摩擦」を低減する有効な方策となり得る。そして下級指揮官は、部隊の行動に関する具体的な命令がなくても、上級指揮官の企図の範囲内で、上級指揮官がその場にいたら下すであろう判断を下して実行に移すという、本来の（正しい）意味での「独断専行」が求められる。

だが、前述のアメリカ陸軍は、ベトナム戦争の最盛期に「分権指揮」の柱である下級指揮官の「独断専行」に関する重要な一文を、作戦に関する野外教令から削除してしまったのである。

その理由としては、選抜徴兵制で集められた兵士の質が低下の一途をたどっていたことが挙げられる。前述のように、分権指揮においては、下級の指揮官にも自らの任務（ミッション）に対する深い理解と高い判断能力が求められる。しかし、それを欠いていると、各部隊がてんでばらばらに無統制な行動を起こすことになりかねない。そこで下級指揮官の独断専行を多少抑えることにしたのであろう。

こうした定量化の過度の重視や中央集権化などの傾向は、前線部隊と軍上層部の意識の乖離や意識決定のスローダウンをもたらし、計画の実行時にさまざまな齟齬を生み出すことになった（繰り返しになるが、現在のアメリカ陸軍においても「ミッション・コマンド」の定着と活用は重要な課題となっている）。

このように大きな問題を抱えていたアメリカ軍だが、ベトナム戦争においては、装備や兵站能力の優越もあって、個々の戦闘ではほとんど常に自軍を上回る損害を敵に与えていた。ところが、個々の戦闘では勝利を重ねているはずなのに、戦争全体ではいつまでたっても勝つことができないという（彼らにとっては不思議な）経験をすることになった。言い方を換えるとアメリカ軍は、ミクロな「戦術次元」での勝利を、マクロな「戦略次元」での目標の達成に結び付けることができなかったのである。

こうした経験は、のちのアメリカ軍のドクトリンに「作戦術」が導入される大きな要因となる。

アクティブ・ディフェンスの導入

一九七三年三月、アメリカ陸軍はベトナムから完全に撤退したが、兵員の士気は低下し、部隊の規律は悪化し、麻薬が蔓延していた。軍の装備は、ベトナム戦争の戦費負担もあって近代化が先送りされたために、旧式化が進みつつあった。また、東西ドイツ国境を中心に、いわゆる東側陣営の中核兵力であるワルシャワ条約機構軍と対峙していた在欧米軍は戦力が大幅に低下していた。

こうした状況の中、同年七月にリチャード・ニクソン政権の国防長官に就任したジェームズ・**シュレジンジャー**（ジェラルド・フォード政権途中の一九七五年まで在任）は、「屈強な通常戦力によるヨーロッパの防衛」を唱えて、ワルシャワ条約機構軍に対する抑止力の再建に着手した。アメリカ軍は、ベトナム戦争で繰り広げられたような対ゲリラ戦（英語ではCounter-insurgencyを略してＣＯＩＮと呼ばれる）ではなく、ヨーロッパでの大規模な正規戦を念頭に戦力の再建を進めることになったのである（これについては、のちに「ＣＯＩＮを特殊部隊だけに任せてほとんど放置した」という批判が出ることになる）。

その直前の同年六月、アメリカ陸軍は、ドクトリンや教育訓練の内容、指揮官の養成や部隊の編制、新装備の研究などを統括する**訓練教義コマンド**（Training and Doctrine Command 略してT

RADOC）を新設していた。そして、同年十月に**第四次中東戦争**（ヨム・キプール戦争）が勃発し、ソ連製の装備を持ちソ連軍のドクトリンに基づいて行動するアラブ軍と、アメリカ製の装備を持つイスラエル軍が激突すると、TRADOC初代司令官であるウィリアム・**デピュイ**（一九七七年まで在任）将軍は、戦訓収集のために研究チームをイスラエルに派遣。この時のゴラン高原における戦闘の研究などに基づいて、一九七六年にFM100−5『作戦』に再度改訂が加えられ、「アクティブ・ディフェンス」と呼ばれる新しいドクトリンが導入された。

この「アクティブ・ディフェンス」の内容を簡単にまとめると、自軍の翼側が危険になることを覚悟のうえで、敵の主攻正面以外の味方部隊から機甲部隊や空中機動する対戦車チーム（長射程の対戦車ミサイルTOWを装備）など高い機動力を持つ部隊を引き抜き、敵の主攻正面に迅速に機動させる。そして敵の六倍以上の兵力を集中して反撃に出る、というものであった。ワルシャワ条約機構軍に対する兵力の劣勢を、対戦車火力の迅速な集中によってカバーしようとしたのだ。

そしてワルシャワ条約機構軍の攻撃初動に対処する具体的な防御戦術としては、まず掩護部隊が徐々に後退しつつ防御部隊の主力が防御を準備するための時間を稼ぐ。次いで防御部隊の主力は、その後方の縦深の大きな地域内に数線の陣地を設定。それぞれの陣地で強力な火力を発揮し、とくに戦車や長射程の対戦車ミサイルを中心とする遠距離からの強力な対戦車火力により、敵の機甲部隊を撃破する。そして防御部隊は、逐次後方に陣地変換しつつ、敵の損害を累積させて突破を阻止する、というものであった（**図21参照**）。

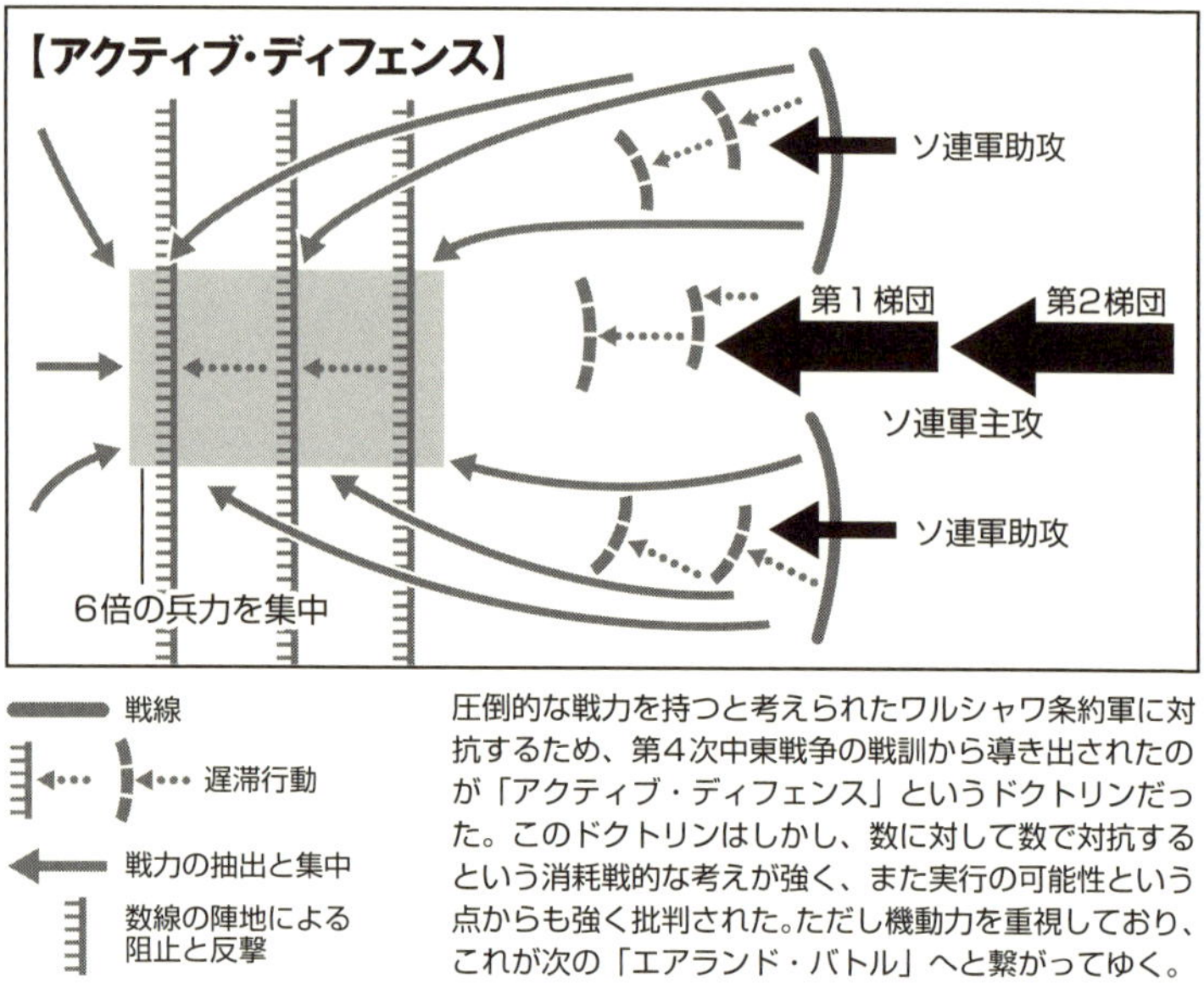

圧倒的な戦力を持つと考えられたワルシャワ条約軍に対抗するため、第４次中東戦争の戦訓から導き出されたのが「アクティブ・ディフェンス」というドクトリンだった。このドクトリンはしかし、数に対して数で対抗するという消耗戦的な考えが強く、また実行の可能性という点からも強く批判された。ただし機動力を重視しており、これが次の「エアランド・バトル」へと繋がってゆく。

図21

つまり、火力（ファイアーパワー）によって敵を消耗（アトリション）させることを狙っていたのである。そして、味方防御部隊の数度にわたる陣地変換には、全般状況の把握と中央集権的な指揮統制が求められていた。

米軍の刊行物史上最大の論争

この一九七六年版ＦＭ１００－５は「アメリカ軍の刊行物史上最大」といわれるほどの大論争を引き起こした。

例えば、敵の主攻正面をすぐに特定することができるのか、敵の「全縦深同時打撃」によって味方の兵力集中が妨害されるのではないか、予備兵力を控置しないことになっているのはリスクが大きすぎるのではないか、といった疑問が呈された。また、長射程の対戦車ミサイルに依存した戦術だが、ヨーロッパでは季節によっては天候不良等で視程が不十分なことも多く、とくに森の深い地域等では迅速な陣地変換に必要な移動経路にも制限が多い、といった問題点も指摘された。加えて、第四次中東戦争後のソ連軍は、戦車部隊を主力として特定地点の突破を目指す古典的な貫通攻撃の演習ではなく、戦車を増強された歩兵戦闘車部隊を主力として広い正面で敵の弱点や隙を追求する多正面攻撃の演習に力を入れている、という指摘もあった。

さらに、ゲイリー・ハート上院議員の政策秘書であったウィリアム・**リンド**（一九四七年〜存命）は、「アクティブ・ディフェンス」は、全体として高等数学を過大視しており、クラウゼヴィッツ言うところの「摩擦」や将兵の士気など定量化のむずかしい要素を軽視している、と指摘。機動によって敵の上級司令部の精神や意志を破壊する「機動戦（マニューバー・ウォーフェア）」ではなく、火力によって敵の物理的な戦力を消耗させる「火力／消耗戦（ファイアパワー／アトリション・ウォーフェア）」に固執している、と批判した。

実際、一九七六年版ＦＭ１００－５では、指揮に関する内容が減らされ、「摩擦」を軽減するための手段である分権指揮に関する記述もバッサリ削除されてしまった。その一方で、例えばレンジファインダー（測遠機）の測定距離に応じた誤差といったテクノロジーに関する詳細なデータやグラフが多数掲載されるなど、マクナマラ時代の戦争を定量的に把握しようとする傾向を明白に引きずっていた。

また、前線部隊の指揮官たちも「攻勢的（アクティブ）」と形容されているが、防御（ディフェンス）に力点を置く消極的なドクトリン」という印象を抱いて、これを軽視しがちだったという。

セントラル・バトルの着想

一方、ＴＲＡＤＯＣに所属する陸軍機甲センターの司令官であるドン・**スターリー**（一九七三～七六年まで在任）将軍は、ＦＭ１００－５の改訂に関わったのち、西ドイツに駐留するアメリカ第５軍団（同じく西ドイツ駐留の第７軍団とともに第７軍を構成して在欧米陸軍の主力となっていた）の軍団長に任命された。

「セントラル・バトル」を提案したドン・スターリー

その頃のスターリーは、ソ連軍のドクトリンに準拠して主攻正面に複数の梯団を連続的に投入してくるワルシャワ条約機構軍に対して、味方の反撃部隊が常に圧倒的な兵力を維持しながら攻撃を継続できるのか疑問を持っていた。もう少し詳しく言うと、仮に他方面からの迅速な兵力の転用と集中に成功して反撃を開始できたとしても、敵軍が次々と投入してくる後続梯団との消耗戦に陥り、兵力に勝るワルシャワ条約機構軍に最終的には寄り切られるのではないか、

ワルシャワ条約機構軍の配備縦深は軍レベルで約100キロ（！）にもなる

という懸念を抱いていたのだ。

そして一九七七年にデピュイの後を継いでTRADOCの司令官となったスターリー（一九八一年まで在任）は、第5軍団長時代の経験を生かして「セントラル・バトル」という新しい戦術コンセプトをまとめた。

このコンセプトは、「アクティブ・ディフェンス」と同様に機動ではなく火力を中核とするものだったが、ワルシャワ条約機構軍の第一線の後方に控置される第二梯団の行動を混乱させて遅滞させることも視野に入れていた。そして、敵の第二梯団に対する攻撃への着眼は、敵後方への火力の指向（空軍による対地攻撃に加えて戦術核の使用を含む）を経て、空間的および時間的な縦深を持つ「拡張された戦場（エクステンデッド・バトルフィールド）」の概念へと発展していく（詳細は後述する）。

エアランド・バトルの導入

一方、陸軍省の作戦計画担当副参謀長で、のちに陸軍参謀総長となるエドワーズ・**メイヤー**（一九七九〜八三年まで在任）将軍は、ＴＲＡＤＯＣが「アクティブ・ディフェンス」に関する疑問に対して十分に答えられていないという疑念を持っており、一九七九年にスターリー将軍に対してＦＭ１００－５の見直しを示唆。これを受けたＴＲＡＤＯＣでは、陸軍指揮幕僚大学校の戦術部を中心として新しいドクトリンの開発に着手した。

その戦術部で新しいＦＭ１００－５の主任執筆者となったフバ・ヴォシュ・デ・**ツェイグ**（Czege。訳書ではチェッジと記されることもある）中佐は、レナード・Ｄ・**ホールダー**中佐らの支援を得て草案を完成。一九八一年には、ＴＲＡＤＯＣ司令官スターリーの名で、ＴＲＡＤＯＣパンフレット５２５－５『作戦コンセプト：エアランド・バトルと軍団'86』が発布されて「エアランド・バトル」と呼ばれる新しい作戦コンセプトが公表された。そして一九八二年にＦＭ１００－５が改訂され、新しいドクトリンである「エアランド・バトル」が正式に導入されたのである。

この「エアランド・バトル」のコンセプトは、端的に言うと、空間的および時間的な縦深を持つ「拡張された戦場」において、的確に連携した行動を敵に勝る迅速さで行って主導権を握り、敵の意志決定を混乱させて敵の戦力としてのバランスを崩し、組織的な行動を取れなくすること

エアランド・バトルでの長射程火力（写真は多連装ロケットシステム MLRS）は敵の第２梯団にも指向される（Dod）

にあった。「エアランド・バトル」という字面だけ見ると、航空部隊と地上部隊が密接に協同することを柱とするドクトリンのように思えるが、空地の協同はこのドクトリンの（重要ではあるが）一側面に過ぎない。

前述したリンドによる「機動戦」と「消耗戦」の二分法で言うと、「アクティブ・ディフェンス」のように、敵の物理的な破壊のために秩序だった火力の発揮を重視する「消耗戦（アトリション・ウォーフェア）」ではなく、敵が組織的な行動を取れなくするために速度や機動を重視する「機動戦（マニューバー・ウォーフェア）」を志向していたのである。

マニューバー・ウォーフェアとは？

ここでいう「機動（マニューバー）」とは、部隊の単なる移動を意味するものではない。敵に対する行動全般とそれによる駆け引きの要素も含んでいる（そのため、孫子の「兵は詭道なり」という言葉から「機動戦」ではなく「詭道戦」という訳語をあてる研究者もいる）。

また、「エアランド・バトル」における「縦深（デプス）」とは、空間的なものだけでなく、時間的な縦深も含んでいる。つまり「拡張された戦場」とは、戦場を敵の後方地域まで広げただけではなく、過去から未来という時間軸にも広げたものなのだ。そして「連携（シンクロナイゼーション）」とは、各部隊間の同時刻における連携だけでなく、ある程度時間が経過したのちに連携の効果が現れるようなやり方も含んでいる。

もっと具体的な例を挙げると、味方の第一線部隊が敵の第一線部隊と交戦している時に、敵後方の第二梯団を味方の航空機や長射程の地上火器等で打撃しておき、そこで損害を出した敵の第二梯団が第一線に進出してきた時に味方の第一線部隊が逆襲に出る、といったことが考えられる。言い方を換えると、あらかじめ敵後方の第二梯団を打撃しておき、それがのちに味方の第一線部隊による逆襲と「連携（シンクロナイズ）」するのだ（逆に、例えば味方が過去に受けた打撃が、未来にどのようなダメージをもたらすのか、なども考慮する）。

こうした行動を敵よりも「迅速（アジャイル）」に計画して実行することで、敵をその対応で手いっぱいにさせて「主導権（イニシアチブ）」を握る。それを継続することで敵の意思決定や行動を混乱状態に追い込み、敵が組織的な行動を取れなくする。これによって、必ずしも敵の物理的な戦力を撃破しなくても、勝利を得ることができる、という考え方である。

この「エアランド・バトル」の核心は、攻撃や防御のやり方といった行動そのものではなく、そうした行動の基礎となる考え方、すなわち「思考の枠組み」にある。その思考の枠組みが全軍で共有化されることによって、戦争における「摩擦」が軽減され、空間的および時間的な縦深の中で迅速に連携して主導権を握ることが可能になるのだ。

オペレーショナル・アートの導入

さらに一九八六年にはFM100-5が再度改訂され、陸軍大学校（アーミー・ウォー・カレッジ）で研究されていた「作戦術（オペレーショナル・アート）」の概念が本格的に導入された。

第二次世界大戦前に、ソ連軍のスヴェーチンは、個々の戦闘のためのミクロな「戦術」と、戦争全体を対象とするマクロな「戦略」を結ぶ両者の中間概念として「作戦術」を明確に言語化した（第11章参照）。そのソ連軍に半世紀ほど遅れてアメリカ軍も、「作戦術」の概念をようやく導入したのである。

前述したようにアメリカ軍は、ベトナム戦争において、ミクロな「戦術次元」での勝利を、マクロな「戦略次元」での目標の達成に結び付けることに失敗した。その失敗の原因として、政治学者のエドワード・**ルトワック**（一九四二年〜存命）は、「戦争」と「戦術」の間の空白を埋める概念が存在せず、そのために戦術行動が戦争目標の達成に寄与しないものになっている、と指摘している。

そこで「エアランド・バトル」には、ミクロな「戦術次元」とマクロな「戦略次元」の中間に「作戦次元」を置く「戦争の階層（レベルズ・オブ・ウォー）」の概念が導入され、さらに「作戦次元」における術策である「作戦術」が導入されたのである。

この「作戦次元」と「作戦術」の導入によって、アメリカ陸軍は、「戦略次元」の戦略目標を達成するために「戦術次元」の戦闘など個々の行動を関連付けて一連の「戦役（キャンペーン）」としてデザインできるようになった。

同時に、この「戦役」における一段階、あるいは緊要な会戦の一局面で実施される作戦において、「重心（センター・オブ・グラヴィティ）」や「作戦線（ラインズ・オブ・オペレーション）」、「終末点（カルミネーティング・ポイント）」をキー・コンセプトとしてデザインすることも定められた。

これらを見ると、「エアランド・バトル」にはクラウゼヴィッツの思想（第4章参照）が反映されていることがわかる。付け加えると、この頃からアメリカではクラウゼヴィッツの思想の再評価が進み、「クラウゼヴィッツ・ルネッサンス」と呼ばれている。

ウォーファイティングの導入

一方、アメリカ海兵隊は、一九八九年に艦隊海兵隊教令（Fleet Marine Force Manual）FMFM－1『ウォーファイティング』を発布し、アメリカ陸軍にやや遅れて「機動戦（マニューバー・ウォーフェア）」を正式に採用した。

既述のように、アメリカ陸軍ではTRDOCでFM100－5の改訂作業が行われて「エアランド・バトル」が正式に導入された。これに対してアメリカ海兵隊では、ごく少数の「機動戦」支持者によって始められた活動が、最終的に海兵隊総司令官の支持を得て『ウォーファイティング』が制定された。陸軍では中央集権的な組織によってドクトリンが改訂されたのに対して、海兵隊では草の根の活動がドクトリンの改訂につながったのである。その過程そのものが「機動戦」的といえよう。

話は陸軍と同様にベトナム戦争までさかのぼる。この戦争に派遣された海兵隊の将校の多くは、従来の海兵隊のドクトリンに疑問を持った。ベトナム戦争後の一九七九年に海兵隊の水陸両用戦学校の戦術部長となったマイケル・D・**ウィリー**（一九三九年～存命）もその一人である。

ウィリーは、同校での演習中にオブザーバーとして居合わせたリンドに出会った。そしてリンドの勧めでアメリカ空軍の退役大佐ジョン・**ボイド**（一九二七～九七年）の考え方を知り、両用戦学校での講話を依頼した。ボイドは、朝鮮戦争に戦闘機パイロットとして参加し、その経験を生かして「エネルギー・マニューバビリティ理論」と呼ばれる空戦理論を確立して、のちの戦闘機開発に大きな影響を与えていた。ちなみに空軍を退役したボイドの生活は貧しく、穴のあいた靴下を眼鏡入れにしていたという。

そのボイドは、「観察（オブザーブ）」「判断（オリエント）」「決心（デサイド）」「実行（アクト）」のサイクルからなる「ＯＯＤＡループ」を中核とする意思決定理論を確立（図22参照）。この意思決定サイクルを高速で回すことによって、敵を対応で手いっぱいにさせて主導権を握り、それを継続することで敵の意思決定や行動を混乱状態に追い込むことを考えた。

アメリカ海兵隊のドクトリン改革を進めたマイケル・ウィリー

こうしたボイドの考え方をまとめて普及させたのが前述のリンドであった。リンドは、軍務経験こそなかったものの軍事史に強い関心を持っており、一九八五年には『マニューバー・ウォーフェア・ハンドブック』を出版。クラウゼヴィッツの言う「重心」や「摩擦」を解説し、意思決定のサイクルを小さくすることによって迅速化する「委任戦術」の利点を述べるなど、「機動戦」の理論的な基礎を提供した。

そして、こうした「機動戦」の考え方を学んだ海兵隊の私的な勉強会のメンバーは、海兵隊の機関誌である『マリーン・コー・ガゼット』誌に「機動戦」に関する記事を投稿し続けた。これは海兵隊内部に大きな論争を巻き起こしたが、それによって海兵隊員の「機動戦」に対する理解も深まっていった。また、ウィリーは、両用戦学校の教育課程を改革し、ＦＭ１００－５の主任

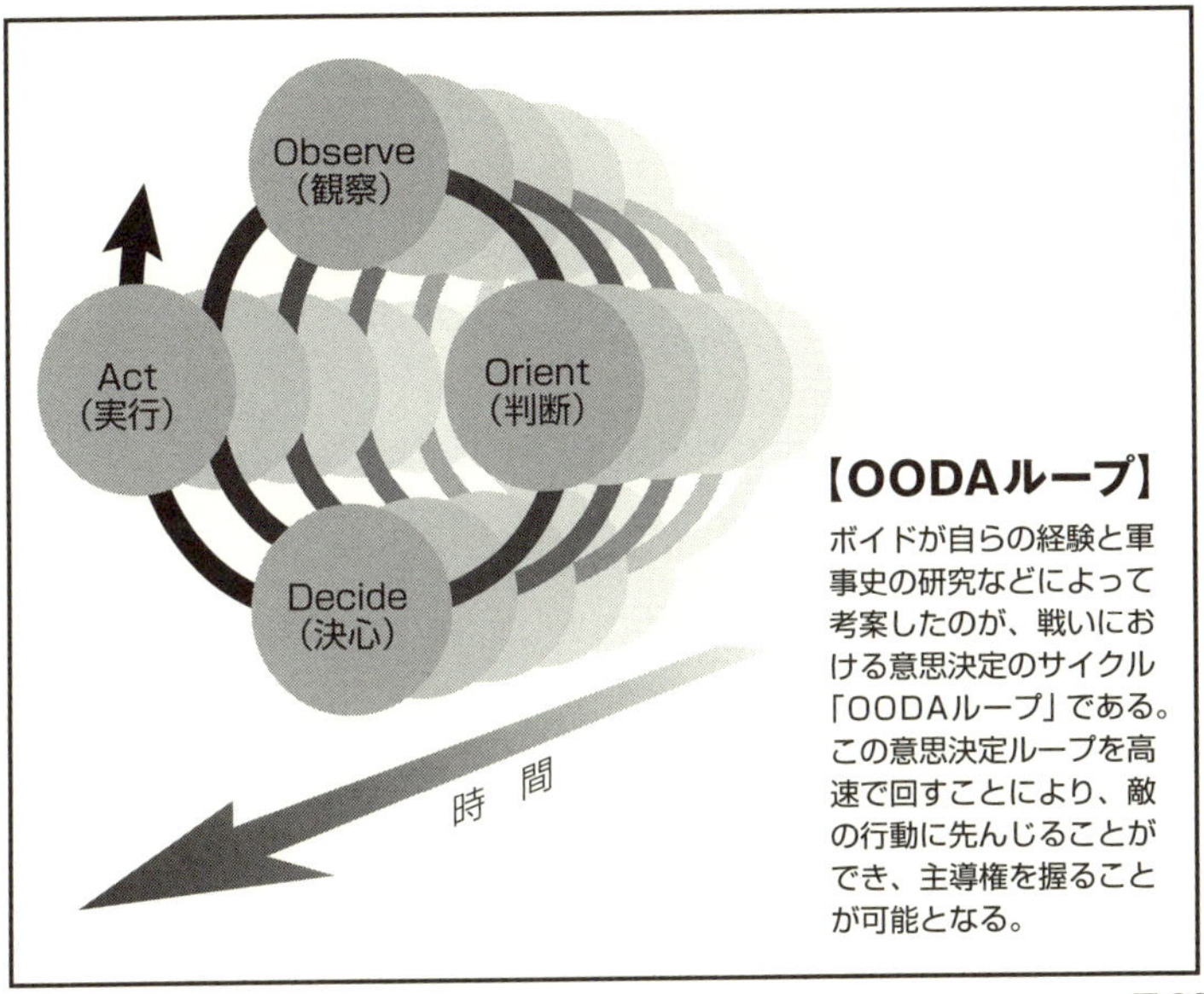

【OODAループ】
ボイドが自らの経験と軍事史の研究などによって考案したのが、戦いにおける意思決定のサイクル「OODAループ」である。この意思決定ループを高速で回すことにより、敵の行動に先んじることができ、主導権を握ることが可能となる。

図22

執筆者であるツェイグとも交流を深めていった。

こうした状況の中、一九八一年に第2海兵師団の師団長となったアルフレッド・**グレイ**（一九二八年〜）は、師団内の「機動戦」支持者の私的な勉強会を公式な「機動戦委員会」に昇格させて研究を深めさせるとともに、部隊での演習を重ねていった。そして一九八三年のグレナダ進攻作戦では、第2海兵師団の2／8大隊上陸チームが「機動戦」を展開して成果を挙げることになる。

その後、第2海兵遠征軍（ⅡMEF）司令官兼大西洋海兵隊司令官を経て、一九八七年に海兵隊総司令官となったグレイは、組織の共通の指針となる教範が必要と考えた。そして、海兵隊ドクトリン

「機動戦」を海兵隊ドクトリンに普及させたアルフレッド・グレイ

センターに勤務していた「運動戦」論者のジョン・F・**シュミット**大尉を選び、公式の組織であるドクトリンセンターを介在させることなく、グレイの直属としてFMFM−1『ウォーファイティング』を執筆させたのだった。

この『ウォーファイティング』の冒頭には、グレイの名で「この冊子は兵戦（ウォーファイティング）における私の哲学を明らかにしたものである」から始まる序文が掲げられている。その言葉のとおり『ウォーファイティング』では、陸軍のFM100−5以上に「機動戦」の基礎となる「思考の枠組み」の記述に重点が置かれている。

FMFM−1『ウォーファイティング』は、一九九七年に海兵隊ドクトリン文書（Marine Corps Doctrinal Publication）MCDP−1『ウォーファイティング』に改訂されたが、もっとも重要な「思考の枠組み」に大きな変化は無く、アメリカ海兵隊では現在も「マニユーバー・ウォーフェア（機動戦）」を基本ドクトリンとしている。

一方、アメリカ陸軍のFM100−5『作戦』は、二〇〇一年の改訂から名称がFM3−0『作戦』に変更され、二〇一一年に改訂されたADP3−0『統合陸上作戦（ユニファイド・ランド・オペレーション）』に引き継がれているが、現在の陸軍の基本ドクトリンにも「作戦次元」や「作戦術」のコンセプトが受け継がれている。

火力／消耗戦から運動戦と作戦術へ

では、この章の最後に、第二次世界大戦後のアメリカ陸軍や海兵隊の用兵思想の発展をまとめてみよう。

朝鮮戦争時のアメリカ陸軍では、ドイツ（プロイセン軍）の用兵思想の影響が強かった。ところが、一九六一年に国防長官となったマクナマラは、高等数学を駆使する経営管理の手法を軍事の世界に持ち込み、ベトナム戦争では定量化の過度の重視や中央集権化などの傾向が出てきた。また、アメリカ軍は、ベトナム戦争で「戦術次元」での勝利を「戦略次元」での目標達成に結び付けることができず、のちに「作戦術」が導入される大きな要因となる。

ベトナム戦争後の一九七六年、アメリカ陸軍は、ＴＲＡＤＯＣでの研究などを基礎として、火力によって敵を消耗させることを狙った「アクティブ・ディフェンス」ドクトリンを導入し、大論争を引き起こした。その中でもリンドは、機動によって敵の精神や意志を破壊する「機動戦（マニューバー・ウォーフェア）」ではなく、火力によって敵の戦力を消耗させる「火力／消耗戦（ファイアパワー／アトリション・ウォーフェア）」に固執していると厳しく批判した。

その後、アメリカ陸軍は、一九八二年に、空間的および時間的な縦深を持つ「拡張された戦場」において、的確に連携した行動を敵に勝る迅速さで行って主導権を握り、敵の意志決定を混乱させて敵の戦力としてのバランスを崩し、組織的な行動を取れなくすることを目指す「エアランド・バトル」ドクトリンを導入した。

加えて、一九八六年には「作戦術」の概念を本格的に導入。「戦略次元」の戦略目標を達成するために「戦術次元」の個々の行動を関連付けて一連の「戦役」としてデザインできるようになった。同時に、クラウゼヴィッツの思想を反映して「重心（センター・オブ・グラヴィティ）」などをキー・コンセプトとしてデザインすることも定められた。この頃からアメリカではクラウゼヴィッツの思想の再評価が進み、「クラウゼヴィッツ・ルネッサンス」と呼ばれている。

そして、現在のアメリカ陸軍の基本ドクトリンにも「作戦次元」や「作戦術」のコンセプトが受け継がれているのだ。

一方、アメリカ海兵隊は、ウィリーやリンド、ボイドらの尽力と、総司令官であるグレイのリーダーシップにより、一九八九年にFMFM－1『ウォーファイティング』を発布し、陸軍にやや遅れて「機動戦（マニューバー・ウォーフェア）」ドクトリンを採用した。そしてアメリカ海兵隊は、現在も「マニューバー・ウォーフェア」を基本ドクトリンとしている。

戦争を理解するために

さて、これまで述べてきたように、用兵思想は技術の進歩や社会の変化とともに発展を続けてきた。

本書の第11章や第12章に記した現代の用兵思想の中身を見れば、こうした発展の過程を知らずに、それらの用兵思想を深く理解することはできない、とご納得いただけたことと思う。また、今後に新しいドクトリンが登場した時にも、それを正確に理解するためには、過去の用兵思想に対する理解が欠かせないことも、おわかりいただけたことであろう。

さらに言えば、用兵思想やドクトリンを理解せずに、過去の戦争や現在も続いている戦争を深く理解することはむずかしい。なぜなら、戦争における軍隊の行動の背後には、その時々の用兵思想やドクトリンが存在しており、それを理解すること無しに軍隊の行動を深く理解することなどできないからだ。

本書が、そうした用兵思想やドクトリンに基づく軍隊の行動、ひいては戦争を深く理解するための一助となれば幸甚である。

あとがき

本書は、軍事専門誌『軍事研究』（ジャパン・ミリタリー・レビュー社刊）の二〇一五年三月号から二〇一六年九月号まで、隔月で計十一回にわたって掲載された連載記事「用兵思想との出逢い」に、第1章と第2章を中心に四〇〇字詰め原稿用紙換算でおよそ一〇〇枚の加筆訂正を加えて一冊に再構成したものだ。

なお、本書は、日本では比較的知名度が低いと思われる第二次世界大戦頃までの用兵思想を中心としており、これに戦後の用兵思想の中でもとくに重要と思われる、ソ連（帝政ロシア時代を含む）とアメリカの陸戦を中心とする用兵思想を加えてみた。したがって、他書でも触れられることの多い第二次世界大戦期やそれ以降の海洋用兵思想や航空用兵思想等には基本的には触れていないが、ご容赦いただきたい。とくに我が国が深く関わった太平洋戦争は空海戦が中心となり、これにスポットを当てた和書も数多く出版されているので、本書でビギナー向けに通り一遍の概説を改めて書いても大した価値は無いであろう。

また、ナポレオン戦争中のスペイン戦争（半島戦争）に直接の起源を持つゲリラ戦については、現代においては、大規模な「正規戦」に対置される「不正規戦」全般を対象とする用兵思想へと発展し、さらに市民の反政府活動や正規軍などと組み合わせた「ハイブリッド・ウォー」などの新しい用兵思想に現在進行形で発展しつつある。さらに、そのような変化も含めて、戦争の形態そのものが根本的に変化しつつある、と主張する研究者も少なくない。そのため、現時点で無理にまとめても生煮えになりかねないうえに、数年で古びてしまう可能性もあると考えて、あえて言及しなかった。現在のダイナミックな変化に一区切りがついた時点で、改めて増補改訂したいと思う。

重ねて付け加えると、サイバー戦は、これまでの戦争とは戦場が根本的に異なるので取り上げなかった。正直に言えば、現在の筆者の能力ではいささか手に余る。あえて付け加えるとすれば、現在の「陸軍」「海軍」「空軍」という軍種の区分が主な戦場のちがいに拠るものであることを考えると、サイバー空間を戦場とするサイバー戦は、おそらく従来の「陸軍」「海軍」「空軍」とはまったく別の「サイバー軍」とでもいうべき別の軍種が担うべきものなのであろう。とはいえ、サイバー戦の重要性は急激に増大しているので、表に出せるほど整理がついたら、いずれ何らかのかたちで発表してみたい。

最後になったが、挿図や挿画でお力をお貸しいただいた樋口隆晴氏と大野信長氏、いろいろとお骨折りをいただいた作品社の担当編集者の福田隆雄氏、作品社をご紹介いただいた大木毅氏、『軍事研究』誌への連載と他社での単行本化を快諾いただいたジャパン・ミリタリー・レビュー社と連載時にお世話になった担当編集者の大久保義信氏、連載中から貴重なアドバイスをいただいた市川定春氏や河村啓之氏、そして尊敬する故片岡徹也先生と、私も共に学ばせていただいた陸自幹部学校の学生の方々、さらにはこの本の完成にお力添えいただいたすべての方々に感謝の言葉を述べさせていただきたい。

本当にありがとうございます。

二〇一六年十月吉日

田村尚也

主要参考文献

・片岡徹也『軍事の事典』(東京堂出版、二〇〇九年)
・片岡徹也編集、前原透監修『戦略思想家辞典』(芙蓉書房出版、二〇〇三年)
・浅野祐吾『軍事思想史入門』(原書房、二〇一〇年、同社一九七九年版の増補改訂版)(日本経済新聞出版社、二〇一二年)
・北村淳、北村愛子編著『アメリカ海兵隊のドクトリン』(芙蓉書房出版、二〇〇九年)
・高橋秀幸著、川村康之監修『空軍創設と組織のイノベーション』(芙蓉書房出版、二〇〇八年)
・源田孝著、石津朋之監修『アメリカ空軍の歴史と戦略』(芙蓉書房出版、二〇〇八年)
・郷田充『航空戦力』上下(原書房、一九七九～一九八〇年)
・葛原和三『機甲戦の理論と歴史』(芙蓉書房出版、二〇〇九年)
・三宅正樹、石津朋之、新谷卓、中島浩貴編著『ドイツ史と戦争』(彩流社、二〇一一年)
・望田幸男『ドイツ統一戦争』(教育社、一九七九年)
・菊池良生『傭兵の二千年史』(講談社、二〇〇二年)、『戦うハプスブルク家』(講談社、一九九五年)
・飯塚信雄『フリードリヒ大王』(中央公論社、一九九三年)
・津野瀬光男『小火器読本』(かや書房、一九九四年)
・福井静夫著作集『日本戦艦物語［Ⅰ］』『日本戦艦物語［Ⅱ］』『日本巡洋艦物語』『日本駆逐艦物語』『世界戦艦物語』『世界巡洋艦物語』(光人社、一九九二～九四年)
・青木喬『空軍の戦史的観察及戦術的影響』(陸軍将校集会所、一九四〇年)
・陸軍技術本部高等官集会所編『戦車戦』(兵用圖書株式会社、一九三五年)

・偕行社編纂部『赤軍野外教令』（偕行社、一九三七年）

・カール・フォン・クラウゼヴィッツ（日本クラウゼヴィッツ学会訳）『戦争論 レクラム版』（芙蓉書房出版、二〇〇一年）

・ピーター・パレット編（防衛大学校「戦争・戦略の変遷」研究会訳）『現代戦略思想の系譜』（ダイヤモンド社、一九八九年）

・サイモン・アングリム、フィリス・G・ジェスッティス、ロブ・S・ライス、スコット・M・ラッシュ、ジョン・セラーティ（天野淑子訳）『戦闘技術の歴史1古代編』（創元社、二〇〇八年）

・クリステル・ヨルゲンセン、マイケル・F・パヴコヴィック、ロブ・S・ライス、フレデリック・C・シュネイ、クリス・L・スコット（竹内喜、徳永優子訳）『戦闘技術の歴史3近世編』（創元社、二〇一〇年）

・ジョン・キーガン、リチャード・ホームズ、ジョン・ガウ（大木毅監訳）『戦いの世界史』（原書房、二〇一四年）

・マクレガー・ノックス、ウィリアムソン・マーレー編著（今村伸哉訳）『軍事革命とRMAの世界史』（芙蓉書房出版、二〇〇四年）

・J・C・ワイリー（奥山真司訳）『戦略論の原点』（芙蓉書房出版、二〇一〇年）

・Martin Van Creveld, John Andreas Olsen, *The Evolution of Operational Art*, Oxford University Press, 2010.

・B. J. C. McKercher, Michael A. Hennessy, *The Operational Art:Developments in the Theories of War*, Praeger, 1996.

・Richard W. Harrison, *The Russian Way of War*, University Press of Kansas, 2001.

・David M. Glantz, *Soviet Military Operational art*, Frank Cass and Company Ltd, 1991.

・John L. Romjue, *From Active Defense to AirLand Battle:The Development of Army Doctrine 1973-1982*, United States Army Training and Doctrine Command Historical Office, 1984.

・Fideleon Damian, *The Road to FMFM-1:The United States Marine Corps and Maneuver Warfare Doctrine, 1979-1989*. Kansas State University, 2008.
・William S. Lind, *Maneuver Warfare Handbook*, Westview Press, 1985.
・John Ellis, Michael Cox, *The World War I Databook*, Aurum Press, 1993/2001.
・J. F. C. Fuller, *Memoirs of an unconventional soldier*, Ivor Nicholson and Watson（Nicholson and Watson, 1936.
・Charles Christienne, *Pierre Lissarrague*, by translated Frances Kiank in *A History of French Military Aviation*, Smithsonian Institution Press, 1986.
・James S. Corum, *The Luftwaffe*, Kansas State University, 1997.
・ゲルハルト・リッター（新庄宗雅訳）『シュリーフェン・プラン』（私家版、一九八八年）
・齋藤大介『戦争を見る第三の視点――「作戦術」と「戦争の作戦次元」』（戦略研究学会『戦略研究12』掲載、二〇一三年）
・桂裕隆『米陸軍教義の変遷における「戦争論」の受容とその影響』（筑波大学研修論文、二〇一一年）

ラ行

ライット、ジャン＝エルネスト・デュコ・ド　135
ラヴェンナの戦い　070
ラ・ビコッカの戦い　072
リッサ海戦　161
リデル＝ハート、バジル　274, 280
リッシュモン、アルチュール・ド　076
リンド、ウィリアム　321, 325, 329, 330, 333, 334
ルイ十四世　088, 092
ルーヴォア　088
ルーズヴェルト、セオドア　119, 168, 233
ル・テリエ、ミシェル　088
ルーデンドルフ、エーリヒ　191, 193, 196, 201–203, 272
ルトワック、エドワード　327
ル・ブールジェの戦い　133
ルントシュテット、ゲルト・フォン　191, 192
レウクトラの戦い　025, 028, 029
レオニダス一世　020
レオーン六世　060, 061
レパントの海戦　093, 156
ロイテンの戦い　090
ロウ、サディウス　233
ロスバッハの戦い　090
ロディの戦い　107
露土戦争　183, 212

ワ行

ワイリー、ジョセフ・C　166, 171, 172, 179, 245

174, 182, 185, 189, 199, 206, 209, 210, 212, 234, 235, 239, 290
ブライテンフェルトの戦い　081
フラー、ジョン・フレデリック・チャールズ　273–275, 280
プラタイアの戦い　020
フランス革命戦争　102, 232, 253
ブラント、エドガー　222
フリードリヒ二世（フリードリヒ大王）　090, 092, 108, 118, 144
プリンツ・オイゲン　089
ブルゴーニュ戦争　071
ブルシーロフ、アレクセイ　219, 285
ブルシーロフ攻勢　196, 219, 285, 294
ブールセ、ピエール＝ジョゼフ　100, 101, 107
ブルフミュラー、ゲオルク　217
フルーリュスの戦い　232
フルンゼ、ミハイル　289–293, 300, 303
ブレイク、ロバート　157, 158
ブレニムの戦い　089
ブロッホ、ヤン　208
ヘイスティングスの戦い　067
米西戦争　168, 233, 251
ペクサン、アンリ＝ジョゼフ　135, 160
ペタン、フィリップ　197–199
ベトナム戦争　064, 116, 119, 120, 314–318, 327, 329, 333
ベルケ、オズヴァルト　245, 246, 253
ペルシア戦争　020, 022, 036
ペロポネソス戦争　022, 023
ヘンリー八世　093
ボーア戦争　133, 211, 233
ボイオティア戦争　024
ボイド、ジョン　329, 330, 334
ポエニ戦争　043, 050, 063, 193
ボクサー・エドワード　133
ボナパルト、ナポレポン　096, 098, 105–110, 114, 120–122, 126, 129, 130, 141, 148, 154, 158, 170, 182, 186, 187, 209, 232, 284
ホフマン、カール・アドルフ・マクシミリアン　193
ホールダー、レナード・D　324
ポンペイウス、グナエウス　055

マ行

マイゼロア、ポール＝ギデオン・ジョリィ・ド　060, 061, 098
マウリキウス　039, 060
マウリッツ、ファン・ナッサウ　079, 080, 082, 088, 092
マカロフ、スチパーン・オースィパヴィチュ　172, 173, 175
マキャベリ、ニッコロ　060, 075
マクナマラ、ロバート　313, 314, 321, 333
マハン、アルフレッド・セイヤー　110, 166–171, 173, 174, 176, 178
マラトンの戦い　020
マリウス、ガイウス　050, 052–054
マリッツ、ジャン　099
マリニャーノの戦い　072
マルテル、カール　066
マールバラ公　089
マンク、ジョージ　157, 158
マンスフェルト、エルンスト・フォン　076
ミッチェル、ウィリアム　249, 251, 252, 254
ミニェー、クロード＝エティエンヌ　128, 129
メイヤー、エドワーズ　324
モルガルテンの戦い　071
モルトケ、ヘルムート・カール・ベルンハルト・フライヘア・フォン（大モルトケ）　112, 121, 138–140, 142, 144, 146, 147, 149–151, 182–186, 188, 202, 285, 289, 290, 299, 300, 316
モルトケ、ヘルムート・ヨハン・ルートヴィヒ・フォン（小モルトケ）　187, 188, 190, 191, 195, 203
モンテクッコリ、ライモンド　086, 089, 092
モンテスキュー、シャルル＝ルイ・ド　101

ヤ行

ユグノー戦争　078
ユグルタ戦争　052
ユトランド沖海戦　162, 178

第二次ポエニ戦争　044, 050
第二次マケドニア戦争　050
第四次中東戦争　319, 321
ダリユ、ガブリエル　173–176, 179
タンネンベルクの戦い　193, 203, 239, 285
チェリニョーラの戦い　073
チャーチル、ウィンストン　256
朝鮮戦争　312, 313, 329, 333
ツェイグ、フバ・ヴォシュ・デ　324, 331
ディアドコイ（後継者）戦争　031
ティキヌスの戦い　045
ティリー、ヨハン・セルクラエス・グラーフ・フォン　076, 081, 082
テオドシウス帝　058
デピュイ、ウィリアム　319, 323
デュ・ピック、シャルル＝アルダン　210, 211
テュレンヌ　089
テルモピレーの戦い　020
デ・ロイテル、ミヒイル　157, 158
ドイツ統一戦争　127, 149, 150, 182, 188, 199, 210, 284, 285, 299, 316
トイトブルク森の戦い　056
ドゥーエ、ジュリオ　112, 249–252, 254
東郷平八郎　162
同盟市戦争　054
トハチェフスキー、ミハイル　279, 287–289, 292, 293, 295, 304, 309
ドライゼ、ヨハン・ニコラウス・フォン　131, 132
トラシメヌス湖畔の戦い　045
トラファルガーの海戦　154, 158, 170, 177
トラヤヌス帝　056
トランスヴァール戦争　133, 233
トリアンダフィーロフ、ウラジミール　294, 309
ドレーク、フランシス　155, 175
トレビアの戦い　045
トロツキー、レフ　286, 289, 291, 310
トロンプ、コルネリス　157, 158

ナ行

七年戦争　090, 092, 096, 103, 170, 175, 183
ナンシーの戦い　071
南北戦争　110, 130, 135, 156, 160, 161, 206, 232, 233, 253
ニヴェール、ロベール　201
日露戦争　137, 162, 172, 189, 201, 207, 212, 283–285, 299, 308
日清戦争　161, 164, 165
日本海海戦　153, 162, 177, 284
ネズナモフ、アレクサンドル　299
ネーズビイの戦い　078
ネルソン、ホレイショ　158, 159

ハ行

パヴィアの戦い　072, 073
ハドリアヌス帝　056
バラクラヴァの戦い　129, 130
バルカ、ハミルカル　043, 044
バルカ、ハンニバル　043–045, 049, 050, 063, 193
ハンデル、マイケル・I　064
ハンプトン・ローズ海戦　160
百年戦争　068, 070
ヒュダスペス川の戦い　031, 108
ピュドナの戦い　051
ビューロー兄弟　070
ピュロス　041
ピュロス戦争　041
ビューロー、ディートリヒ・フォン　097, 098, 109, 297, 299, 301
ヒンデンブルク、パウル・フォン　191, 193, 196, 202, 203, 239
ファルサロスの戦い　055
ファロフォロメーエフ、ニコライ　293, 309
ファルケンハイン、エーリヒ・フォン　194–196, 203
フィリッポス二世　028, 029
普墺戦争　127, 132, 137, 142, 144, 146, 150, 161, 182, 199, 284
フォッシュ、フェルディナン　197, 198, 212
フォントノワの戦い　089
ブジョンヌイ、セミョーン　287
普仏戦争　127, 132, 133, 137, 148, 149, 151,

グリボーヴァル、ジャン＝バティスト・ド　100
クリミア戦争　129, 149
クルップ、アルフレート　136
クルトレーの戦い　068
グレイ、アルフレッド　331, 332, 334
クレシーの戦い　068, 069
クロムウェル、オリヴァー　078, 082
ゲティスバーグの戦い　130, 206
ゲーテ、ヨハン・ヴォルフガング・フォン　102
ケーニヒグレーツの戦い　142, 284, 285, 299
黄海海戦　161
コーベット、ジュリアン　166, 169–171, 175, 178
コリントス戦争　024, 025
ゴール、シャルル・ド　279
コルドバ、ゴンサーロ・デ　073
コンスタンティヌス大帝　056, 058, 059
コンデ公　089

サ行

サックス、モーリス・ド　089
ザマの戦い　049
サムニテス戦争　040
サラミスの海戦　021, 036
三十年戦争　076–078, 080–082, 086, 088, 103, 183
サン＝ファン・ヒルの戦い　233
サン＝ミエル攻勢　251
シャポシニコフ、ボリス　288, 293, 294
シャルル七世　070, 076, 092
シャルル八世　070, 086
シャルンホルスト、ゲルハルト・フォン　120, 122
シャンパーニュ＝アルトワ会戦　217
シャンパーニュ冬季戦　215
シュトイベン、フリードリヒ・フォン　096
シュミット、ジョン・F　332
シュリーフェン、アルフレート・フォン　184–188, 190, 191, 202, 203
シュレジンジャー、ジェームズ　318
ジョミニ、アントワーヌ＝アンリ　110–114, 122, 141, 169, 172, 174, 186, 289
ジョレス、ジャン　289
スウィントン、アーネスト　256, 258
スヴェーチン、アレクサンドル　293, 300, 301, 304, 309, 327
スターリー、ドン　322–324
ストークス、ウィルフレッド　222
スキピオ、プブリウス・コルネリウス（大スピキオ）　049
スペイン内戦　277
スラ、ルキウス・コルネリウス　054
セヴァスキー、アレクサンダー　249, 252, 254
ゼークト、ハンス・フォン　275
ソヴィエト・ポーランド戦争　287
ソワソンの戦い　269
ソンムの戦い　196, 201, 218, 219, 224, 247, 258, 280

タ行

第一次イタリア独立戦争　232
第一次シュレスヴィヒ・ホルシュタイン戦争　138, 139
第一次世界大戦　154, 162, 164, 168, 169, 173, 176, 178, 182, 187, 188, 197, 199, 200–203, 207, 212, 213, 219, 223, 228, 231, 235–238, 240, 241, 243, 246, 247, 249–253, 256, 267, 269, 272–275, 280, 285, 286, 293, 294, 299, 300, 308
第一次ポエニ戦争　044, 057, 058
第一次マケドニア戦争　050
第一次ミトリダテス戦争　054
第三次イタリア独立戦争　161
第三次ポエニ戦争　050
第三次マケドニア戦争　050
第三次ミトリダテス戦争　055
第二次イタリア独立戦争　135, 149
第二次ヴィエル＝ブルトヌ戦　273
第二次シュレスヴィヒ・ホルシュタイン戦争　127, 182
第二次世界大戦　109, 164, 171, 173, 178, 191–193, 199, 232, 247, 253, 254, 277–279, 281, 303, 305, 308, 312, 327, 333

索引

ア行

アウグストゥス帝　055
アウステルリッツの戦い　108, 186, 284
アエガテス諸島沖の海戦　044, 058
アクアエ・セクスティアエの戦い　054
アクティウムの海戦　055, 058
アジャンクールの戦い　068
アドリアノープル（ハドリアノポリス）の戦い　057, 062
アドルフ、グスタフ　077, 080–082, 088, 092, 118
アミアンの戦い　270, 272, 280
アームストロング、ウィリアム　136, 165
アメリカ独立戦争　084, 096, 121, 313
アラウシオの戦い　052
アルミニウス　055
アレクサンドロス三世（アレクサンドロス大王）　015, 029, 030, 031, 108
アレシアの戦い　054
イエナ・アウエルシュタットの戦い　120
イセルソン、ゲオルギー　303, 304
イタリア戦争　070, 072, 073, 086, 092
イッソスの戦い　017, 032
伊土戦争　237, 238, 249, 253
ヴァリエール、フロラン＝ジャン・ド　100
ヴァルミーの戦い　102
ヴァレンシュタイン、アルブレヒト・フォン　076, 077, 088
ヴィエイユ、ポール　206
ウィリー、マイケル・D　329–330, 334
ヴィルヘルム二世　168, 191
ウェイガン、マキシム　288
ウェゲティウス・レナトゥス、ププリウス・フラティウス　060
ウェルキンゲトリクス　054
ウェルケラエの戦い　054
ヴェルダンの戦い　195, 201, 217, 218, 226, 242
ヴォーバン、セバスティアン・ル・プレストル・ド　087, 088, 092
英蘭戦争　154, 157, 158
エティエンヌ、ジャン・ウージェーヌ　260, 261, 279
エーヌ会戦　201, 218, 261, 280
エパミノンダス　024–026, 029, 037, 091
エリス、アール・ハンコック　171, 178
オクタウィアヌス　055, 058
オーストリア継承戦争　089, 090, 096, 103
オドアケル　059
オランダ独立戦争　079, 156

カ行

『海上権力史論』　166–168, 175
カイロネイアの戦い　029, 054
ガウガメラの戦い　030
カウディウム渓谷の戦い　040
カエサル、ガイウス・ユリウス　055
カスティヨンの戦い　070
カデシュの戦い　017
カラエ（カルエラ）の戦い　055
カール大帝　066
カルノー、ラザール　102
カンネー（カンナエ）の戦い　045, 050, 063, 193, 203
カンブレーの戦い　226, 262, 265, 269, 270, 280
ギベール　100, 101, 104, 105
キュノスケファライの戦い　050
訓練教義コマンド　318
キンブリ・テウトニ戦争　052, 054
グデーリアン、ハインツ　274, 275, 277, 281
グナイゼナウ、グスト・フォン　120, 122
クラウゼヴィッツ、カール・フォン　064, 110, 114–118, 120–123, 147, 151, 172, 186, 289, 311–313, 315, 316, 321, 328, 330, 334
グラヴロットの戦い　132, 206
グラニコス川の戦い　030

［著者紹介］

田村 尚也（たむら・なおや）

1968年生れ。法政大学経営学部出身。マツダ株式会社、日産コンピュータテクノロジー株式会社（現・日本アイ・ビー・エム・サービス株式会社）を経てライターとして独立。陸上自衛隊幹部学校講師（指揮幕僚課程、技術高級課程）もつとめた。

著書『各国陸軍の教範を読む』（イカロス出版、2015年）等。

雑誌『歴史群像』（学研パブリッシング）、『軍事研究』（ジャパン・ミリタリー・レビュー）等に執筆。

用兵思想史入門

2016 年 12 月 5 日　第 1 刷発行
2023 年 2 月 10 日　第 7 刷発行

著者———田村 尚也

発行者———福田隆雄
発行所———株式会社作品社
〒 102-0072 東京都千代田区飯田橋 2-7-4
tel 03-3262-9753　fax 03-3262-9757
振替口座 00160-3-27183
https://www.sakuhinsha.com
本文組版——有限会社閏月社
装丁———小川惟久
図版編集——樋口隆晴
図版制作——大野信長
印刷・製本——シナノ印刷(株)

ISBN978-4-86182-605-4 C0020